高等职业教育土木建筑类专业新形态教材

U0711417

建筑工程测量

主　编　杨胜炎

参　编　曾祥文

北京理工大学出版社

BEIJING INSTITUTE OF TECHNOLOGY PRESS

内 容 提 要

本书根据高等院校教育教学改革的要求，以建筑工程建设实际测量工作过程为导向、以测量实际对象为载体进行编写。全书共分为6个项目，主要内容包括高程测量、角度测量、水平距离测量、点的平面位置测量、基础施工测量、主体施工测量等。

本书具有较强的实用性和可操作性，可作为高等院校土木工程类相关专业的教材，也可作为建筑工程测量相关从业人员的培训或自学教材。

图书在版编目（CIP）数据

建筑工程测量 / 杨胜炎主编.—北京：北京理工大学出版社，2021.1（2021.4重印）

ISBN 978-7-5682-9504-8

Ⅰ.①建…　Ⅱ.①杨…　Ⅲ.①建筑测量　Ⅳ.①TU198

中国版本图书馆CIP数据核字（2021）第019872号

出版发行 / 北京理工大学出版社有限责任公司

社　　址 / 北京市海淀区中关村南大街5号

邮　　编 / 100081

电　　话 /（010）68914775（总编室）

　　　　　（010）82562903（教材售后服务热线）

　　　　　（010）68948351（其他图书服务热线）

网　　址 / http://www.bitpress.com.cn

经　　销 / 全国各地新华书店

印　　刷 / 北京紫瑞利印刷有限公司

开　　本 / 787毫米×1092毫米　1/16

印　　张 / 15　　　　　　　　　　　　　　　　　责任编辑 / 钟　博

字　　数 / 392千字　　　　　　　　　　　　　　　文案编辑 / 钟　博

版　　次 / 2021年1月第1版　2021年4月第2次印刷　　责任校对 / 周瑞红

定　　价 / 42.00元　　　　　　　　　　　　　　　责任印制 / 边心超

项目 1　高程测量

任务 1.1　了解建筑工程测量

1.1.1　课程学习的目的、要求及目标

1. 课程学习的目的

学习"建筑工程测量"这门课程主要有以下目的：

(1)各种建筑物都修筑在地表附近，包括地面以上部分及地下工程等，因而有必要通过测量认识地球的形状、大小，获取地面的起伏变化等信息。

(2)在工程建设项目实施过程中，项目前期需要依据测量的成果(现状地形图等)进行项目建设规划与设计；项目施工过程中需要利用测量技术进行施工定位；项目竣工后需要对建筑物进行变形观测及竣工测量等。由此可以看出，工程建设离不开测量，建筑工程测量是为建筑工程服务的工程应用技术。

2. 课程定位

"建筑工程测量"是建筑工程相关专业课程体系中的专业核心课，测量技能、识图技能及施工管理技能是建筑工程技术专业的三大核心技能。

3. 课程要求

(1)能熟练使用各种测量仪器工具，包括水准仪、经纬仪、钢尺、全站仪及激光垂准仪等；

(2)掌握建筑工程测量的基本技能：高程测量、角度测量、距离测量及坐标测量等；

(3)掌握建筑工程测量的思路方法，能根据施工图获取相关测量数据；

(4)了解建筑工程测量的现状及其发展——有何新技术、新设备、新方法问世，从而拓宽视野，指导学习及工作；

(5)按照本课程的考核方式完成课程的考核。

4. 课程学习目标

(1)通过学习，达到测量员的理论水平。"建筑工程测量"虽是一门实操性很强的课程，但如果有一套完整、科学的理论体系来指导工作，必定会事半功倍。这些理论包括测量的基本理论、误差基本理论、控制测量的基本理论等。

(2)具有一定的动手能力。通过实习，达到四级测量工的水平，即中级水平，能完成外业的控制测量，碎部测量，内业的数据计算、成果整理，以及建筑工程施工中的相关测量工作。

(3)学会利用测量软件对测量数据进行成果整理。

5. 课程学习品质

(1)能吃苦：工程测量放线工作除了需要进行内业计算外，还要进行野外作业，因此，从事测量工作是比较辛苦的，需要具备吃苦耐劳的品质。

(2)"四能"：能跑、能晒、能累、能饿。在测量工作中需要不断立尺、迁站，在整个过程中

需要不断地走甚至跑，所以要能跑；白天做外业，晚上还得做内业，有时测量成果达不到要求，还得重新测量，所以要能累；进行测量，经常需要顶着烈日进行工作，所以要能晒；另外，搞测量工作，可以说是居无定所，食无定时，所以要能饿。

(3)"四心"：细心、耐心、恒心、责任心。仪器的操作、读数，内业数据的计算，看似简单，但一步出错就有可能导致很多工作重来，所以每一个工作流程都要细心、细致；在测量中数据的处理是比较复杂的，测量后若计算校核精度不能满足要求，就得检查计算是否有误，有时还需反复计算，这就要求有耐心；工作的反复要求必须有恒心；另外，要求有高度的责任心，因为测量放线是基础工作，基础工作出问题就会导致后续的工作跟着出问题。

1.1.2 测量工作的内容

测量工作的内容包括测定与测设两类。

(1)测定：测定也称测绘，是指使用测量仪器和工具，通过实地测量与计算，将地物与地貌按一定比例测绘成图的测量工作。

(2)测设：测设也称施工放样，是指使用测量仪器和工具，将图纸上规划和设计好的建筑物或构筑物的位置，定位并标记到地面上的测量工作。

1.1.3 测量学及其分类

测量学是研究地球的形状和大小以及确定地面点之间相对位置的科学。

1. 测量学的种类

(1)大地测量学。大地测量学是研究和确定地球的形状、大小、重力场、整体与局部运动和地表面点的几何位置以及它们变化的理论和技术的学科。近年来随着空间技术的发展，大地测量正在向空间大地测量和卫星大地测量的方向发展。其基本任务是建立国家大地控制网，测定地球的形状、大小和重力场，为地形测图和各种工程测量提供基础起算数据；为空间科学、军事科学及地壳变形研究、地震预报等提供重要资料。按照测量手段的不同，大地测量学又分为常规大地测量学、卫星大地测量学及物理大地测量学等。

(2)摄影测量与遥感学。摄影测量与遥感学是研究利用电磁波传感器获取目标物的影像数据，从中提取语义和非语义信息，并用图形、图像和数字形式表达的学科。其基本任务是通过对摄影像片或遥感图像进行处理、量测、解译，以测定物体的形状、大小和位置进而制作成图。根据获得影像的方式及遥感距离的不同，本学科又分为地面摄影测量学、航空摄影测量学和航天遥感测量学等。

(3)地图制图学。地图制图学是研究模拟和数字地图的基础理论、设计、编绘、复制的技术、方法以及应用的学科。它的基本任务是利用各种测量成果编制各类地图，其内容一般包括地图投影、地图编制、地图整饰和地图制印等分支。

(4)工程测量学。工程测量学是研究在工程建设的设计、施工和管理各阶段中进行测量工作的理论、方法和技术。工程测量学是测绘科学与技术在国民经济和国防建设中的直接应用，是综合性的应用测绘科学与技术。

按工程测量所服务的工程种类，它也可分为建筑工程测量、线路测量、桥梁与隧道测量、矿山测量、城市测量和水利工程测量等。此外，还将用于大型设备的高精度定位和变形观测称为高精度工程测量，将摄影测量技术应用于工程建设称为工程摄影测量，而将以电子全站仪或地面摄影仪为传感器在电子计算机支持下的测量系统称为三维工业测量。

按工程建设程序，工程测量可分为规划设计阶段的测量、施工阶段的测量和竣工后的运营管理阶段的测量。规划设计阶段的测量主要是提供现状地形资料，取得地形资料的方法是在所建立的控制测量的基础上进行地面测图或航空摄影测量。施工阶段的测量的主要任务是按照设计要求在实地准确地标定建筑物各部分的平面位置和高程，作为施工与安装定位的依据。竣工后的运营管理阶段的测量包括竣工测量以及为监测工程安全状况的变形观测与维修养护等测量工作。

2. 测量学归类

(1)按测量的方法归类：

1)普通测量(经典测量)：用水准仪、经纬仪、平板仪等仪具测量地面点的高程及平面坐标；

2)遥感摄影：通过航天器等获得地面的各种图像，再经过处理、量测、解译等手段得到需要的图；

3)现代测量学：通过全球定位系统(Global Position System，GPS)等进行的实时测量，此种方法的特点是测量的精度高，时间性强，能现测现用。

(2)按测量的任务归类：

1)控制测量：为了保证测量的精度及速度，测量工作必须遵循"先整体后局部，先控制后碎部"的原则，即在测区范围选一定的控制点，先对控制点进行测量；

2)地形测量：一般又把地形测量称为碎部测量，顾名思义，就是把地貌、地物的具体形状、位置测量出来；

3)工程测量：这是本课程研究的主要内容，它贯穿于工程建设的全过程，其目的就是为工程的顺利进行提供定位服务。

(3)按测量的性质归类：

1)大地测量学：将地球看成实实在在的椭球，而不是将其简化为圆球；

2)普通测量学：在小范围内进行测量，将地球的曲面简化为平面进行测量。

1.1.4 测量学在国家经济建设和发展中的作用

随着科学技术的飞速发展，测量学在国家经济建设和发展的各个领域中发挥着越来越重要的作用。工程测量是直接为工程建设服务的，其服务和应用范围包括城建、地质、铁路、交通、房地产管理、水利电力、能源、航天和国防等各种工程建设部门，可列举的范围包括：

(1)城乡规划和发展；

(2)资源勘察与开发；

(3)交通运输、水利建设；

(4)国土资源调查、土地利用和土壤改良。

任务 1.2 确定点的竖向位置

建筑测量工作是在地球表面上进行的，其基本任务是地面点位的确定。点是地球表面上形成地物和地貌最基本的单元，合理地选择一些地面点，对其进行测量，就能将地物和地貌准确地表现出来，因此，在测量工作中最基本的工作就是地面点位的确定。而地面点位是空间的，在测量时通常将一个点的空间位置分解为平面位置与竖向位置两个相互独立的部分分别确定。

1.2.1 点的竖向位置的表示方法

1. 地球的形状和大小

为了确定地面点位，就需要相应的基准面和基准线作为依据，测量工作是在地球表面进行的，所以测量工作的基准面和基准线就与地球的形状和大小有关。

地球的自然表面是很不规则的，其上有高山、深谷、丘陵、平原、江湖、海洋等，最高的珠穆朗玛峰高出海平面 8 844 m，最深的太平洋马里亚纳海沟低于海平面 11 022 m，其相对高差不足 20 km，与地球的平均半径 6 371 km 相比是微不足道的，就整个地球表面而言，陆地面积仅占 29%，而海洋面积占 71%。

因此，可以设想地球的整体形状是被海水所包围的球体，即设想将静止的海水向整个陆地延伸，用所形成的封闭曲面来代替地球表面，如图 1-1 所示。此封闭曲面称为大地水准面。由大地水准面所包围的形体称为大地体。通常用大地体来代表地球的真实形状和大小。研究地球的形状和大小，就是研究大地水准面的形状和大地体的大小。

水准面的特性是处处与铅垂线垂直。水准面和铅垂线就是实际测量工作所依据的面和线。地球内部质量分布不均匀，致使地面上各点的铅垂线方向产生不规则变化，所以，大地水准面是一个不规则的无法用数学式表述的曲面，在这样的面上是无法

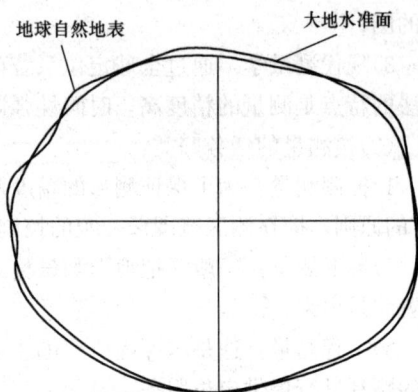

图 1-1 地球自然表面

进行测量数据的计算及处理的。因此人们进一步设想，用一个与大地体非常接近的又能用数学式表述的规则球体即旋转椭球体来代表地球的形状。如图 1-2 所示，旋转椭球体的形状和大小由椭球基本元素确定，即长半轴 a、短半轴 b、扁率 α。其是由椭圆 $NESW$ 绕短轴 NS 旋转而成的。

$$\alpha = (a-b)/a \tag{1-1}$$

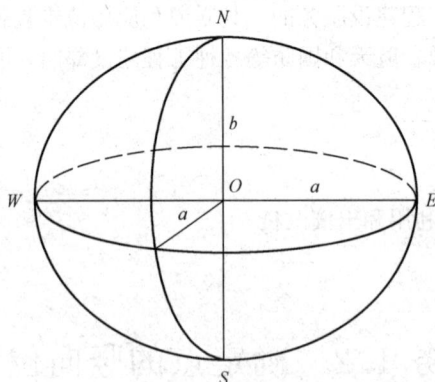

图 1-2 旋转椭球体

一个国家或地区为处理测量成果而采用与大地体的形状大小最接近，又适合本国或本地区要求的旋转椭球体，这样的旋转椭球体称为参考椭球体。确定参考椭球体与大地体之间的相对位置关系，称为椭球体定位。参考椭球面只具有几何意义而无物理意义，它是严格意义上的测量计算基准面。

我国 1954 年北京坐标系采用的是克拉索夫斯基椭球，1980 年国家大地坐标系采用的是 1975 国际椭球，而全球定位系统(GPS)采用的是 WGS-84 椭球。

由于参考椭球体的扁率很小，在小区域的普通测量中可将地(椭)球看作圆球，其半径 $R=(a+a+b)/3=6\ 371\ km$。当测区范围更小时，还可以将地球看作平面，使计算工作更为简单。

2. 地面点竖向位置

一个点的位置需要用三个相对独立的量来确定。在测量工作中，这三个量通常用该点在参考椭球面上的铅垂投影位置和该点沿投影方向到大地水准面的距离来表示。其中，前者由两个量构成，称为坐标；后者由一个量构成，称为高程。也就是说，用地面点的坐标和高程来确定其位置。

3. 高程系统

(1)绝对高程。在一般的测量工作中都以大地水准面作为高程起算的基准面。因此，地面任一点沿铅垂线方向到大地水准面的距离就称为该点的绝对高程或海拔，简称高程，用 H 表示。如图 1-3 所示，图中的 H_A、H_B 分别表示地面上 A、B 两点的高程。我国规定以 1950—1956 年青岛验潮站多年记录的黄海平均海水面作为我国的大地水准面，由此建立的高程系统称为"1956 年黄海高程系统"。新的国家高程基准面是根据青岛验潮站 1952—1979 年的验潮资料计算确定的，依此基准面建立的高程系统称为"1985 年国家高程基准"，并于 1987 年开始启用。

(2)相对高程。当测区附近暂没有国家高程点可联测时，也可临时假定一个水准面作为该测区的高程起算面。地面点沿铅垂线至假定水准面的距离，称为该点的相对高程或假定高程。如图 1-3 中的 H'_A、H'_B 分别为地面上 A、B 两点的假定高程。

相对高程系统和黄海高程系统联测后，就可以推算出相对高程系统所对应的假定水准面的绝对高程(H_0)，进而将地面点的相对高程换算绝对高程，也可以将绝对高程换算为相对高程。显然地面点 A 的换算关系为

$$H_A=H'_A+H_0 \tag{1-2}$$

$$H'_A=H_A-H_0 \tag{1-3}$$

在建筑工程中，又将绝对高程和相对高程统称为标高。

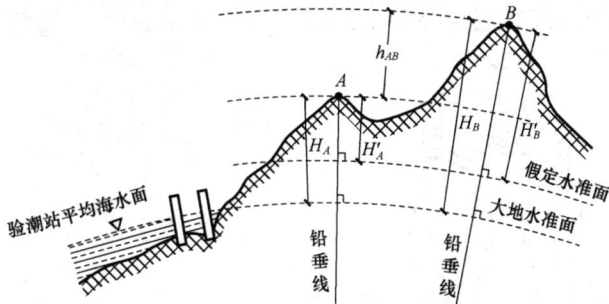

图 1-3 绝对高程与相对高程

1.2.2 两点竖向位置的关系

地面上两点之间的高程之差称为高差，用 h 表示，例如，A 点至 B 点的高差可写为

$$h_{AB}=H_B-H_A=H'_B-H'_A \tag{1-4}$$

由式(1-4)可知，高差有正有负，并用下标注明其方向。高差为正说明后点比前点高；反之则说明后点比前点低。

任务1.3 测量高差

高差是两点之间竖向位置的关系，它是两点之间位置关系的一个基本要素，因此，高差测量是测量工作中的一项基本工作。

1.3.1 认识高差测量的仪器与工具

高差测量的常用仪器为水准仪，工具为水准尺（塔尺或双面尺）和尺垫。水准仪是能够精确提供一条水平视线的仪器。水准仪按其精度可分为DS0.5、DS1、DS3和DS10四个等级。其中，D、S分别为"大地测量"和"水准仪"汉语拼音的第一个字母；数字0.5、1、3、10是指仪器的精度，即每千米往、返测高差中数的偶然中误差（毫米数）。DS0.5和DS1级水准仪称为精密水准仪，用于国家一、二等水准测量；DS3和DS10级水准仪称为普通水准仪，常用于国家三、四等水准测量或等外水准测量。下面介绍工程中广泛使用的DS3级微倾式水准仪的构造与使用方法。

1.3.1.1 水准仪的构造及水准测量工具

1. 水准仪的构造

根据水准测量的原理，水准仪的主要作用是提供一条水平视线，并能照准水准尺进行读数。因此，水准仪的构成主要有望远镜、水准器及基座三部分。图1-4所示为DS3级微倾式水准仪及其构造。

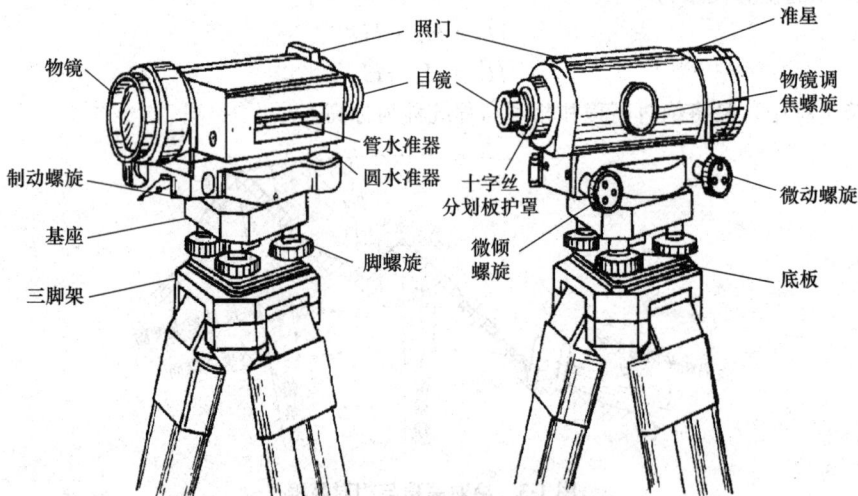

图1-4 DS3级微倾式水准仪及其构造

（1）望远镜。DS3微倾式级水准仪的望远镜主要由物镜、目镜、对光透镜和十字丝分划板组成。物镜和目镜多采用复合透镜组，十字丝分划板上刻有两条互相垂直的长线，竖直的一条称为竖丝，横的一条称为中丝，是为了瞄准目标和读取读数用的。在中丝的上、下还对称地刻有两条与中丝平行的短横线，是用来测定距离的，称为视距丝。十字丝分划板是由平板玻璃圆片制成的，平板玻璃圆片装在分划板座上，分划板座固定在望远镜筒上。望远镜的构造如图1-5所示。

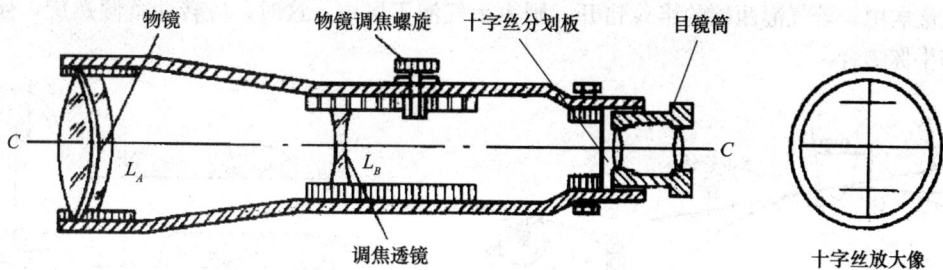

图 1-5　望远镜的构造

十字丝交点与物镜光心的连线，称为视准轴或视线。水准测量是在视准轴水平时，用十字丝的中丝截取水准尺上的读数。

对光凹透镜可使不同距离的目标均能成像在十字丝平面上，再通过目镜，便可以看清楚同时放大了的十字丝和目标影像。从望远镜内所看到的目标影像的视角与肉眼直接观察该目标的视角之比，称为望远镜的放大率。DS3 微倾式级水准仪望远镜的放大率一般为 28 倍。

(2)水准器。水准器是用来指示视准轴是否水平或仪器竖轴是否竖直的装置，有圆水准器和管水准器两种。圆水准器用来指示竖轴是否竖直；管水准器用来指示视准轴是否水平。

1)圆水准器。圆水准器顶面的内壁是球面，其中有圆分划圈，圆圈的中心为圆水准器的零点。通过零点的球面法线为圆水准器轴线，当圆水准器气泡居中时，该轴线处于竖直位置，如图 1-6 所示。当气泡不居中时，气泡中心偏移零点 2 mm，轴线所倾斜的角值，称为圆水准器的分划值，由于它的精度较低，故只用于仪器的概略整平。

2)管水准器。管水准器又称水准管，是一纵向内壁磨成圆弧形的玻璃管，管内装有酒精和乙醚的混合液，加热融封冷却后留有一个气泡，由于气泡较轻，故恒处于管内最高位置，如图 1-7 所示。

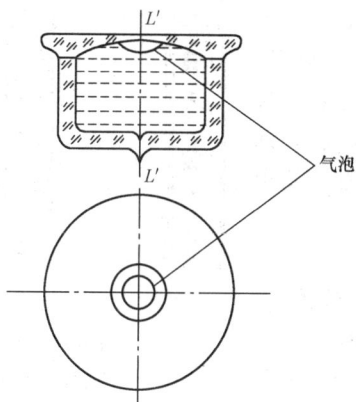

图 1-6　圆水准器

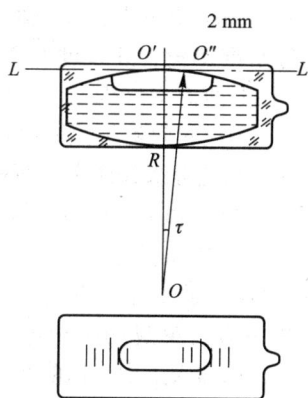

图 1-7　管水准器

水准管上一般刻有间隔为 2 mm 的分划线，分划线的中点 O 称为水准管零点。通过零点作水准管圆弧的切线，称为水准管轴。当水准管的气泡中点与水准管零点重合时，称为气泡居中；这时水准管轴 LL 处于水平位置。水准管圆弧 2 mm 所对的圆心角称为水准管分划值。安装在 DS3 级微倾式水准仪上的水准管如图 1-8 所示，其分划值不大于 $20''/2$ mm。

DS3 级微倾式水准仪在水准管的上方安装一组符合棱镜，通过符合棱镜的反射作用，使气泡两端的像反映在望远镜旁的符合气泡观察窗中，如图 1-9 所示。若气泡两端的半像吻合，就表示气泡居中；若气泡两端的半像错开，则表示气泡不居中，这时，应转动微倾螺旋，使气泡两端的半像吻合。

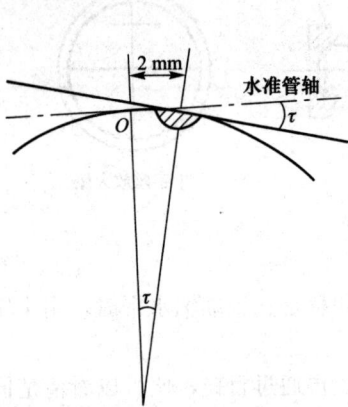

图 1-8　水准管分划

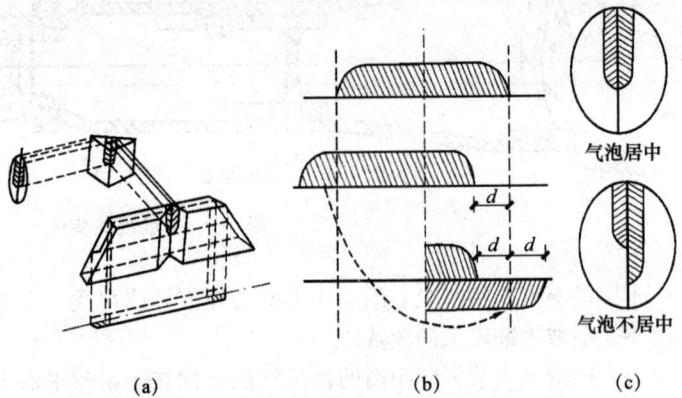

图 1-9　符合水准管

3) 基座。基座的作用是连接螺旋使仪器的上部与三脚架连接。其主要由轴座、脚螺旋、底板和三角压板构成。

2. 水准尺和尺垫

(1) 水准尺是水准测量时使用的标尺。其质量好坏直接影响水准测量的精度。因此，水准尺需用不易变形且干燥的优质木材制成，要求尺长稳定，分划准确。常用的水准尺有塔尺和双面尺两种，如图 1-10 所示。塔尺多用于等外水准测量，其长度有 2 m 和 5 m 两种，用两节或三节套接在一起。尺的底部为零点，尺上黑、白格相间，每格宽度为 1 cm，有的为 0.5 cm，每一米和分米处均有注记。双面尺多用于三、四等水准测量。其长度有 2 m 和 3 m 两种，且两根尺为一对。尺的两面均有刻划，一面为红白相间称为红面尺；另一面为黑白相间称为黑面尺（也称主尺），两面的刻划均为 1 cm，并在分米处注字。两根尺的黑面均由零开始；而红面，一根尺由 4.687 m 开始至 6.687 m 或 7.687 m，另一根由 4.787 m 开始至 6.787 m 或 7.787 m。

(2) 尺垫是在转点处放置水准尺用的，用生铁铸成，一般为三角形，中央有一突起的半球体，下方有三个支脚，用时将支脚牢固地插入土中，以防止下沉，上方突起的半球形顶点作为竖立水准尺和标志转点之用，如图 1-11 所示。

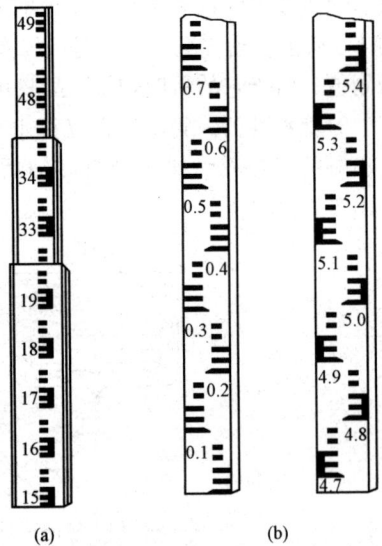

图 1-10　水准尺
(a) 塔尺；(b) 双面尺

1.3.1.2　水准仪的使用

水准仪的基本操作程序包括安置仪器、粗略整平、瞄准水准尺、精平与读数等操作步骤，分述如下。

1. 安置仪器

打开三脚架并使高度适中，目估架头大致水平，检查三脚架腿是否安置稳固、三脚架伸

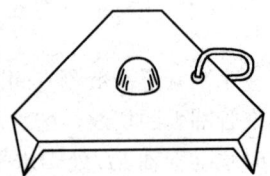

图 1-11　尺垫

缩螺旋是否拧紧，然后打开仪器箱取出水准仪，置于三脚架头上用连接螺旋将仪器牢固地固连在三脚架头上。需要注意的是，仪器安置位置最好与两点的水平距离相等(但不要求在两点的连线上)。

2. 粗略整平

粗略整平是借助圆水准器的气泡居中，使仪器竖轴大致铅垂，从而视准轴粗略水平。在粗略整平的过程中，气泡的移动方向与左手大拇指运动的方向一致，如图 1-12 所示。

3. 瞄准水准尺

首先进行目镜对光，即将望远镜对着明亮的背景，转动目镜对光螺旋，使十字丝清晰，再松开制动螺旋，转动望远镜，用望远镜筒上的准星瞄准水准尺，拧紧制动螺旋，然后从望远镜中观察；转动物镜对光螺旋进行对光，使目标清晰，再转动微动螺旋，使竖丝对准水准尺。

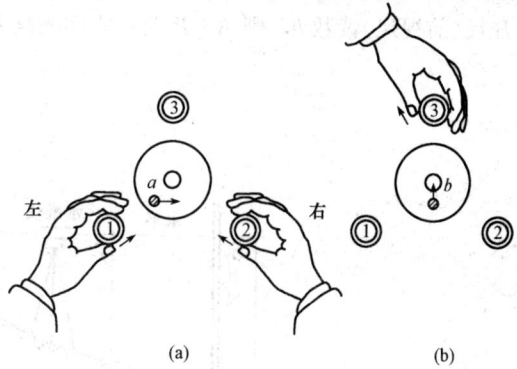

图 1-12　粗略整平过程

当眼睛在目镜端上下微微移动时，若发现十字丝与目标影像有相对运动，这种现象称为视差。产生视差的原因是目标成像的平面和十字丝平面不重合。视差的存在会影响读数的正确性，必须加以消除。消除的方法是重新仔细地进行物镜对光，直到眼睛上下移动时读数不变为止。此时，从目镜端见到的十字丝与目标的像都十分清晰。

4. 精平与读数

眼睛通过位于目镜左方的符合气泡观察窗看水准管气泡，右手转动微倾螺旋，使气泡两端的半像吻合，即表示水准仪的视准轴已精平水平。这时，即可用十字丝的中丝在尺上读数。以前的水准仪多采用倒像望远镜，因此读数时应从小往大，即从上往下读，现在的水准仪一般都是正像望远镜，读数更方便。如图 1-13 所示，读数时，先估读毫米数，然后报出全部读数。

精平和读数虽是两项不同的操作步骤，但在水准测量的实施过程中，将两项操作视为一个整体，即精平后再读数，读数后还要检查水准管气泡是否完全符合。只有这样，才能取得准确的读数。

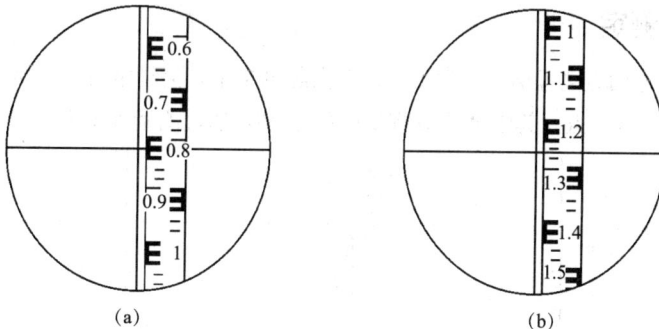

图 1-13　视窗中水准尺读数
(a)读数 0.825；(b)读数 1.273

1.3.2　高差测量实施

高差测量是一项重要的基础测量工作，它为高程测量做准备。其测量原理为：利用水准仪提供的水平视线，并借助水准尺，根据两点水准尺得到的读数计算出两点的高差。

如图 1-14 所示，地面上标定有 A、B 两点，欲测定两点之间的高差 h_{AB}。在 A、B 两点上各自竖立两根水准尺，并在 A、B 两点之间安置水准仪。按照水准仪的操作步骤进行操作，读出两根水准尺上的读数。假设水准仪的水平视线在水准尺上得到的读数分别为 A 尺（后视尺）读数 a、B 尺（前视尺）读数 b，则 A、B 两点之间的高差为

$$h_{AB} = a - b \qquad (1\text{-}5)$$

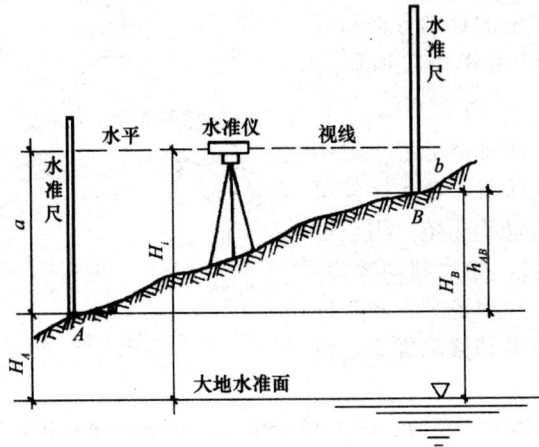

图 1-14　高差测量原理

任务 1.4　测量高程

测量的内容包括测定（测绘）及测设（放样或放线）两项。同理，高程测量的内容也包括高程测定及高程测设两个方面。在实际测量工作中，会经常涉及高程测定和高程测设两个方面的工作，因此高程测量能力是测量的一项基本技能。

1.4.1　高程测定

高程测定即确定地面点高程值的一类工作，在实际测量中，会经常碰到这类工作。如图 1-15 所示，地面上标定有 A、B 两点，其中 A 点高程值（H_A）已知，通过测量确定 B 点高程值（H_B）。

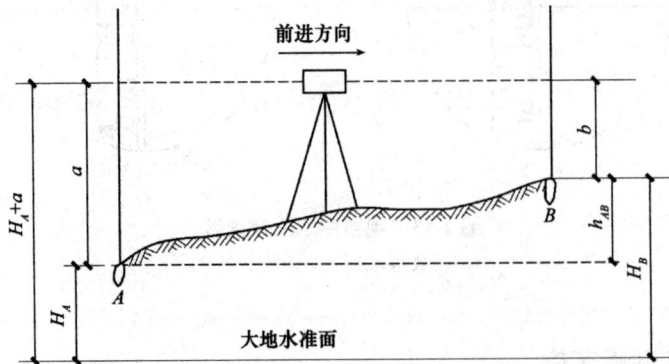

图 1-15　高程测定

A 点至 B 点的高差 $h_{AB} = H_B - H_A$，由公式可知：

$$H_B = H_A + h_{AB} \tag{1-6}$$

由式(1-6)可以看出，只要得到 A、B 两点之间的高差 h_{AB}，根据 $H_B = H_A + h_{AB}$ 即可求出 B 点的高程，而 h_{AB} 可按任务 3 所述确定。由此可看出，高程测定实质上是高差测定。

想一想： 前面所述高程测定方法使用的前提条件是前、后视的水准尺底部必须低于仪器视线，这样才能从水准尺上得到读数，当不满足这个前提条件时，可以采用什么方法解决呢？

提示： 可以根据实际情况选用提高仪器安置位置的高度或将水准尺竖直倒立的方法解决。

1.4.2 高程测设

高程测设是建筑工程施工阶段需要经常重复做的一项工作，它是将设计施工图纸中各部位标注的高程值对应的竖向位置在施工现场定位标记。高程测设即由高程值确定其对应的竖向位置的一类测量工作。如图 1-16 所示，在各层楼面施工时，需要根据设计图纸获取各层楼面的设计高程，然后通过高程测设方法在施工现场标记设计高程对应的竖向位置。

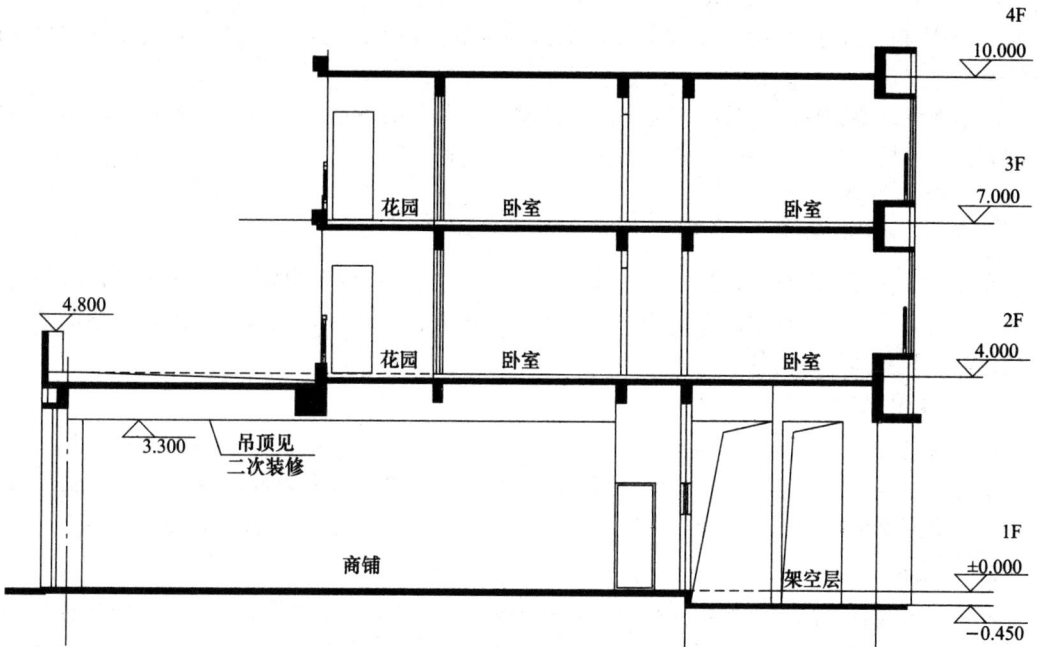

图 1-16　标注高程的建筑剖面图

与高程测定一样，要进行高程测设，必须有一个已知高程点。

例如，已知高程点 A，其高程值 $H_A = 1.250$ m，待测高程 $H_B = 1.800$ m。要定出 H_B 对应的竖向位置，安置水准仪于已知高程点 A 与待测设高程之间的合适位置，瞄准后视点 A，观测得后视读数 $a(1.500$ m$)$，则视线高程 $H_{视} = H_A + a = 1.250 + 1.500 = 2.750$(m)。

要使待测高程为 H_B，则前视读数 $b = H_{视} - H_B = 2.750 - 1.800 = 0.950$(m)，计算出前视读数 b 后，在需要标记高程的位置立塔尺，观测者瞄准塔尺，指挥立尺者上下移动塔尺，使前视读数与计算的 b 值(0.950 m)相等，则可在塔尺底部做高程标记，这时，标记位置的高程为 H_B。

想一想：前面所述高程测设方法使用的前提条件是待测高程与已知高程相差不是很大（一般在 5 m 以内），以确保前、后视的水准尺底部（或顶部）低于（或高于）仪器视线，这样才能从水准尺上得到读数，当不满足这个前提条件时，可以采用什么方法解决呢？

提示：可以根据实际情况借助钢尺将地面已知高程点的高程传递到在坑底或高楼上所设置的临时水准点上，然后再根据临时水准点测设其他各点的设计高程。

任务 1.5　高程测量校核及内业计算

测量工作是建筑工程实施的各个阶段都需要进行的一项工作，其测量结果的精度直接影响建筑工程的布局、成本、质量和安全，尤其在施工放样中，如果出现测量错误，就会造成难以挽回的损失。测量是一个多层次、多工序的复杂工作，所以，测量的过程不但会有误差，有时还会出现错误。误差是测量工作中不可避免的，但要使误差尽量小。对于错误，要想办法杜绝，所以在测量工作中必须遵循"边工作边检核"的基本原则，无论在测量工作的外业还是内业计算中，每一步工作都应该进行检核，上一步工作未检核完成不进行下一步工作。只要遵循"边工作边检核"的原则，做好检核工作，就可以大大减少测量成果出错的机会，同时，边工作边检核还可以及早地发现错误，使测量工作的效率提高。

简单来说，要避免测量错误、提高测量的精度，测量时就必须校核。下面介绍高程测量的校核方法。校核一般包括测站校核和路线校核两个方面。

1.5.1　测站校核

测站是指安置一次仪器，测量出一组高差。安置仪器的点称为测站点。测站校核就是为了避免在一组高差测量过程中出现错误，同时提高测量的精度而进行的校核。测站校核的方法有改变仪高法和双面尺法两种。

1. 改变仪高法

改变仪高法是同一测站用两次不同的仪器高度（两次不同的仪器高度相差 10 cm 以上），测得两次高差以相互比较进行检核。两次所测高差之差对于等外水准测量容许值为 ±5 mm。超出此限差，必须重测，在此限差内，可取两次所测高差之差的平均值作为该站的观测高差。

2. 双面尺法

双面尺法是仪器高度不变，立在前视点和后视点上的水准尺分别用黑面和红面各进行一次读数，测得两次高差，相互进行检核。两次所测高差之差的限差同改变仪高法。双面尺法必须用双面尺进行，且观测顺序是黑、黑、红、红。具体计算为

$$\begin{cases} h_{\text{黑}} = a_{\text{黑}} - b_{\text{黑}} \\ h_{\text{红}} = a_{\text{红}} - b_{\text{红}} \\ \Delta h = h_{\text{黑}} - h_{\text{红}} \pm 0.100 \leqslant \pm 5 \text{ mm} \\ h = \dfrac{1}{2}(h_{\text{黑}} + h_{\text{红}} \pm 0.100) \end{cases}$$

注：在制作双面尺时，黑面的尺底均为从零刻线开始；红面的尺底可分为 4.687 m 和 4.787 m 两种，一般配对使用。因此，$h_{\text{红}}$ 总是比 $h_{\text{黑}}$ 多或少 0.1 m。

1.5.2 路线校核

当要由已知高程点测定一系列相距一定距离的点的高程时，如在建筑工程施工准备阶段，因施工场地内没有已知高程点，需要根据施工场地外的高程点测定施工场地内布置的一系列高程点的问题。如果按照前面所述的高程测定方法测量则会出现误差累积，降低测量的精度。为了提高测量的精度，必须按照一定的测量路线进行测量，然后校核以提高测量精度。前面的高程测定可称为简单水准测量；这里的高程测定可称为路线水准测量。

1.5.2.1 水准点和水准路线

1. 水准点

为了统一全国的高程系统和满足各种测量的需要，测绘部门在全国各地埋设并测定了很多高程点，这些点称为水准点(Bench Mark)，简记为 BM。简单来说，水准点即已知高程点，也称为高程控制点。水准测量通常是从水准点引测其他点的高程。水准点有永久性和临时性两种。国家等级水准点一般用石料或钢筋混凝土制成，深埋到地面冻结线以下，如图 1-17 所示。在标石的顶面设有用不锈钢或其他不易锈蚀材料制成的半球状标志。有些水准点也可设置在稳定的墙脚上，称为墙上水准点，如图 1-18(a)所示。

建筑工地上的永久性水准点一般用混凝土或钢筋混凝土制成，临时性水准点可用地面上突出的坚硬岩石或用大木桩打入地下，其顶面钉以半球形铁钉，如图 1-18(b)、(c)所示。

埋设水准点后，应绘出水准点与附近固定建筑物或其他地物的关系图，在图上还要写明水准点的编号和高程，称为点之记，以便日后寻找水准点位置。水准点编号前通常加 BM 字样，作为水准点的代号。

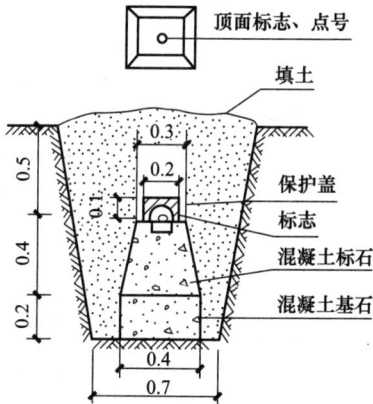

图 1-17 国家等级水准点　　　　图 1-18 水准点埋设

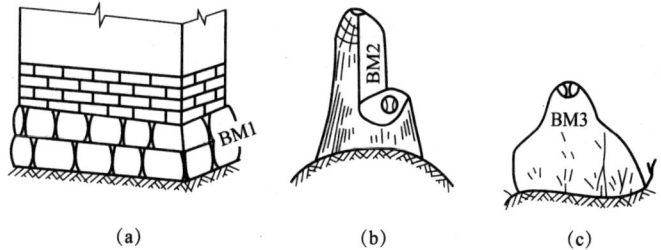

2. 水准路线

当待测高程点有多个时，为了能进行路线校核，测量时按照一定的测量路线进行测量，这样的路线称为水准路线。在一系列水准点之间进行水准测量所经过的路线即水准路线。水准路线的形式主要有闭合水准路线、附合水准路线和支水准路线三种。为了避免测量成果出错，保证测量成果满足精度要求，水准路线要根据测区的实际情况和作业要求选择某一形式布设。

(1)闭合水准路线。如图 1-19(a)所示，从水准点 BM_A 出发，沿各待定高程点 1、2、3 进行水准测量，最后又回到原出发水准点，这种形成环形的路线称为闭合水准路线。

(2)附合水准路线。如图 1-19(b)所示，从水准点 BM_A 出发，沿各待定高程点 1、2、3 进行水准测量，最后又附合到另一个水准点 BM_B。这种在两个已知水准点之间布设的路线称为附合水准路线。

(3)支水准路线。如图 1-19(c)所示，从水准点 BM_A 出发，沿各待定高程点 1、2 进行水准测量。这种从一个已知水准点出发，而另一端为未知点的路线，既不自行闭合，也不附合到其他水准点上，称为支水准路线。对于支水准路线，为了能进行路线校核，测量时需要采用往返测量。理论上往测高差与返测高差应大小相等、方向相反，即 $\left| \sum h_{往} \right| = \left| \sum h_{返} \right|$。

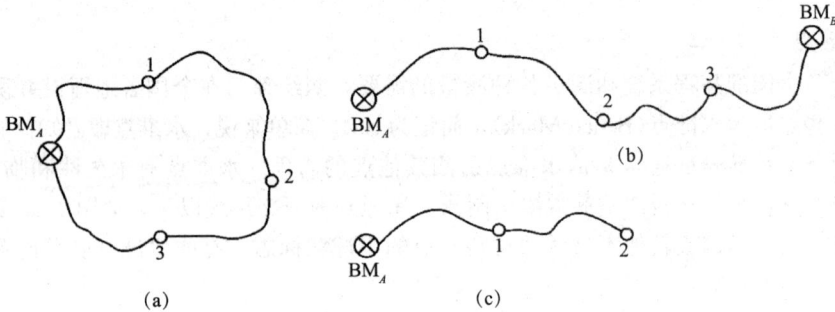

图 1-19　水准路线形式

1.5.2.2　水准测量的实施

水准测量包括现场的外业测量及内业数据成果整理。

水准测量外业工作包括现场的观测、记录和必要的计算及检核。

1. 布置水准路线

根据实际情况选择合适的水准路线，并在现场做好待测高程点位置的标记。高程点要按水准点的埋设要求做好标记，确保点位能在使用时间范围内安全保存。做好前面的准备工作后，在测量开始前，绘出水准路线图，以便按水准路线图有顺序地进行测量。水准路线布置如图 1-20 所示。

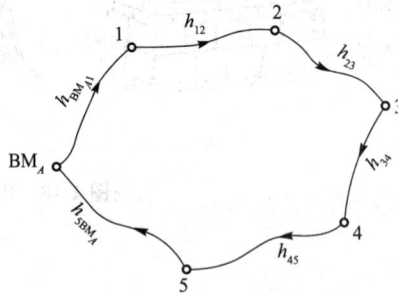

图 1-20　水准路线布置

2. 观测相邻两点高差

完成水准路线布置后，便可根据水准路线图中的高差测量顺序按照前面所述高差测量方法顺次测量出各相邻点高差。对于图 1-20，则需要测量出 h_{BM_A1}、h_{12}、$\cdots$、h_{5BM_A}。在高差测量时应注意以下事项：

(1)每次高差测量时要在与两点距离大致相等的位置安置水准仪，尽可能在后、前两测点各立一把水准尺；

(2)对每一测站，先读后视读数 a，再读前视读数 b，并记入表 1-1(水准测量外业手簿)中；

(3)对每一测站，按后视读数减前视读数计算高差，即 $h=a-b$；

(4)各测站的高差要进行测站校核；

(5)观测应按一个方向依次进行，水准尺要"交替跑尺"，即这一站的前尺手在下一测站时位置不动，只将水准尺转向仪器，这样前尺手成为下一测站的后尺手，后尺手变为下一测站的前尺手。

表 1-1　水准测量外业手簿

测站	测点	后视读数 a/mm	前视读数 b/mm	高差 h/m		高程 H/m	备注
				+	−		
Ⅰ	$BM_A\ TP_1$	2 142	1 258	0.884		123.446	
Ⅱ	$TP_1\ TP_2$	928	1 235		0.307		
Ⅲ	$TP_2\ TP_3$	1 664	1 431	0.233			
Ⅳ	$TP_3\ BM_B$	1 672	2 074		0.402	123.854	
	$\sum$	6 406	5 998	1.117	0.709		
计算检核		$\sum a-\sum b=+408$		$\sum h=+0.408$		$H_B-H_A=+0.408$	

想一想：当欲测的高程点距离水准点较远或高差很大，不能安置一次仪器测量出两点的高差时，如何测量出两点的高差？

提示：在两点之间设置辅助点，然后连续安置水准仪测定相邻各点的高差，最后取所有高差的代数和，可得到起点和终点的高差。

案例 1-1：设 A 为已知水准点($H_A=100.000$ m)，欲测 B 点高程，如图 1-21 所示。因 A、B 之间距离较远(或坡度较大)，所以中间需设置 3 个转点 TP_1、TP_2、TP_3(要求测点间距<100 m)。

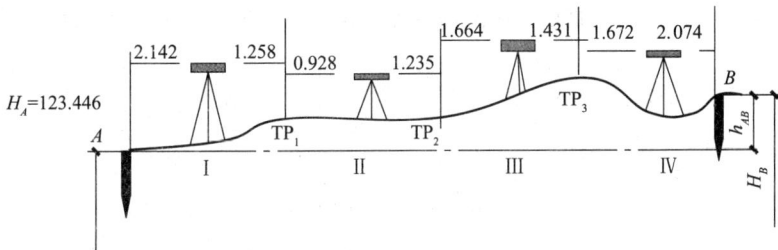

图 1-21　布设转点测量两点高差

施测方法：按高差测量方法依次测量出相邻两点的高差。

记录方法：数据记录按表 1-1 水准测量外业手簿进行，后、前视读数记录至毫米。

计算方法：

(1)计算各测站高差：

按 $h=a-b$，计算 4 个测站的高差 h_1、h_2、h_3、h_4，并正、负分开记录。

(2)计算 A、B 两点高差：

$h_{AB}=\sum h=h_1+h_2+h_3+h_4$，有了两点高差，便可计算出待测点高程。

3. 水准测量外业手簿计算及计算校核

记录各测站高差前、后尺读数，并完成本测站高差计算后，如测量精度在四等精度及以上时，要进行测站校核，计算高差较差是否满足精度要求，必须在满足精度要求的前提下才能计算平均高差并将仪器迁往下一站测量，否则重新测量直至满足测站校核精度要求为止，这就是边测量边计算边检查，检查合格后才开始下一步测量的原则。

当所有测站的高差均已测量并计算完成后便进行计算校核。计算校核是为了检查手簿的所有计算是否有误。检查方法按以下步骤进行：

(1)计算 $\sum a$、$\sum b$、$\sum h$ 并填入相应栏内；

(2)检查前面计算的 $\sum a$、$\sum b$、$\sum h$ 是否满足下列公式：

$$\sum h = \sum a - \sum b \tag{1-7}$$

如满足则说明计算没有错误，否则检查并修改计算结果，直至满足式(1-7)为止。

式(1-7)的由来如下：

$$h_1 = a_1 - b_1$$
$$h_2 = a_2 - b_2$$
$$\vdots$$
$$h_n = a_n - b_n$$

将各式相加，得 $\sum h = \sum a - \sum b$。

具体实施方法见表1-1。

1.5.3 高程推算

完成外业相邻点高差测量之后，便可以进行水准测量的成果计算，下面分别对闭合水准路线与附合水准路线的内业成果计算方法进行介绍。

1. 附合水准路线成果计算

案例 1-2：如图 1-22 所示，A、B 为已知水准点，$H_A = 65.376$ m，$H_B = 68.623$ m，点 1、2、3 为待测水准点，通过外业测量，各测段高差、测站数、距离已在图中标注。

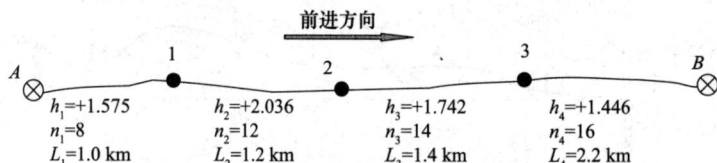

图 1-22　附合水准路线外业测量成果图

(1)填写观测数据及已知数据。根据外业测量成果完成水准测量成果计算表(表 1-2)中 1、2、3、4、5 列相关信息的填写。

(2)计算高差闭合差。高差闭合差是衡量整条水准路线测量精度的一个量，用 f_h 表示：

$$f_h = \sum h_{实} - \sum h_{理} = \sum h_{实} - (H_B - H_A) \tag{1-8}$$

本案例中的高差闭合差计算见水准测量成果计算表(表 1-2)。

测量精度是否满足要求，还需计算高差闭合差容许值，用 $f_{h容}$ 表示。不同等级的水准测量，对高差闭合差有不同的要求，具体可见《工程测量规范》(GB 50026—2007)中水准测量精度相关内容，等外水准测量的高差闭合差容许值规定如下：

平地： $$f_{h容} = \pm 40\sqrt{L} \qquad\qquad (1\text{-}9)$$

山地： $$f_{h容} = \pm 12\sqrt{n} \qquad\qquad (1\text{-}10)$$

式中　L——水准路线总长度(km)；

　　　n——总测站数。

表 1-2　水准测量成果计算表

测段	点名	距离/km	测站数	实测高差/m	改正数/m	改正后高差/m	高程/m	备注
1	2	3	4	5	6	7	8	9
1	A	1.0	8	+1.575	−0.012	+1.563	65.376	已知
2	1	1.2	12	+2.036	−0.014	+2.022	66.939	
3	2	1.4	14	−1.742	−0.016	−1.758	68.961	
4	3	2.2	16	+1.446	−0.026	+1.420	67.203	已知
$\sum$	B	5.8	50	+3.315	−0.068	+3.247	68.623	
辅助计算		$f_h = \sum h_{实} - \sum h_{理} = 3.315 - (68.623 - 65.376) = +68(\text{mm})$ $f_{h容} = \pm 40\sqrt{5.8}\ \text{mm} = \pm 96(\text{mm})$						

在实际运用中，如果每千米测站数($\sum n / \sum L$)小于 15，用平地公式；反之采用山地公式。在本案例中

$$\sum n / \sum L = 50/5.8 = 8.6(\text{站} / \text{km}) < 15(\text{站} / \text{km})$$

故 $f_{h容}$ 用平地公式计算，具体见表 1-2。

若 $|f_h| < |f_{h容}|$ ，说明观测成果精度满足要求；若 $|f_h| > |f_{h容}|$ ，说明观测成果不符合精度要求，必须重新观测。

(3)调整高差闭合差。在同一条水准路线上，假设观测条件是相同的，可认为各站产生的误差机会是相同的，故闭合差的调整按与测站数(或距离)成正比反符号分配的原则进行。即

$$v_i = -\frac{f_h}{\sum n} n_i ; \ 或 \ v_i = -\frac{f_h}{\sum L} L_i \qquad\qquad (1\text{-}11)$$

高差闭合差的调整原则如下：

1)调整数的符号与高差闭合差 f_h 符号相反；

2)调整数值的大小按测段长度或测站数成正比例地分配；

3)调整数最小单位为 0.001 m。

本案例中，各测段调整数为

$$v_1 = -\frac{f_h}{\sum L} L_1 = -\frac{68}{5.8} \times 1.0 = -12(\text{mm})$$

$$v_2 = -\frac{f_h}{\sum L} L_2 = -\frac{68}{5.8} \times 1.2 = -14(\text{mm})$$

$$v_3 = -\frac{f_h}{\sum L}L_3 = -\frac{68}{5.8} \times 1.4 = -16(\text{mm})$$

$$v_4 = -\frac{f_h}{\sum L}L_4 = -\frac{68}{5.8} \times 2.2 = -26(\text{mm})$$

计算校核：$\qquad\qquad\qquad\qquad v_i = -f_h$ $\qquad\qquad\qquad\qquad\qquad$ (1-12)

将各测段的高差调整数填入表 1-2 第 6 栏中。

(4)计算各测段改正后高差。

各测段改正后高差 $\qquad\qquad\qquad h_{改} = h_{测} + v_i$ $\qquad\qquad\qquad\qquad$ (1-13)

本案例中各测段改正后高差计算结果见表 1-2 第 7 栏。

计算校核： $\qquad\qquad\qquad\qquad \sum h_{改} = H_B - H_A$ $\qquad\qquad\qquad\qquad$ (1-14)

(5)计算各待测点高程。根据已知水准点 A 的高程和各测段的改正后高差，可依次推算出各待定点的高程，在本案例中：

$$H_1 = H_A + h_{1改} = 65.376 + 1.563 = 66.939(\text{m})$$

$$H_2 = H_1 + h_{2改} = 66.939 + 2.022 = 68.961(\text{m})$$

$$H_3 = H_2 + h_{3改} = 68.961 + (-1.758) = 67.203(\text{m})$$

计算校核：

$$H_{B推算} = H_3 + h_{4改} = 67.203 + 1.420 = 68.623(\text{m}) = H_{B已知}$$

最后推算出的 B 点高程与其已知值相等，说明高程推算过程没有错误。将推算出的各个待测点高程填入表 1-2 第 8 栏中。至此水准测量内业计算全部完毕。

2. 闭合水准路线成果计算

闭合水准路线成果计算的步骤与附合水准路线完全相同，可将附合水准路线中的 B 点看作 A 点，在计算高差闭合差时，f_h 的计算公式为

$$f_h = \sum h_{实} - \sum h_{理} = \sum h_{实} - (H_A - H_A) = \sum h_{实} \qquad\qquad (1\text{-}15)$$

3. 支水准路线成果计算

支水准路线一般都是往返观测，相当于从一个已知点回到同一个已知点，故成果计算的步骤和方法完全和闭合水准路线相同。

任务 1.6 视野拓展

1.6.1 三角高程测量

三角高程测量是高程测量的另外一种方法，它是根据测站向照准点所观测的垂直角(或天顶距)与它们之间的水平距离，计算测站点与照准点的高差，进而推算待定点高程。这种方法简便灵活，受地形条件的限制较少，故适用于测定三角点的高程。三角点的高程主要作为各种比例尺测图的高程控制的一部分。一般在一定密度的水准网控制下，用三角高程测量的方法测定三角点的高程。

1.6.1.1 测量高差

三角高程测量与水准测量一样，必须先测量已知点与待测点的高差。二者的差别在于测量高差的方法不同。

1. 测量仪器

水准测量采用水准仪来测量高差，三角高程测量需要完成竖直角及水平距离的测量，常用来测角度的仪器为经纬仪或全站仪，距离测量可用钢卷尺或测距仪完成。经纬仪测量竖直角与卷尺测量距离的具体操作方法在后面角度测量及距离测量部分介绍。现在普遍使用的全站仪可以替代以前的经纬仪与测距仪，换言之，全站仪测量高程的方法就是三角高程测量方法。经纬仪及全站仪的相关知识后面会有介绍。

2. 测量高差

如图 1-23 所示，要测量地面上 A、B 两点的高差，在 A 点上安置经纬仪，在 B 点竖立标杆，用经纬仪瞄准标杆，记下经纬仪此时的竖直角(α)，同时，用卷尺竖直量取仪器高(i)与经纬仪瞄准处的标杆高度(V)，再用测距仪测量 A、B 两点之间的水平距离。

根据图中的几何关系可知：

$$h_{AB}+V=D\tan\alpha+i \tag{1-16}$$

$$h_{AB}=D\tan\alpha+i-V \tag{1-17}$$

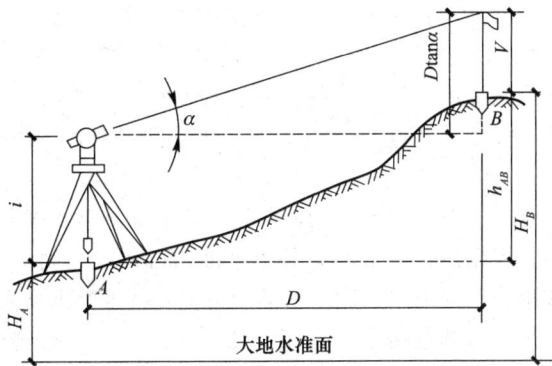

图 1-23　三角高程测量

3. 推算高程

如果 A 点高程已知，设其为 H_A，则 B 点的高程为

$$H_B=H_A+h_{AB}=H_A+D\tan\alpha+i-V \tag{1-18}$$

如果利用全站仪测量 B 点高程，具体操作为：在已知点 A 上安置仪器，量取仪器高(i)，在待测点 B 上架设棱镜，读出棱镜高(V)，用全站仪瞄准棱镜，测量出 A、B 两点之间的水平距离，通过式(1-18)便可自动计算出待测点 B 的高程。

式(1-18)是在假设地球表面为一平面，观测视线为直线的条件下推导出来的。在大地测量中，因边长较长，必须顾及地球弯曲差和大气折光的影响。

为了提高三角高程测量的精度，通常采取对向观测竖直角(在测站 A 上向 B 点观测垂直角 α_{12}，而在测站 B 上也向 A 点观测垂直角 α_{21})，推求两点的高差，以减弱大气折光的影响。

1.6.1.2　三角高程测量的精度

三角高程测量的精度受垂直角观测误差、仪器高和觇标高的量测误差、大气折光误差和垂线偏差变化等诸多因素的影响，而大气折光误差和垂线偏差变化的影响可能随地区不同而有较大的变化，尤其是大气折光误差的影响与观测条件密切相关，如视线超出地面的高度等。因此不可能从理论上推导出一个普遍适用的计算公式，而只能根据大量实测资料进行统计分析，才有可能求出一个大体上足以代表三角高程测量平均精度的经验公式。

式(1-18)适用于 A、B 两点距离较近(小于 300 m)的情况,此时可近似将水准面看成平面,将视线视为直线。当地面两点的间距 D 大于 300 m 时,就要考虑地球曲率及观测视线受大气折光的影响。地球曲率对高差的影响称为地球曲率差,简称球差。大气折光引起视线成弧线的差异称为气差。为了检核和消除球气差的影响,一般采用对向观测的方法进行测量,为了减少大气折光的影响,观测视线应高出地面或障碍物 1 m 以上。

1.6.2 高程控制测量

1. 认识高程控制测量

高程控制测量就是在测区布设高程控制点,即水准点,用精确方法测定它们的高程,构成高程控制网。高程控制测量的主要方法有水准测量和三角高程测量。

国家高程控制网是用精密水准测量方法建立的,所以又称国家水准网。国家水准网的布设也是采用从整体到局部、由高级到低级、分级布设逐级控制的原则。国家水准网可分为 4 个等级。一等水准网是沿平缓的交通路线布设成周长约为 1 500 km 的环形路线。一等水准网是精度最高的高程控制网,它是国家高程控制的骨干,也是地学科研工作的主要依据。二等水准网是布设在一等水准环线内,形成周长为 500～750 km 的环线。它是国家高程控制网的全面基础。三、四等水准网直接为地形测图或工程建设提供高程控制点。三等水准网一般布置成附合在高级点之间的附合水准路线,长度不超过 200 km。四等水准网均布置成附合在高级点间的附合水准路线,长度不超过 80 km。

城市高程控制网是用水准测量方法建立的,称为城市水准测量,按其精度要求分为二、三、四、五等水准和图根水准。根据测区的大小,各级水准均可首级控制。首级控制网应布设成环形路线,加密时宜布设成附合路线或结点网。水准测量主要技术要求见表1-3。

在丘陵地区或山区,高程控制量测边可采用三角高程测量。光电测距三角高程测量现已用于(代替)四、五等水准测量。

表 1-3　水准测量主要技术要求

等级	每千米高差中误差 /mm	路线长度 /km	水准仪的型号	水准尺	观测次数		往返较差、附合或环线闭合差	
					与已知点联测	附合路线或环线	平地/mm	山地/mm
二等	2	—	DS1	铟瓦	往返各一次	往返各一次	$4\sqrt{L}$	—
三等	6	≤50	DS1	铟瓦	往返各一次	往一次	$12\sqrt{L}$	$4\sqrt{n}$
			DS3	双面		往返各一次		
四等	10	≤16	DS3	双面	往返各一次	往一次	$20\sqrt{L}$	$4\sqrt{n}$
五等	15	—	DS3	单面	往返各一次	往一次	$30\sqrt{L}$	
图根	20	≤5	DS10	—	往返各一次	往一次	$40\sqrt{L}$	$12\sqrt{n}$

注：①结点之间或结点与高级点之间,其路线的长度不应大于表中规定的 0.7 倍;
　　②L 为往返测段,附合或环线的水准路线长度以 km 为单位,n 为测站数。

2. 三、四等水准测量实施

三、四等水准网作为测区的首级控制网,一般应布设成闭合环线,然后用附合水准路线和结点网进行加密。只有在山区等特殊情况下,才允许布设支水准路线。

水准路线一般尽可能沿铁路、公路及其他坡度较小、施测方便的路线布设，尽可能避免穿越湖泊、沼泽和江河地段。水准点应选择土质坚实、地下水水位低、易于观测的位置。凡易受淹没、潮湿、振动和沉陷的地方，均不宜作水准点位置。水准点选定后，应埋设水准标石和水准标志，并绘制点之记，以便日后查寻。

水准路线长度和水准点间距可参照表 1-4 所示的规定。对于工矿区，水准点的距离还可适当地减小。一个测区至少应埋设三个水准点。

三、四等水准测量的观测程序、记录计算、校核方法详见前文。现就测量中的实施要点作进一步的说明。

表 1-4 三、四等水准路线长度和水准点间距

水准点间距		建筑物	1～2 km
		其他地区	2～4 km
环线或附合于高级点水准路线的最大长度		三等	50 km
		四等	16 km

(1)三等水准测量必须进行往返观测。当使用 DS1 级水准仪和铟瓦标尺时，可采用单程双转点观测，观测程序仍为后—前—前—后，即黑—黑—红—红。

(2)四等水准测量除支水准路线必须进行往返和单程双转点观测外，对于闭合水准路线和附合水准路线，均可单程观测。每站观测程序也可为后—后—前—前，即黑—红—黑—红。采用单面尺，用后—前—前—后的观测程序时，在两次前视之间必须重新整置仪器，用改变仪高法进行测站检查。

(3)三、四等水准测量每一测段的往测和返测，测站数均应为偶数，否则应加入标尺点误差改正。由往测转向返测时，两根标尺必须互换位置，并应重新安置仪器。

(4)在每一测站上，三等水准测量不得两次对光。四等水准测量尽量少做两次对光。

(5)工作间歇时，最好能在水准点上结束观测。否则应选择两个坚固可靠、便于放置标尺的固定点作为间歇点，并做出标记。间歇后，应进行检查。如检查两点间歇点高差不符值三等水准测量小于 3 mm，四等水准测量小于 5 mm，则可继续观测，否则须从前一水准点起重新观测。

(6)在一个测站上，只有当各项检核符合限差要求时才能迁站。如其中有一项超限，可以在本站立即重测，但须变更仪器高。如果仪器已迁站后才发现超限，则应对前一水准点或间歇点重测。

(7)当每千米测站数小于 15 时，闭合差按平地公式计算；如大于 15，则按山地公式计算。

(8)当成像清晰、稳定时，三、四等水准测量的视线长度可允许按规定长度放大 20%。

(9)水准网中，结点与结点之间或结点与高级点之间的附合水准路线长度应为规定的0.7 倍。

(10)当采用单面标尺进行三、四等水准测量时，变更仪器高前后所测两尺垫高差之差的限差，与红、黑面所测高差之差的限差相同。

1.6.3　认识数字水准仪及 GPS

1.6.3.1　认识数字水准仪

1. 仪器外观及部件

数字水准仪的外观如图 1-24 所示，尺子采用条形码尺。

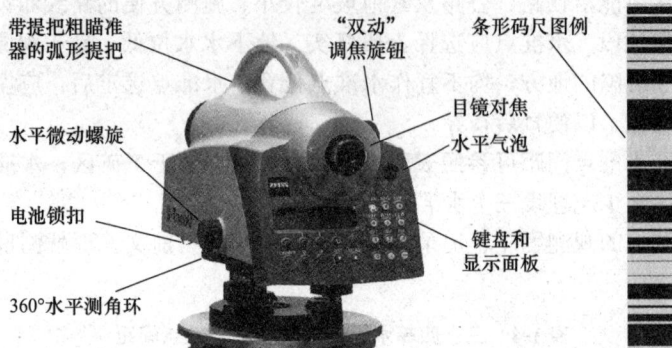

图 1-24　数字水准仪及其条形码尺

数字水准仪是目前最先进的水准仪，配合专门的条形码尺，通过仪器中内置的数字成像系统，自动获取条形码尺的条码读数，不需要人工读数。这种仪器可大大降低测绘作业劳动强度，避免人为的主观读数误差，提高测量精度和效率。

2. 仪器使用特点

(1)操作简便，作业效率高，自动读数，无疲劳操作。

(2)能自动存储数据，与计算机进行数据通信。

3. 仪器工作原理

观测时，标尺上的条形码由望远镜接收后，探测器将采集到的标尺编码光信号转换成电信号，并与仪器内部存储的标尺编码信号进行比较，若两者信号相同，则读数可以确定。仪器操作详见相应型号数字水准仪操作手册。

1.6.3.2　认识 GPS

GPS 是一种可以授时和测距的空间交会定点的导航系统，可以向全球用户提供连续、实时、高精度的三维位置、三维速度和时间信息。

GPS 的产生与发展——由 TRANSIT 到 GPS。1957 年 10 月第一颗人造地球卫星上天，天基电子导航应运而生；美国于 1964 年建成子午卫星导航定位系统(TRANSIT)，从 1973 年开始筹建 GPS，于 1994 年全部建成，投入使用。

1. GPS 的组成

(1)空间部分。由 21 颗工作卫星和 3 颗备用卫星组成。

(2)地面控制部分。其由 1 个主控站、5 个监控站和 3 个注入站组成。

(3)用户接收机部分。用户接收机的基本类型分导航型和大地型。大地型接收机又可分为单频型(L1)和双频型(L1、L2)。

2. GPS 定位方法分类

(1)绝对定位。确定观测点在 WGS-84 坐标系中的坐标，即绝对位置。

(2)相对定位。确定观测点在国家或地方独立坐标系中的坐标，即相对位置。

相对定位包括后处理定位及动态(相对)定位两种。

3. GPS 的后处理定位方法

在工程中，广泛应用的是相对定位模式。其后处理定位方法有静态相对定位和动态相对定位两种。

(1)静态相对定位(图1-25)。

1)方法：将儿台GPS接收机安置在基线端点上，保持固定不动，同步观测4颗以上卫星。可观测数个时段，每时段观测十几分钟至1小时左右。最后将观测数据输入计算机，经相应数据处理软件解算得各点坐标。

2)用途：其是精度最高的作业模式，主要用于大地测量、控制测量、变形测量、工程测量。使用GPS进行控制测量的过程为方案设计、外业观测、内业数据处理。用户可以根据测量成果的用途选择相应的GPS测量规范实施：《卫星定位城市测量技术标准》(CJJ/T 73—2019)和《公路勘测规范》(JTG C10—2007)。

3)精度：可达到5 mm+1 ppm。

(2)动态相对定位(图1-26)。

1)方法：先建立一个基准站，并在其上安置接收机连续观测可见卫星，另一台接收机在第1点静止观测数分钟后，在其他点依次观测数秒。最后将观测数据输入计算机，经处理软件解算得各点坐标。动态相对定位的作业范围一般不能超过15 km。

2)用途：适用于精度要求不高的碎部测量。

3)精度：可达到(10~20)mm+1 ppm。

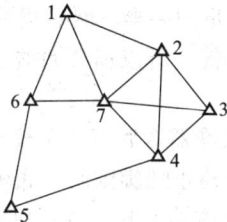

图1-25　静态相对定位模式　　　　图1-26　动态相对定位模式

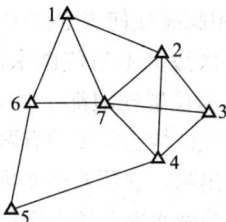

4. GPS实时动态定位(RTK)方法

(1)RTK的工作原理及方法。与动态相对定位方法相比，定位模式相同，仅在基准站和流动站间增加一套数据链，实现各点坐标的实时计算、实时输出。其工作原理如图1-27所示。

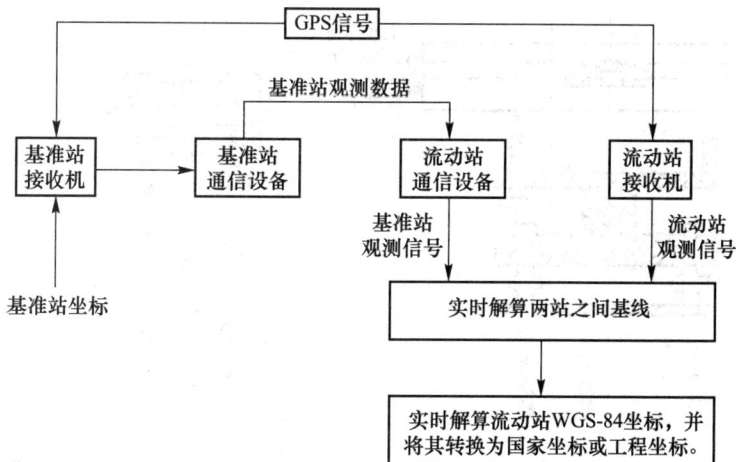

图1-27　RTK的工作原理

(2)RTK的用途。其适用于精度要求不高的施工放样及碎部测量，仪器测量操作见4.4.6节。

(3)RTK 的作业范围一般为 10 km 左右。

(4)RTK 的精度可达到(10~20)mm+1 ppm。

1.6.4　水准仪的检验与校正

为了保证测量工作能得出正确的成果，工作前必须对所使用的仪器进行检验和校正。

1.6.4.1　微倾式水准仪的检验和校正

微倾式水准仪的主要轴线如图 1-28 所示，它们之间应满足的几何条件是：圆水准器轴应平行于仪器竖轴；十字丝的横丝应垂直于仪器竖轴；水准管轴应平行于视准轴。

1. 圆水准器的检验和校正

(1)检验目的。使圆水准器轴平行于仪器竖轴，圆水准器气泡居中时，仪器竖轴便位于铅垂位置。

(2)检验方法。旋转脚螺旋使圆水准器气泡居中，然后将仪器上部在水平方向绕仪器竖轴旋转 180°，若气泡仍居中，则表示圆水准器轴已平行于仪器竖轴；若气泡偏离中央，则需要进行校正。

(3)校正方法。用脚螺旋使气泡向中央方向移动偏离量的一半，然后拨圆水准器的校正螺钉使气泡居中。因为一次拨动不易使圆水准器校正得很完善，所以需要重复上述的检验和校正，使仪器上部旋转到任何位置气泡都能居中为止。

圆水准器校正装置的构造常见的有两种。一种在圆水准器盒底有 3 个校正螺旋[图 1-29(a)]；盒底中央有一球面凸出物，它顶着圆水准器的底板，3 个校正螺旋则旋入底板拉住圆水准器。当旋紧校正螺旋时，可使圆水准器该端降低，旋松时则可使该端上升；另一种构造，在盒底可见到 4 个螺旋[图 1-29(b)]，中间一个较大的螺旋用于连接圆水准器和盒底，另 3 个为校正螺旋，它们顶住圆水准器底板，当旋紧某一校正螺旋时，圆水准器该端升高，旋松时则该端下降，其移动方向与第一种相反。校正时，无论对哪一种构造，当需要旋紧某个校正螺旋时，必须先旋松另两个校正螺旋，校正完毕时，必须使 3 个校正螺旋都处于旋紧状态。

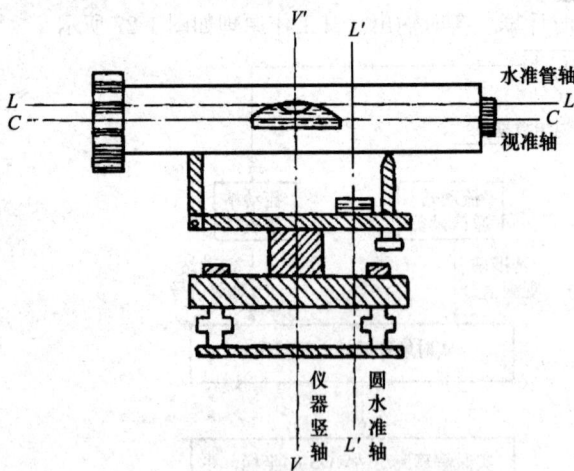

图 1-28　微倾式水准仪的主要轴线　　　　图 1-29　圆水准器校正螺旋

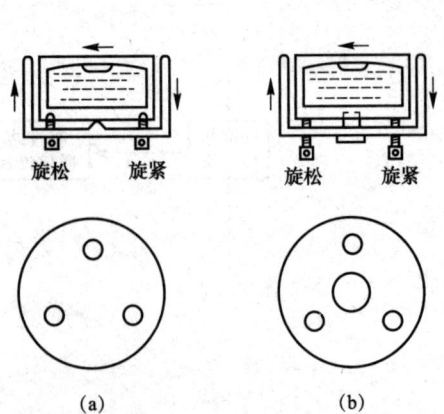

(4)检校原理。若圆水准器轴与仪器竖轴不平行，构成一 δ 角，当圆水准器的气泡居中时，仪器竖轴与铅垂线成 δ 角[图 1-30(a)]。若仪器上部绕仪器竖轴旋转 180°，因仪器竖轴位置不变，故

圆水准器轴与铅垂线成 2δ 角[图 1-30(b)]。当用脚螺栓使气泡向零点移回偏离量的一半时，则仪器竖轴将变动一 δ 角而处于铅垂方向，而圆水准器轴与仪器竖轴仍保持 δ 角[图 1-30(c)]。此时拨圆水准器的校正螺钉，使圆水准器气泡居中则圆水准器轴也处于铅垂方向，从而使它平行于仪器竖轴[图 1-30(d)]。

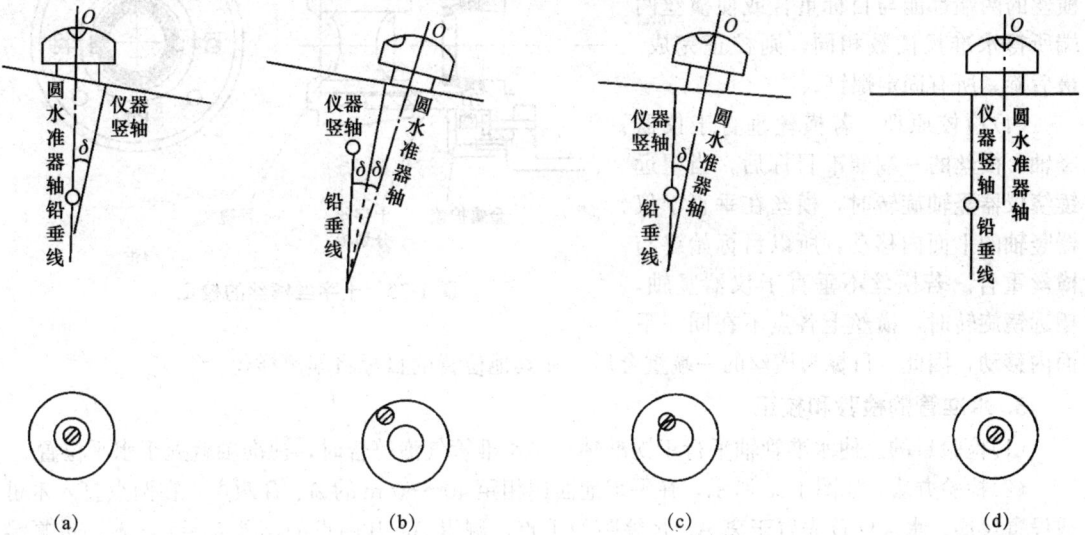

图 1-30　圆水准器轴平行于仪器竖轴的检验与校正

当圆水准器的误差过大，即 δ 角过大时，气泡的移动不能反映出 δ 角的变化。当圆水准器气泡居中后，仪器上部平转 180°，若气泡移至圆水准器边缘，再按照使气泡向中央移动的方向旋转脚螺旋 1～2 周，若未见气泡移动，这就属于 δ 角偏大的情况。此时不能按上述正常的方法操作，用改正气泡偏离量一半的方法进行校正。首先应以每次相等的量转动脚螺旋，使气泡居中，并记住转动的次数，然后将脚螺旋按相反方向转动原来次数的一半，此时可使仪器竖轴接近铅垂位置。拨圆水准器的校正螺旋使气泡居中，则可使 δ 角迅速减小，然后按正常的检验和校正方法进行校正。

2. 十字丝横丝的检验和校正

(1)检验目的。十字丝横丝垂直于仪器竖轴，这样，当仪器粗略整平后，横丝基本水平，用横丝上任意位置所得读数均相同。

(2)检验方法。先用横丝的一端照准一个固定的目标或在水准尺上读一读数，然后用微动螺旋转动望远镜，用横丝的另一端观测同一目标或读数。如果目标仍在横丝上或水准尺上读数不变[图 1-31(a)、(b)]，说明横丝已与仪器竖轴垂直。若目标偏离了横丝或水准尺读数有变化[图 1-31(c)、(d)]，则说明横丝与仪器竖轴不垂直，应予校正。

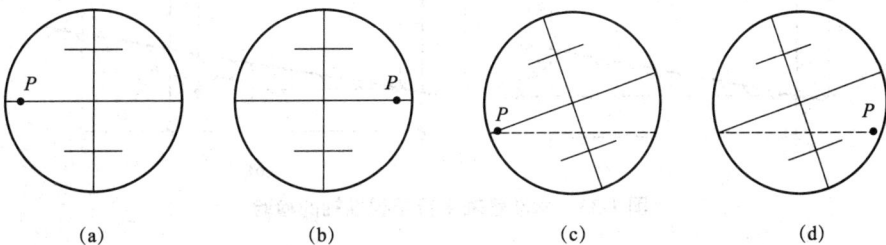

图 1-31　十字丝横丝垂直于仪器竖轴的检验

（3）校正方法。打开十字丝分划板的护罩，可见到 3 个或 4 个分划板的固定螺钉（图 1-32）。松开这些固定螺钉，用手转动十字丝分划板座，反复试验使横丝的两端都能与目标重合或使横丝两端所得水准尺读数相同，则校正完成。最后旋紧所有固定螺钉。

（4）检校原理。若横丝垂直于仪器竖轴，横丝的一端照准目标后，当望远镜绕仪器竖轴旋转时，横丝在垂直于仪器竖轴的平面内移动，所以目标始终与横丝重合。若横丝不垂直于仪器竖轴，望远镜旋转时，横丝上各点不在同一平面内移动，因此，目标与横丝的一端重合后，在其他位置的目标将偏离横丝。

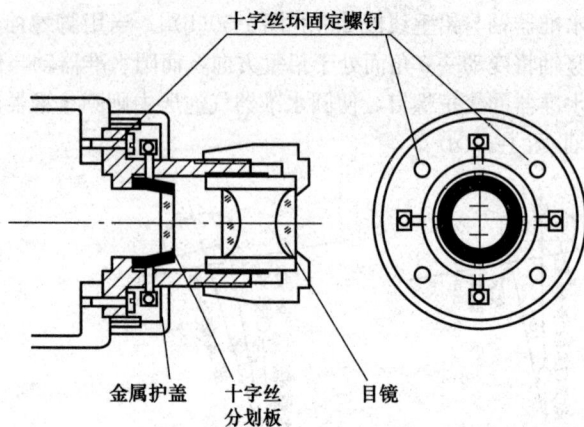

图 1-32　十字丝横丝的校正

3. 水准管的检验和校正

（1）检验目的。使水准管轴平行于视准轴，当水准管气泡符合时，视准轴就处于水平位置。

（2）检验方法。如图 1-33 所示，在平坦地面选相距 40~60 m 的 A、B 两点，在两点打入木桩或设置尺垫。水准仪首先置于离 A、B 等距的 Ⅰ 点，测得 A、B 两点的高差 $h_I = a_1 - b_1$。重复测 2~3 次，当所得各高差之差小于 3 mm 时取其平均值。若视准轴与水准管轴不平行而构成 i 角，因为仪器至 A、B 两点的距离相等，所以视准轴倾斜，而前、后视读数所产生的误差 δ 也相等，所以所得的 h_I 是 A、B 两点的正确高差。如图 1-33（b）所示，将水准仪移到 AB 延长方向上靠近 B 的 Ⅱ 点，再次测 A、B 两点的高差，仍将 A 作为后视点，故得高差 $h_{II} = a_2 - b_2$。如果 $h_I = h_{II}$，说明在测站 Ⅱ 所得的高差也是正确的，这也说明在测站 Ⅱ 观测时视准轴是水平的，故水准管轴与视准轴是平行的，即 $i=0$。如果 $h_I \neq h_{II}$，则说明存在 i 角的误差，由图 1-33（b）可知：

$$i = \frac{\Delta}{S} \cdot \rho \tag{1-19}$$

而

$$\Delta = a_2 - b_2 - h_I = h_{II} - h_I \tag{1-20}$$

式中　Δ——仪器分别在 Ⅱ 和 Ⅰ 所测高差之差；

　　　S——A、B 两点之间的距离。

对于一般水准测量，要求 i 角不大于 $20''$，否则应进行校正。

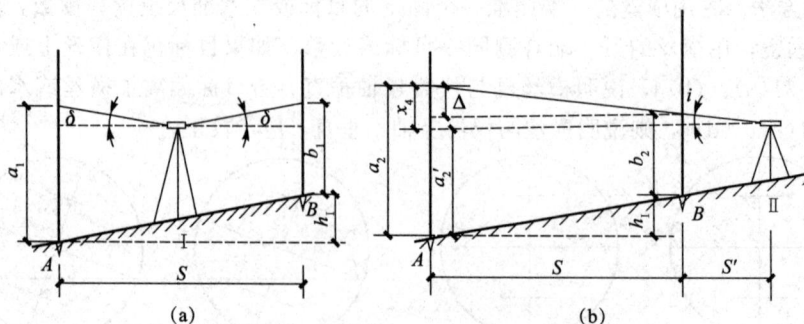

图 1-33　水准管轴平行于视准轴的检验

（3）校正方法。当仪器存在 i 角时，在远点 A 的水准尺读数 a_2 将产生误差 x_A，从图 1-33（b）可知：

$$x_A = \Delta \frac{S+S'}{S} \tag{1-21}$$

式中　S'——测站 II 至 B 点的距离。

为使计算方便，通常使 $S' = \frac{1}{10}S$ 或 $S' = S$，则 x_A 相应为 1.1Δ 或 2Δ。也可使仪器紧靠 B 点，并假设 $S' = 0$，则 $x_A = \Delta$，读数 b_2 可用水准尺直接量取桩顶到仪器目镜中心的距离。计算时应注意 Δ 的正负号，正号表示视线向上倾斜，与图上所示一致，负号表示视线向下倾斜。

为了使水准管轴和视准轴平行，用微倾螺旋使远点 A 的读数从 a_2 改变到 a_2'，$a_2' = a_2 - x_A$。此时视准轴由倾斜位置改变到水平位置，但水准管也因随之变动而气泡不再符合。用校正针拨动水准管一端的校正螺旋使气泡符合，则水准管轴也处于水平位置从而使水准管轴平行于视准轴。水准管的校正螺旋如图 1-34 所示，校正时先松动左、右两校正螺旋，然后拨上、下两校正螺旋使气泡符合。拨动上、下两校正螺旋时，应先松一个再紧另一个，逐渐改正，当最后校正完毕时，所有校正螺旋都应适度旋紧。

以上检验校正也需要重复进行，直到 i 角小于 $20''$ 为止。

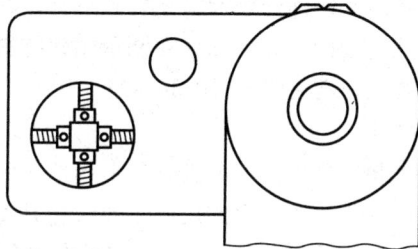

图 1-34　水准管的校正螺旋

1.6.4.2　自动安平水准仪的检验和校正

自动安平水准仪应满足的条件如下：
(1)圆水准器轴应平行于仪器竖轴。
(2)十字丝横丝应垂直于仪器竖轴。
(3)水准仪在补偿范围内应能起到补偿作用。
(1)、(2)项的检验校正方法与微倾式水准仪相应项目的检验校正方法完全相同。

(3)的检验方法：将水准仪安置好，在距离仪器约 50 m 处立一水准尺。安置仪器时使其中两个脚螺旋的连线垂直于仪器到水准尺连线的方向。用圆水准器整平仪器，读取水准尺上的读数。旋转视线方向上的第三个脚螺旋，让气泡中心偏离圆水准器零点少许，使仪器竖轴向前稍倾斜，读取水准尺上的读数。再次旋转这个脚螺旋，使气泡中心向相反方向偏离零点并读数、重新整平仪器，用位于垂直于视线方向的两个脚螺旋，先后使仪器向左、右两侧倾斜，分别在气泡中心稍偏离零点后读数。如果仪器竖轴向前、后、左、右倾斜时所得读数与仪器整平时所得读数之差不超过 2 mm，则可认为补偿器工作正常，否则应检查原因或送工厂修理。检验时圆水准器气泡偏离的大小，应根据补偿器的工作范围及圆水准器的分划值来决定。例如，补偿器的工作范围为 $\pm 5'$，圆水准器的分划值为 $8'/2$ mm 弧长所对之圆心角值，则气泡偏离零点不应超过 $5/8 \times 2 = 1.2$ (mm)。补偿器的工作范围和圆水准器的分划值在仪器说明书中均可查得。

(4)视准轴经过补偿后应与水平线一致。若视准轴经补偿后不能与水平线一致，则也构成 i 角，产生读数误差。这种误差的检验方法与微倾式水准仪 i 角的检验方法相同，但校正时应校正十字丝。对于一般水准测量也应使 i 角不大于 $20''$。

1.6.5 水准测量误差分析

在测量工作中，仪器、人、环境等各种因素的影响，使测量成果带有误差。为了保证测量成果的精度，需要分析产生误差的原因，并采取措施消除和减小误差的影响。水准测量中误差的主要来源如下。

1.6.5.1 仪器误差

1. 视准轴与水准管轴不平行引起的误差

仪器虽经过校正，但 i 角仍会有微小的残余误差。在测量时如能保持前视和后视的距离相等，这种误差就能消除。当因某种原因某一测站的前视（或后视）距离较大时，就在下一测站上使后视（或前视）距离较大，使误差得到补偿。

2. 调焦引起的误差

当调焦时，调焦透镜光心移动的轨迹和望远镜光轴不重合，则改变调焦就会引起视准轴的改变，从而改变了视准轴与水准管轴的关系。如果在测量中保持前视、后视距离相等，就可在前视和后视读数过程中不改变调焦，避免调焦引起的误差。

3. 水准尺的误差

水准尺的误差包括分划误差和尺身构造上的误差，尺构造上的误差如零点误差和尺的接头误差，所以，使用前应对水准尺进行检验。水准尺的主要误差是每米真长的误差，它具有积累性质，高差越大，误差也越大。对于误差过大的，应在成果中加入尺长改正。

1.6.5.2 观测误差

1. 气泡居中误差

视线水平是以气泡居中或符合为根据的，但气泡的居中或符合都是凭肉眼来判断的，不能绝对准确。气泡居中的精度也就是水准管的灵敏度，它主要取决于水准管的分划值。一般认为气泡居中误差约为 0.1 分划值，它对水准尺读数产生的误差为

$$m = \frac{0.1\tau''}{\rho} \cdot s \tag{1-22}$$

式中　　τ''——水准管的分划值；

$\rho = 206\ 265''$；

s——视线长。符合水准器气泡居中的误差是直接观察气泡居中误差的 $\frac{1}{2} \sim \frac{1}{5}$。为了减小气泡居中误差的影响，应对视线长加以限制，观测时应使气泡精确地居中或符合。

2. 估读水准尺分划的误差

水准尺上的毫米数都是估读的，估读的误差取决于视场中十字丝和厘米分划的宽度，所以，估读的误差与望远镜的放大率及视线的长度有关。通常，在望远镜中十字丝的宽度为厘米分划宽度的十分之一时，能准确估读出毫米数，所以，在各种等级的水准测量中，对望远镜的放大率和视线长的限制都有一定的要求。另外，在观测中还应注意消除视差，并避免在成像不清晰时进行观测。

3. 扶水准尺不竖直的误差

水准尺没有扶竖直，无论向哪一侧倾斜都会使读数偏大。这种误差随水准尺的倾斜角和读

数的增大而增大。例如，水准尺有3°的倾斜，读数为1.5 m时，可产生2 mm的误差。为使水准尺能被扶竖直，水准尺上最好装有水准器。没有水准器时，可采用摇尺法，读数时将尺的上端在视线方向前后来回摆动，当视线水平时，观测到的最小读数就是水准尺被扶竖直时的读数。这种误差在前、后视读数中均可发生，所以，在计算高差时可以抵消一部分。

1.6.5.3 外界环境影响带来的误差

1. 仪器下沉和水准尺下沉引起的误差

(1)仪器下沉引起的误差。在读取后视读数和前视读数之间若仪器下沉了Δ，由于前视读数减少了Δ从而使高差增大了Δ，如图1-35所示。在松软的土地上，每一测站都可能产生这种误差。当采用双面尺法或改变仪高法时，第二次观测可先读前视点B，然后读后视点A，则可使所得高差偏小，两次高差的平均值可消除一部分仪器下沉的误差。用往测、返测时，也因同样的原因可消除部分误差。

(2)水准尺下沉引起的误差。在仪器从一个测站迁到下一个测站的过程中，若转点下沉了Δ，则使下一测站的后视读数偏大，使高差也增大Δ，如图1-36所示。在同样的情况下返测，则使高差的绝对值减小，所以，取往、返测的平均高差，可以减弱水准尺下沉的误差的影响。

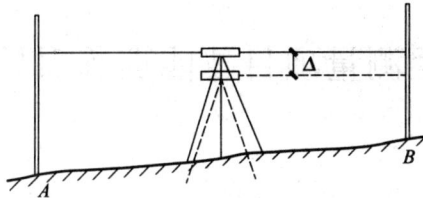

图1-35 仪器下沉引起的误差

当然，在进行水准测量时，必须选择坚实的地点安置仪器和转点，避免仪器和水准尺的下沉。

2. 地球曲率和大气折光引起的误差

(1)地球曲率引起的误差。理论上水准测量应根据水准面来求出两点的高差(图1-37)，但视准轴是一条直线，因此，读数中含有由地球曲率引起的误差p。p可以参照以下公式求出：

$$p = \frac{s^2}{2R} \tag{1-23}$$

式中　s——视线长；

　　　R——地球的半径。

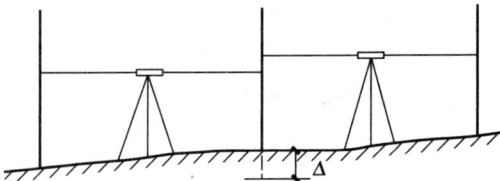

图1-36 水准尺下沉引起的误差

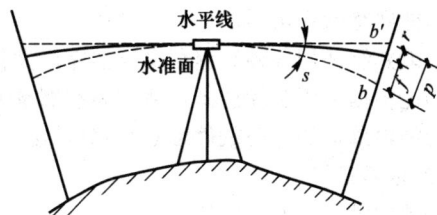

图1-37 地球曲率和大气折光引起的误差

(2)大气折光引起的误差。水平视线经过密度不同的空气层被折射，一般情况下形成一条向下弯曲的曲线，它与理论水平线所得读数之差，就是由大气折光引起的误差r(图1-37)。实操得出：大气折光引起的误差比地球曲率引起的误差要小，是地球曲率引起的误差的K倍，在一般

大气情况下，$K = \frac{1}{7}$，故

$$r = K\frac{S^2}{2R} = \frac{S^2}{14R} \tag{1-24}$$

所以，水平视线在水准尺上的实际读数位于 b'，它与按水准面得出的读数 b 之差，就是地球曲率和大气折光总的影响值 f，故

$$f = p - r = 0.43\frac{S^2}{R} \tag{1-25}$$

当前视、后视距离相等时，这种误差在计算高差时可自行消除，但是离近地面的大气折光变化十分复杂，在同一测站的前视和后视距离上就可能不同，所以，即使保持前视、后视距离相等，大气折光引起的误差也不能完全消除。因为 f 值与距离的平方成正比，所以限制视线的长可以使这种误差大为减小，另外，使视线距离地面尽可能远些，也可减弱大气折光的影响。

3. 气候影响带来的误差

除上述各种误差来源外，气候的影响也给水准测量带来误差，如风吹、日晒、温度的变化和地面水分的蒸发等，所以，观测时应注意气候带来的影响。为了防止日光暴晒，应打伞保护仪器。无风的阴天是最理想的观测天气。

高程测量项目技能训练引导文

一、情境描述

施工单位进场后，根据甲方提供的场外已知水准点，在施工场内，按水准点埋设要求，选择合适位置标记若干点位，并根据场外已知高程测出标记点位的高程。在开工后，由场内标记的高程点及设计高程进行标高抄测，定位建筑各构件的竖向位置。

二、培养目标

(1)知识目标。

1)理解高程的含义及表示方法。

2)清楚高程的作用及高程测量的内容。

3)掌握水准测量及三角高程测量的方法。

(2)技能目标。

1)能熟练操作水准仪。

2)能熟练使用各种高程测量仪器完成高程的测定及测设。

3)能根据工程实际选择合适的高程测量方法。

4)能熟练运用办公软件及 CAD 软件编制测量方案，处理测量数据。

(3)素质目标。

1)养成踏实、严谨的工作作风。

2)养成爱护测量仪器、工具的良好习惯。

3)养成事后检查校正的工作习惯。

三、工作过程

本情境的学习按照资讯→计划→决策→实施→检查→评价的六步法完成。

1. 高程测量资讯

（1）高程测量任务背景。施工单位进场后，根据甲方提供的场外已知水准点，在施工场地内选择合适位置标记若干点位，并测出其高程（图1-38、图1-39）。在开工后，由场内的已知高程点及设计高程进行标高抄测。

图1-38　现场控制点

图1-39　高程点引测

（2）高程测量任务单（表1-5）。

表 1-5　高程测量任务单

任务名称	高程测量
工作对象	地面点及高程
工作内容	控制点高程引测（闭合水准路线或附合水准路线）及高程测设（每个人至少独立完成一测段的观测）；在现场测量时，教师给出高程测定及测设的已知高程点点位及高程值，各组自行布置待测高程点，假定高程测设的待测高程值，要求水准测量布置成闭合水准路线或附合水准路线
工作要求	高程表示地面点位竖向位置。施工中，建筑各楼层构件的竖向位置都是通过高程测设定位的。在实际工作中，必须采用满足现场条件及精度要求的方法来完成高程测量工作。普通水准测量每站的高差较差 $\Delta h \leqslant 5$ mm，高差闭合差 $f_h \leqslant f_{h容} = \pm 12\sqrt{n}$ mm
任务要求	编制高程测定及测设的具体实施方案，包括现场操作关键步骤，数据的记录计算表格，数据的计算、校核及成果处理；现场施测，检测测量结果，编写测量成果报告
工作思路	清楚高程测量的要求，在现场了解实际情况，选取合适的水准路线，在现场布置待测点位，画出水准路线图、明确水准测量的具体操作步骤。根据高程点引测思路，制定高程测定的具体操作方案；选取最优测量方案作为实施方案，根据实施方案，现场施测，最后进行检查、总结

（3）高程测量咨询单。

1）_____称为地面点的高程，_____称为绝对高程，_____称为相对高程。

2）_____称为铅垂线，_____称为水准面，_____称为大地水准面，水准面与大地水准面的区别：_____。

3）_____称为高差，无论采用绝对高程还是相对高程，两点之间的高差_____，如果 A 点低于 B 点，则 h_{AB} _____。

4）_____称为水准点，水准路线有_____几种形式。

2. 高程测量计划(编制高程测量方案)

(1)控制点高程引测。

1)本组现场布置的水准路线为_____。水准路线图用铅笔绘制在下面空白处。

2)高程引测具体实施步骤(在下面空白处书写,内容需结合水准路线说明测量内容、程序及校核方法)。

(2)高程测设(抄标高)方案。已知点 A 的高程 $H_A = 1\,000.000$ m,待测设点高程 $H_1 = 999.450$ m。

1)测设数据计算(结合已知高程点 A 及待测高程点 1 的高程数据计算)。

2)高程测设操作步骤(结合计算数据在下面空白处书写)。

3. 高程测量决策

高程测量方案决策单（表1-6）。

表1-6 高程测量方案决策单

序号	方案内容	方案优点	方案缺点	备注
一	高程点引测			
1	水准路线布置			
2	测量内容及程序			
3	校核方法			
二	高程测设			
1	测设数据计算			
2	测设操作步骤			

表头：方案决策

论证：

组长签字：	教师签字：	日期：

（2）高程测量工具仪器单（表1-7）。

表1-7 高程测量工具仪器单

序号	仪器名称	型号	数量	备注
1				
2				
3				
4				

4. 高程测量实施

（1）高程测量实施单（表1-8）。

表1-8 高程测量实施单

序号	任务	主要步骤要点（按方案梳理填写）	仪器工具操作是否规范
1			
2	测定		
3			
4			

序号	任务	主要步骤要点(按方案梳理填写)	仪器工具操作是否规范
5			
6	测设		
7			
组长签字:		教师签字:	日期:

5. 高程测量检查

高程测量检查单见表 1-9。

表 1-9　高程测量检查单

序号	检测项目	检测具体内容	检测结果	备注
一	控制点高程引测			
1	测站校核	各测站高差较差是否满足要求		每站须检查合格
2	水准路线校核	高差闭合差是否在容许误差范围内		
3	计算校核	数据的计算是否有误		
二	高程测设			
1	计算校核	测设数据计算过程及结果是否正确		
2	测设结果校核	实测已放样点间高差与理论高差的偏差	·	
评价:				
组长签字:		教师签字:		日期:

6. 高程测量成果评价

(1)高程测量成果评价单(表 1-10)。

表 1-10　高程测量成果评价单

序号	检测项目	检测结果	评分标准	分值
1	测量现场整洁		测量仪器摆放规整,仪器打开后盖子关好,放回箱中前所有制动打开,现场无留垃圾(满分 10 分)	
2	测量仪器摆放规整,无损坏		按要求借、还仪器,并按要求归放至实训室指定位置,仪器完好无损(满分 20 分)	
3	小组测量成果		按时提交测量成果,内容完整,格式编排满足要求,测量精度满足要求(满分 50 分)	

序号	检测项目	检测结果	评分标准	分值
4	小组互评		简介本组测量方案、测量成果、测量中遇到的问题、体会，表述清晰、生动(满分20分)	
5			总分	

总结(测量过程中存在的问题，提出改进措施)：

组长签字：　　　　　教师签字：　　　　　日期：

(2)高程测量学生自评表(表1-11)。

表1-11　高程测量学生自评表

任务名称	高程测量				
问题	评价				
	极不满意	不满意	一般	满意	非常满意
	5	10	15	18	20
1. 我清楚本项目测量内容及思路					
2. 我能够积极主动地查阅资料					
3. 我能够对我的组员提出解决问题的答案做出贡献					
4. 我与组员共同完成任务					
5. 我能够将自己查阅的资料分享给他人					
项目总分					

对该教学内容及方法的意见和建议：

注：1. 请根据自己在小组完成任务过程中的表现和贡献对自己进行评价，并在相应栏目内画"√"；
　　2. 若对任务的设置，教师引导任务完成的方式、方法有好的建议或意见，请填写在"对该教学内容及方法的意见和建议"栏中。

(3)高程测量教师评价表(表1-12)。

表1-12　高程测量教师评价表

项目名称	高程测量			
学生姓名	技能检测	积极参与小组任务	能按时完成任务	总分
	30	50	20	

注：根据学生在小组完成项目过程中的表现和贡献对其进行评价。

(4)高程测量任务评价总表(表1-13)。

表1-13　高程测量任务评价总表

姓名	学号	组别	成果评价(0.5)	学生自评(0.1)	教师评价(0.2)	考勤(0.2)	总分

注：考勤满分100分，请假1节扣5分，迟到或早退1次扣5分，旷课1节扣10分，旷课4节本任务没有考勤分。

(5)高程测量上交成果表(表1-14)。

表1-14　高程测量上交成果表

任务名称			高程测量		
个人成果		完成时间	要求		编写、整理人
名称	编号				
水准仪使用认识体会	1.1	资讯	以测量的数据为案例，分析水准仪测量高差的方法、步骤，简述自己对水准仪操作的认识、体会		个人
高程测量方案	1.2	计划、决策	按高程测量方案的步骤、要求编写，要求有图表及简要的文字叙述		
高程测量认识、总结	1.3	实施	字数不少于500字，内容包括：个人参与完成的工作，对高程测量的认识、理解及个人经验		
高程测量个人自评表、教师评价表、高程测量任务评价总表	1.4 1.5 1.6	评价	个人自评需按实打分，教师评价及任务总评价由老师完成，个人自己整理		
小组成果		完成时间	要求		编写、整理人
名称	编号				
高程测量任务书	1.1	资讯	任务书直接采用"高程测量任务单"，另需附上本组任务图(控制点布置平面图)		任务组长
高程测量方案决策单	1.2	计划、决策	按高程测量方案决策单的标准进行评价，填写好决策单		小组常任组长
高程测量方案	1.3		按高程测量方案要求完成		任务组长
高程测量实施单	1.4		按高程测量实施单的格式，依照测量方案简要写出完成任务的主要步骤		任务组长
高程测量成果报告	1.5	实施	包括外业获得的测量数据及内业处理后的最终成果，以图表的形式提交		任务组长及技术负责人
高程测检查单	1.6		依照高程测量检查单对测量成果作检查、评价		任务组长
高程测量成果评价表	1.7	评价	按高程测量成果评价表填写		任务组长
高程测量汇报	1.8		汇报内容不少于500字，内容包括：小组方案简介、测量成果展示、任务完成后的心得体会		本任务组长及下一任务组长

注：个人成果在教材上完成，小组成果采用电子版提交。

高程测量项目工作过程核心知识梳理

教学情境	高程测量		
工作过程	资讯		
教学方法	引导文法、讨论法、讲授法	学时	4
相关核心知识	1. 测量要素：高程 (1)高程的作用。 （图）高程 —作用→ 点的竖向位置；高程 —确定→ 点到基准面的铅垂距离 (2)铅垂线：重力方向线。 (3)基准面：处处与重力方向线垂直的曲面，称作水准面（即海水面）。 (4)大地水准面：以平均海水面为水准面的水准面。 （图）水准面；大地水准面；海水面；垂直；铅垂线；平均海水面 2. 测量的工具仪器 (1)测量的仪器工具：水准仪、双面尺、塔尺。 (2)高程的测量原理：测量高程。 $$\begin{cases} h_{AB}=H_B-H_A \\ h_{AB}=a-b \end{cases}$$ （图）水准尺；水平；水准仪；视线；水准尺；a；b；H_i；B；h_{AB}；H_B；H_A；A；大地水准面		

教学情境	高程测量		
工作过程	计划、决策		
教学方法	引导文法、讨论法、讲授法	学时	4

相关核心知识

1. 高程测量的内容

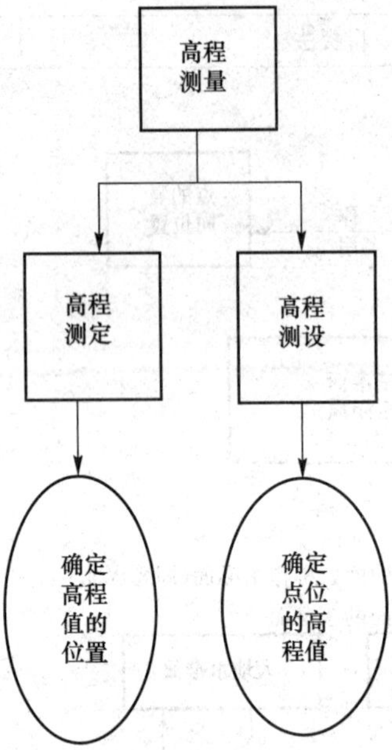

```
        高程
        测量
          │
    ┌─────┴─────┐
    │           │
   高程         高程
   测定         测设
    │           │
  确定          确定
  高程          点位
  值的          的高
  位置          程值
```

2. 高程测量的校核

```
        高程
        校核
          │
    ┌─────┴─────┐
   测站         路线
   校核         校核
    │           │
  ┌─┴─┐       ┌─┴──┐
 改变  双面    闭合   附合
 仪高  尺法    水准   水准
 法            路线   路线
  └──┬──┘ 定
     ▼
   两组数据
   求较差取
   平均值
```

3. 闭合水准路线的校核

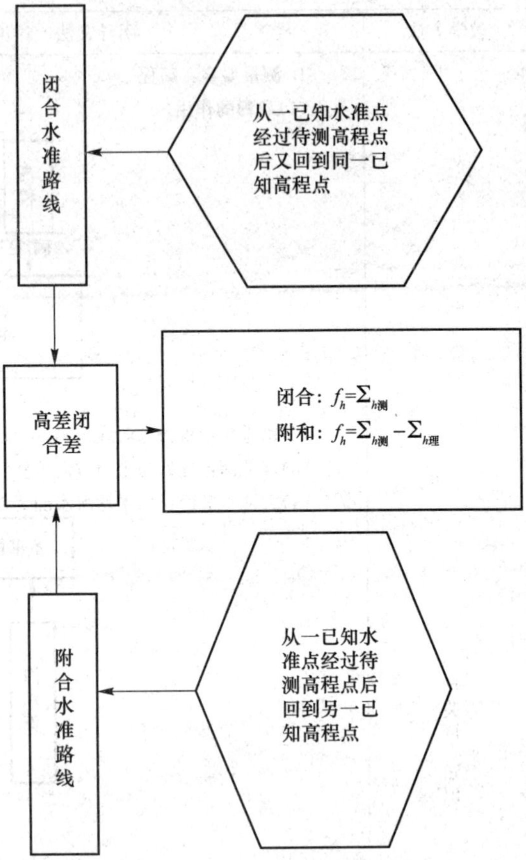

```
  闭合
  水准    ◄──   从一已知水准点
  路线          经过待测高程点
   │            后又回到同一已
   ▼            知高程点
  高差闭    ◄──   闭合: $f_h = \sum_{h测}$
  合差          附和: $f_h = \sum_{h测} - \sum_{h理}$
   ▲
  附合    ◄──   从一已知水
  水准          准点经过待
  路线          测高程点后
                回到另一已
                知高程点
```

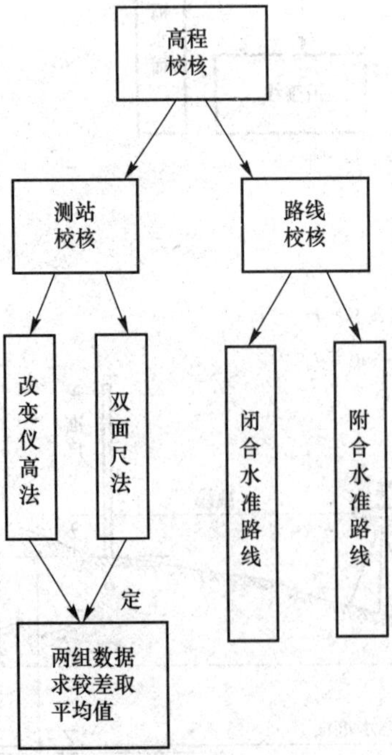

教学情境	高程测量		
工作过程	评价		
教学方法	案例分析法、引导文法、讨论法、讲授法	学时	4
相关核心知识	1. 高程测定的内业计算——高差的改正及高程的推算 2. 高程测设的内业计算 3. 高程测定与测设的关系		

1. 高程测定的内业计算——高差的改正及高程的推算

```
┌──────────┐      ┌──────────┐      ┌──────────┐
│ 高差闭合  │ ──→ │ 各测站高  │      │ 测站平均  │
│ 差 fₕ     │      │ 差改正数  │      │ 高差 h    │
└──────────┘      └──────────┘      └──────────┘
                        │                │
                        ↓                ↓
┌──────────┐      ┌──────────────┐
│ 已知      │      │ 各测站改      │
│ 高程      │      │ 正后高差      │
└──────────┘      └──────────────┘
        │                │
        ↓                ↓
      ┌──────────────────┐
      │  待测点的高程      │
      └──────────────────┘
```

2. 高程测设的内业计算

```
┌──────────────┐          ┌──────────────┐
│ 已知点的高程   │          │ 待测点的高程   │
└──────────────┘          └──────────────┘
        │                        │
        ↓                        ↓
      ┌────────────────────────┐
      │  已知点与待测           │
      │  点的高差               │
      └────────────────────────┘
```

3. 高程测定与测设的关系

```
        ╱测量╲      ╭──────╮      ╱计算╲
                    │ 高差  │
                    ╰──────╯
    ↓                               ↓
┌──────────┐                  ┌──────────┐
│ 高程测定  │                  │ 高程测设  │
└──────────┘                  └──────────┘
        ╲                        ╱
         ↓                      ↓
        ╭────────────────────────╮
        │    点的竖向位置          │
        ╰────────────────────────╯
```

项目 2　角度测量

任务 2.1　认识角度测量

在确定一点的空间位置时，角度是需要测量的基本要素之一。角度可分为水平角和竖直角。水平角是指从空间一点出发的两个方向在水平面上的投影所夹的角度；竖直角是指某一方向与其在同一铅垂面内的水平线所夹的角度。

如图 2-1 所示，设有从 O 点出发的 OA、OB 两条方向线，分别过 OA、OB 的两个铅垂面与水平面 H 的交线 Oa 和 Ob 所夹的 $\angle aOb$，即 OA、OB 间的水平角 β。因为 Ob 是水平线，且与 OB 在同一铅垂面内，所以 $\angle BOb$ 即 OB 的竖直角 α。

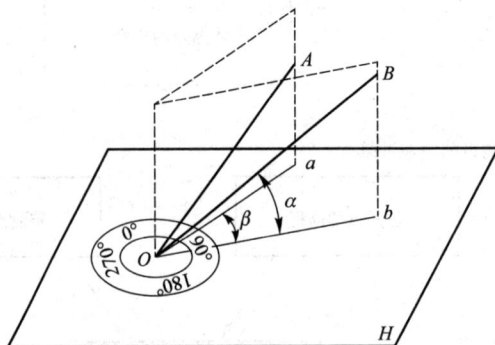

图 2-1　角度测量原理

任务 2.2　水平角度测量

2.2.1　认识水平角测量的仪器与工具

经纬仪是测量角度的仪器，它虽也兼有其他功能，但主要用来测量角度。根据测角精度的不同，我国的经纬仪系列可分为 DJ07、DJ1、DJ2、DJ6、DJ30 等几个等级。D 和 J 分别是大地测量和经纬仪两个词汉语拼音的首字母，后面的数字是它的精度指标。

根据上节所述的测角原理，经纬仪的构造必须具有以下装置：

(1)对中整平装置。用以将度盘中心（即仪器中心）安置在所测角度顶点的铅垂线上，并使度盘处于水平位置。

(2)照准装置。要有一个望远镜以照准目标，即建立方向线，且望远镜可上下旋转形成一个铅垂面，以保证照准同一铅垂面上的不同目标时，其在水平面上的投影位置不变。它也可以水平旋转，以保证不在同一铅垂面上的目标在水平面上有不同的投影位置。

(3)读数装置。用以读取在照准某一方向时水平度盘和竖直度盘的读数。

经纬仪中目前最常用的是 DJ6 和 DJ2 级光学经纬仪。图 2-2 所示是 DJ6 级光学经纬仪的外观，图 2-3 所示是 DJ2 级光学经纬仪的外观。

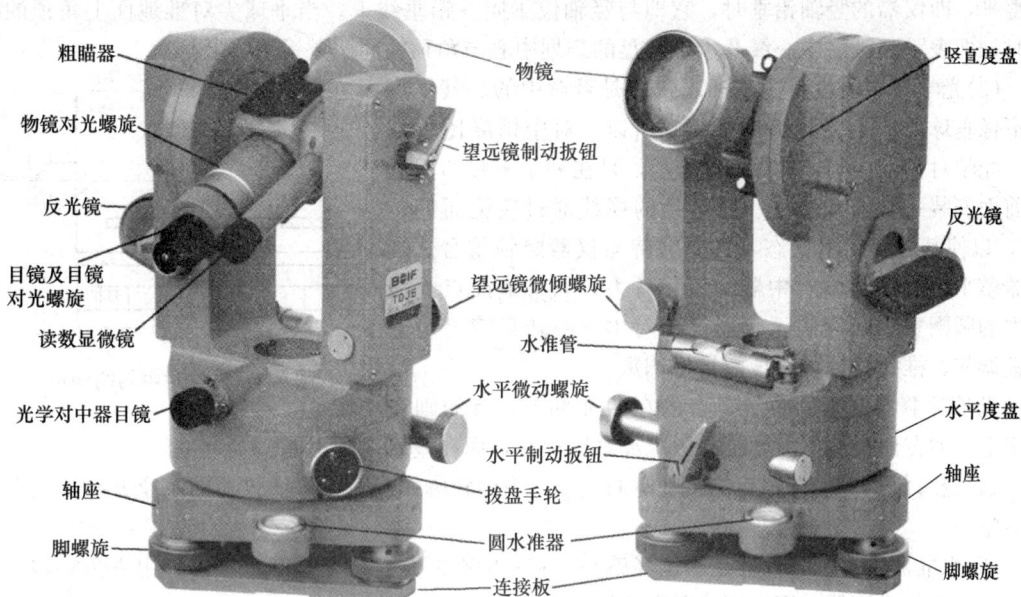

图 2-2　DJ6 级光学经纬仪

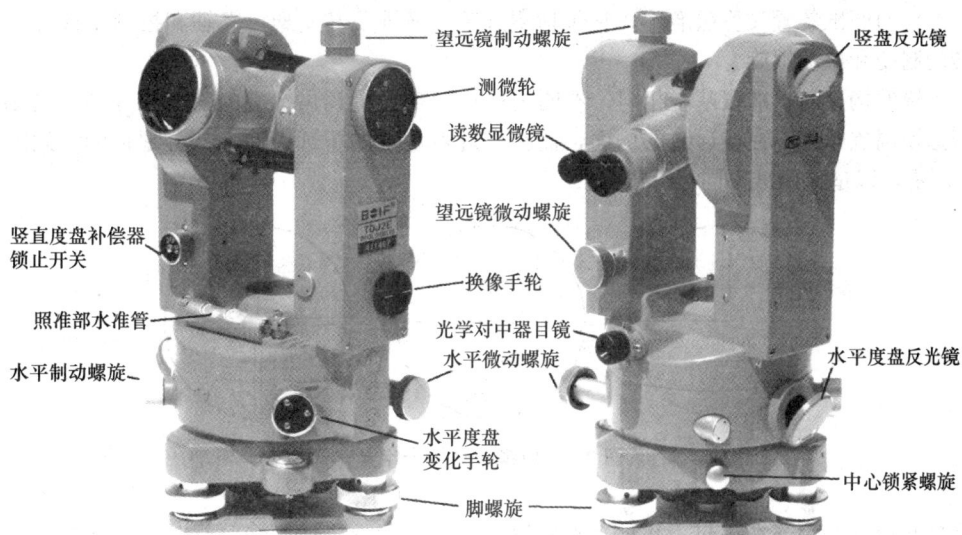

图 2-3　DJ2 级光学经纬仪

下面分别说明光学经纬仪各种装置的具体构造。

2.2.1.1　对中整平装置

对中整平装置包括三脚架、垂球或光学对中器、脚螺旋、圆水准器及水准管。

(1)三脚架的作用是支撑仪器。移动三脚架的架腿，可使仪器的中心粗略地位于角顶上，并使安装仪器的三脚架头平面粗略地处于水平。架腿一般可以伸缩，以便于携带，但也有不能伸缩的，其优点是较为稳定，故多用于精度较高的经纬仪。

（2）垂球的作用是标志仪器是否对中，它悬挂于连接三脚架与仪器的中心连接螺旋上。当仪器整平，即仪器的竖轴铅垂时，它即与竖轴位于同一铅垂线上。当垂球尖对准地面上角顶的标志时，即表示竖轴的中心线及水平度盘的刻划中心与角顶在同一条铅垂线上。

（3）光学对中器也是用来标志仪器是否对中的。其优点是不像垂球对中会受风力的影响，所以，对中精度比垂球高。光学对中器的构造如图2-4所示，是在一个平置的望远镜前面安装一块直角棱镜。望远镜的视线通过棱镜而偏转90°，以使其处于铅垂状态，且要保持与仪器竖轴重合。当仪器整平后，从光学对中器的目镜看去，如果地面点与视场内的圆圈重合，则表示仪器已经对中。旋转目镜可对分划板调焦，推拉目镜可对地面目标调焦。

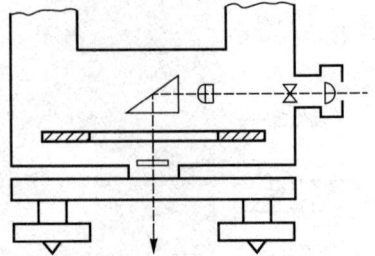

图 2-4　光学对中器的构造

光学对中器安置的位置，有的在照准部上，有的则在基座上，如在照准部上，则可与照准部共同旋转，而在基座上则不能。

（4）经纬仪的3个脚螺旋位于基座的下部，当旋转脚螺旋时，可使仪器的基座升降，从而将仪器整平。

（5）水准器用来标志仪器是否已经整平。它一般有两个：一个是圆水准器，用来粗略整平仪器；另一个是水准管，用来精确整平仪器。

2.2.1.2　照准装置

经纬仪的照准装置又称照准部，它包括望远镜、横轴及其支架、竖轴和控制望远镜及照准部旋转的制动和微动螺旋。

望远镜的构造与水准仪基本相同。不同之处在于望远镜调焦螺旋的构造和分划板的刻线方式。望远镜调焦螺旋不在望远镜的侧面，而在靠近目镜端的望远镜筒上。分划板的刻划方式如图2-5所示，以适应照准不同目标的需要。

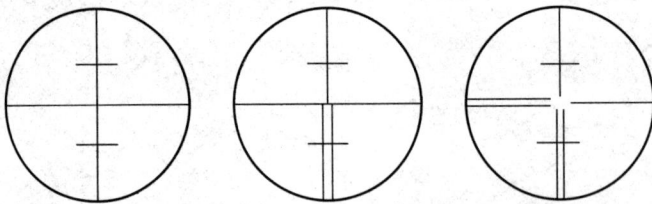

图 2-5　目镜分划板十字丝

横轴与望远镜固连在一起，并且水平安置在两个支架上，望远镜可绕其上下转动。在一端的支架上有一个制动螺旋，当旋紧时，望远镜不能转动。另有一个微动螺旋，在制动螺旋旋紧的条件下，转动它可使望远镜作上下微动，以便于精确地照准目标。

望远镜连同照准部可绕竖轴在水平方向旋转，以照准不在同一铅垂面上的目标。照准部也有一对制动和微动螺旋，以控制其固定或作微小转动。

经纬仪竖轴轴系如图2-6所示。照准部旋转轴位于基座轴套内，而度盘旋转轴则套在基座轴套外，其目的是使照准部旋转轴与度盘旋转轴分离，以避免两者互相带动。根据照准部与度盘的关系可分为两类：一类是照准部和度盘可以共同转动，也可以各自分别转动，这种仪器可以用复测法测水平角，因而称作复测经纬仪，它是利用一个复测扳手，使照准部与度盘可以脱开，也可以固连，其结构如图 2-7 所示。当复测扳手扳下时，弹簧夹将度盘夹住，则旋转照准部时，度盘也一起转动，因此度盘读数不发生变化；当复测扳手扳上时，弹簧夹与度盘脱离，则旋转照准部时，度盘仍保持不动，从而使读数变化。另一类是照准部和度盘都可以单独转动，但两者不能共同转动。这类仪器只能用方向法测角，因而称为方向经纬仪，精度在 DJ2 级以上的经纬仪都采用这种结构，有的 DJ6 级经纬仪也采用这种结构。这类仪器有一个度盘变换手轮，转动它时，度盘在其本身的平面内单独旋转，可以在照准方向固定后，任意安置度盘读数。为了防止无意中触动而改变读数，通常设有保护装置。

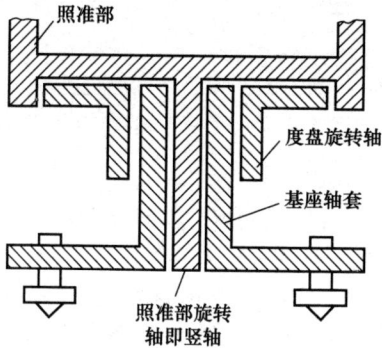

图 2-6　经纬仪竖轴轴系

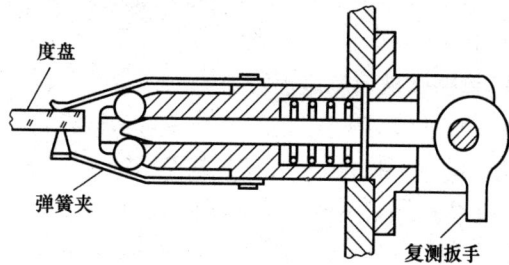

图 2-7　复测经纬仪的构造

2.2.1.3　读数装置

经纬仪的读数装置包括度盘、读数显微镜及测微器等。不同精度、不同厂家的产品其基本结构是相似的，但测微器及读数方法则差异很大。现只介绍我国应用最为普遍的几种。

光学经纬仪的水平度盘及竖直度盘皆由环状的平板玻璃制成，在圆周上刻有 $360°$ 分划，在每度的分划线上注以度数。在工程上常用的 DJ6 级经纬仪一般为 $1°$ 或 $30''$ 一个分划，DJ2 级仪器则将 $1°$ 的分划再分为 3 格，即 $20''$ 一个分划。

读数显微镜位于望远镜的目镜一侧。DJ6 级光学经纬仪读数装置的光路如图 2-8 所示。

最常见的读数方法有分微尺法、单平板玻璃测微器法和对径符合读法。下面分别说明其构造原理及读数方法。

1. 分微尺法

分微尺法也称带尺显微镜法，多用于 DJ6 级仪器。由于这种方法操作简单，不含隙动差，其应用甚广。如国产的 TDJ6、Leica T16 等都采用这种方法。

图 2-8　DJ6 级光学经纬仪
读数装置的光路

这种测微器是一个固定不动的分划尺，它有 60 个分划，度盘分划经过光路系统放大后，其 $1°$ 的间隔与分微尺的长度相等，即相当于将 $1°$ 又细分为 60 格，每格代表 $1'$，从读数显微镜中看到的影像如图 2-9 所示。图中 H 代表水平度盘，V 代表竖直度盘。度盘分划注字向右增加，而分微尺注字则向左增加。分微尺的 0 分划线即读数的指标线，度盘分划线则作为读取分微尺读数的指标线。从分微尺上可直接读到 $1'$，还可以估读到 $0.1'$。图 2-9 中的水平度盘读数为 $115°16.3'$。

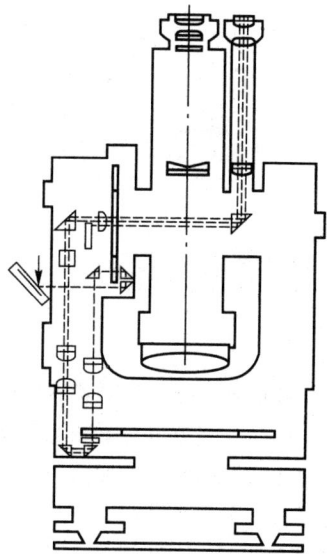

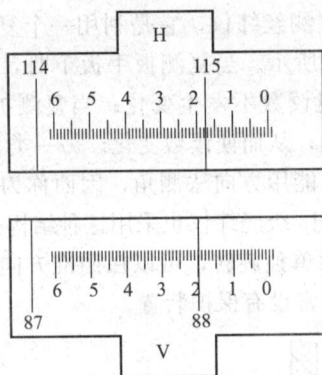

图 2-9　分微尺法读数

2. 单平板玻璃测微器法

单平板玻璃测微器方法也用于 DJ6 级经纬仪。由于该方法操作不便，且有隙动差，现已较少采用，但旧仪器中还可见到，如 Wild T1 和部分国产 DJ6 级仪器的读数装置即属此类。

单平板玻璃测微器的结构原理如图 2-10 所示。度盘影像在传递到读数显微镜的过程中，要通过一块平板玻璃，故称为单平板玻璃测微器。在仪器支架的侧面有一个测微手轮，它与平板玻璃及一个刻有分划的测微尺相连，转动测微手轮时，平板玻璃产生转动。由于平板玻璃的折射，度盘分划的影像则在读数显微镜的视场内产生移动，测微尺也产生位移。测微尺上刻有 60 个分划。如果度盘影像移动一格，则测微尺刚好移动 60 个分划。因此，通过它可读出不到 1° 的微小读数。

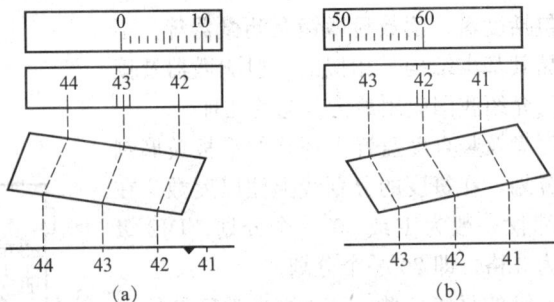

图 2-10　单平板玻璃测微器的结构原理

在读数显微镜读数窗内，所看到的影像如图 2-11 所示。图中下面的读数窗为水平度盘的影像，中间为竖直度盘的影像，上面则为测微尺的影像。水平及竖直度盘不足 1° 的微小读数，都利用测微尺的影像读取。读数时需要转动测微手轮，使度盘刻划线的影像移动到读数窗中间双指标线的中央，并根据该指标线读出度盘的读数。这时测微尺读数窗内中间单指标线所对的读数即不足 1° 的微小读数。将两者相加即完整的读数。例如，图 2-11(b) 中的水平度盘读数为 $42°45.6'$。

3. 对径符合读法

上述两种读数方法都是利用位于直径一端的指标读数。如图 2-12 所示，如果度盘的刻划中心 O 与照准部的旋转中心 O' 不重合，它会使读数产生误差 x，这个误差称为偏心差。为了能在读数过程中将这个误差消除，一些精度较高(如 DJ2 级以上)的仪器，都利用直径两端的指标读数，以取其平均值。这种仪器在构造上有双平行玻璃板和双光楔两种。由于两种构造的作用相

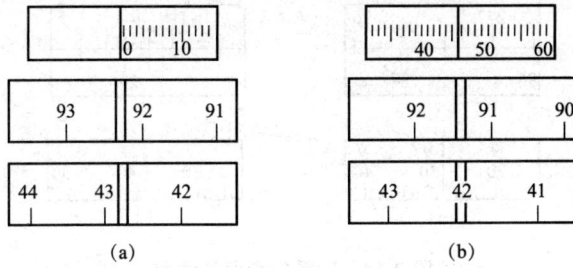

图 2-11　单平板玻璃测微器法读数

同，现只对双平行玻璃板构造加以说明。

　　采用双平行玻璃板构造的仪器，其原理如图 2-13 所示。位于支架一侧的测微手轮也与两块平行玻璃板及测微分划尺相连。度盘直径两端的影像，通过一系列光学组件，分别传至两块平行玻璃板，再传至读数显微镜。当旋转测微手轮时，两块平行玻璃板以相同的速度作相反方向的旋转，因此在读数窗内，度盘直径两端的刻划影像也作反方向的移动。当移动到直径两端的刻划线互相对齐后，则可从相差 180°的两条刻划线上读出度数及 $10'$ 数，再从测微尺上读出不足 $10'$ 的分数及秒数，两者相加，即完整的读数。

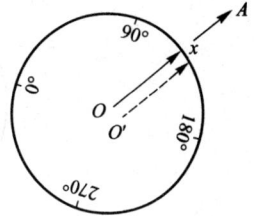

图 2-12　偏心差

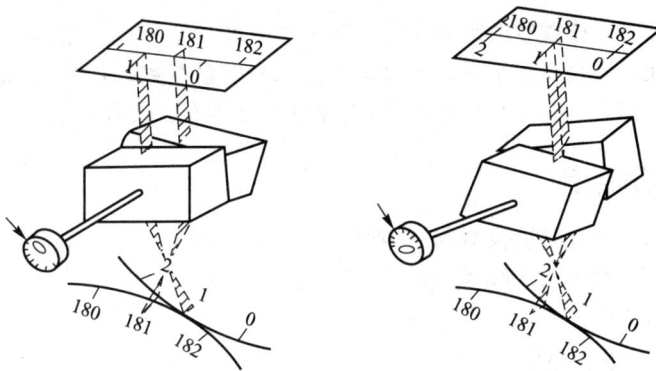

图 2-13　双平行玻璃板的构造原理

　　在图 2-14(a)中，其直径两端的刻划线对齐后，相差 180°的 $96°40'$ 与 $276°40'$ 两条刻划线对齐。由于这两条刻划线数字的影像一个为正像，一个为倒像，为了方便，通常按正像的数字读取度及 $10'$ 数。图 2-14(a)中的读数即 $96°49'28''$。有时读数窗内的影像可能如图 2-14(b)所示。当直径两端刻划线对齐后，没有相差 180°的刻划线相对，这时需要在两相差 180°刻划线的中间位置取读数，如图 2-14(b)中读数为 $295°57'36.4''$。

　　上述这种读数方法，在读取 $10'$ 数时十分不便，而且极易出错，所以现在新的仪器产品都改为采用"光学数字读法"。对于这种读数方法，读数显微镜的视场如图 2-15 所示。中间小窗为度盘直径两端的影像，上面的小窗可读取度数及 $10'$ 数，下面小窗即测微尺影像。当旋转测微手轮，使中间小窗的上、下刻划线对齐后，可从上面小窗读出度数及 $10'$ 数，再从下面小窗的测微尺上读出不足 $10'$ 的分、秒数。图 2-15(a)中的完整读数为 $176°38'25.8''$，但在图 2-15(b)中，应注意此时上面小窗的 0 相当于 $60'$，故读数应为 $177°00'$，而不是 $176°00'$，完整的读数应为 $177°03'35.8''$。

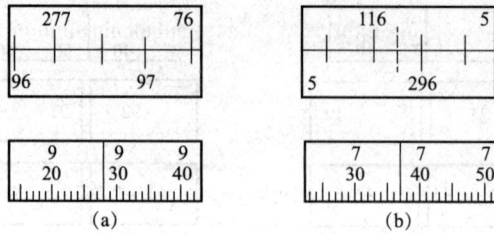

图 2-14 对径符合读法读数

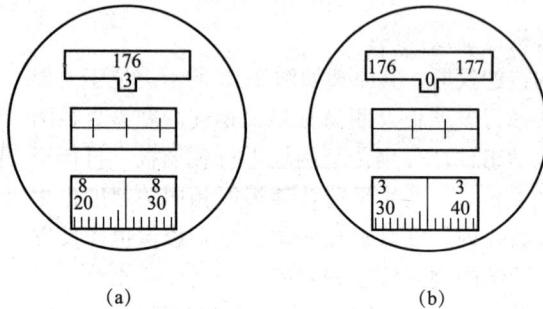

图 2-15 光学数字读法

在使用该种仪器时，读数显微镜不能同时显示水平度盘及竖直度盘的读数。在支架左侧有一个刻有直线的旋钮，当直线水平时，所显示的是水平度盘读数；直线竖直时，则显示的是竖直度盘读数。另外，读数时应打开水平度盘或竖直度盘各自的进光反光镜。

2.2.2 水平角测定

水平角测定即运用角度测量仪器测量地面上三点以某点为顶点的水平角度值。如图 2-16 所示，测量点 A、B、O 三点所成水平角。具体测量步骤如下。

1. 观测前仪器对中、整平

在测量角度以前，首先要将经纬仪安置在设置有地面标志的测站上。所谓测站，即仪器架设位置，水平角的测站为所测角的顶点。安置工作包括对中、整平两项。

(1)仪器对中。在安置仪器以前，首先将三脚架打开，抽出架腿，并旋紧架腿的固定螺旋，然后将三个架腿安置在以测站为中心的等边三角形的角顶上。这时架头平面即约略水平，且中心与地面点约略在同一铅垂线上。

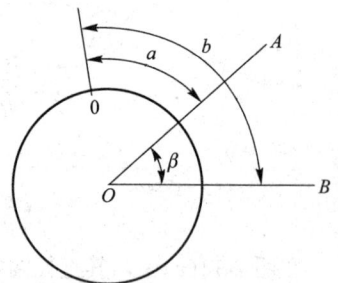

图 2-16 水平角测定

从仪器箱中取出仪器，用附于三脚架头上的连接螺旋将仪器与三脚架固连在一起，然后即可精确对中。

根据仪器的结构，可用垂球对中，也可用光学对中器对中。

用垂球对中时，先将垂球挂在三脚架的连接螺旋上，并调整垂球线的长度，使垂球尖刚刚离开地面。再看垂球尖是否与角顶点在同一铅垂线上。如果偏离，则将角顶点与垂球尖连一方向线，将最靠近连线的一条腿沿连线方向前后移动，直到垂球与角顶对准，如图 2-17(a)所示。这时如果架头平面倾斜，则移动与最大倾斜方向垂直的一条腿，从高的方向向低的方向划一个以地面顶点为圆心的圆弧，直至架头基本水平，且对中偏差不超过 1～2 cm 为止。最后将架腿踩实，如图 2-17(b)所示。为了精确对中，可稍稍松开连接螺旋，将仪器在架头平面上移动，直至准确对中，最后再旋紧连接螺旋。

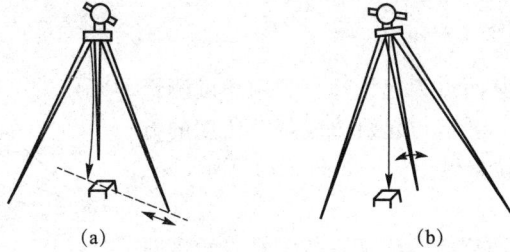

图 2-17　仪器对中

如果使用光学对中器对中，可以先用垂球粗略对中，然后取下垂球，再用光学对中器对中。在使用光学对中器时，仪器应先利用脚螺旋使圆水准器气泡居中，再看光学对中器是否对中。如有偏离，仍在仪器架头上平行移动仪器，在保证圆水准器气泡居中的条件下，使其与地面点对准。如果不用垂球粗略对中，则一面观察光学对中器一面移动脚架，使光学对中器与地面点对准。这时仪器架头可能倾斜很大，则根据圆水准器气泡偏移方向，伸缩相关架腿，使气泡居中。伸缩架腿时，应先稍微旋松伸缩螺旋，待气泡居中后，立即旋紧伸缩螺旋。因为光学对中器的精度较高，且不受风力影响，应尽量采用。待仪器精确整平后，仍要检查对中情况，因为只有在仪器整平的条件下，光学对中器的视线才居于铅垂位置，对中才是正确的。

(2)仪器整平。经纬仪整平的目的是使竖轴居于铅垂位置。整平时要先用脚螺旋使圆水准器气泡居中，以粗略整平，再用水准管精确整平。

如图 2-18(a)所示，由于位于照准部上的水准管只有一个，可以先使它与一对脚螺旋连线的方向平行，然后双手以相同速度向相反方向旋转这两个脚螺旋，使水准管气泡居中，再将照准部平转 90°，用另外一个脚螺旋使气泡居中。这样反复进行，直至水准管在任一方向上气泡都居中为止。在整平后还需检查光学对中器是否偏移，如果偏移，则重复上述操作方法，直至水准管气泡居中，对中器同时也对中为止。

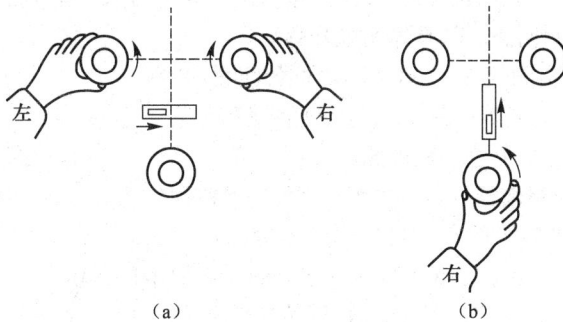

图 2-18　仪器整平

2. 观测读数

(1)读取起始边的后视水平角读数值。仪器对中整平后，转动望远镜精确瞄准后视点 A，从仪器读数窗口中读出起始边的水平角读数值，记为 a。

(2)读取终边的前视水平角读数值。完成起始边的观测后，转动望远镜瞄准前视点 B，从仪器读数窗口中读出终边的水平角读数值，记为 b。

(3)计算水平角度值。水平角可按式(2-1)计算：

$$\beta = b - a \qquad\qquad (2\text{-}1)$$

2.2.3　水平角测设

水平角测设即以地面某两点为起始边，利用角度测量仪器，以其中一点为顶点，确定与起始边成某一角度的方向，并在该方向上的合适位置做标记。如图 2-19 所示，A、B 两点连线为起始方向。

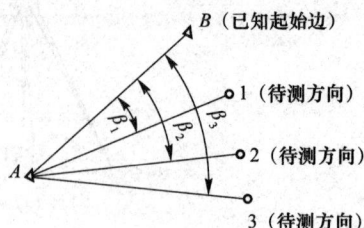

图 2-19　水平角测设

若测设以 A 点为顶点与起始边成某一待测水平角度对应的待测方向，具体的测设步骤如下。

1. 观测起始边水平角读数值

以 A 点为测站点安置仪器，对中、整平后，瞄准起始边 B 点，读出起始边读数值 a。

2. 计算待测方向水平角读数值

根据 $\beta = b - a$ 可得 $b = a + \beta$，β 为待测角度值。

3. 由终边方向读数值定出待测方向

计算出终边方向读数值 b 后，水平转动仪器，使仪器的水平角读数值与计算的读数值 b 恰好相等，一般可相差 $\pm 3''$，然后竖向转动望远镜，指挥定点的测量人员左右移动标记工具，直至标记点恰好与仪器目镜的竖丝重合，此时便可在该处做下标记，则标记点与测站点的连线方向即待测方向。

任务 2.3　角度测量校核及内业计算

2.3.1　测站校核

为了避免单个水平角测量的错误，提高测量精度，在进行水平角测量时需要进行测站校核，测站校核的方法一般为测回法。其具体实施步骤如下。

如图 2-20 所示，欲测 OA、OB 两方向之间的水平角 $\angle AOB$，在角顶 O 点安置仪器，在 A、B 处设立观测标志。经过对中、整平以后，即可按下述步骤观测：

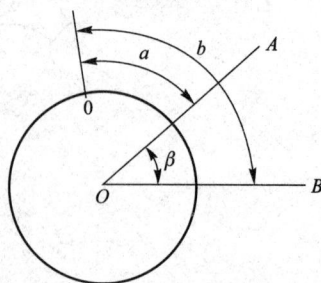

图 2-20　测回法测角

(1)利用望远镜上的粗瞄器，以盘左(竖盘在望远镜视线方向的左侧时称为盘左)粗略照准左方目标 A。锁紧照准部及望远镜的制动螺旋，再用微动螺旋精确照准目标，同时需要消除视差并尽可能照准目标的下部。对于小的目标，宜用单丝照准，使单丝平分目标像；对于粗的目标，宜用双丝照准，使目标像平分双丝，以提高照准的精度。最后读取该方向上的读数 $a_{左}$。

(2)松开照准部及望远镜的制动螺旋，顺时针方向转动照准部，粗略照准右方目标 B，再关紧制动螺旋，用微动螺旋精确照准，并读取该方向上的水平度盘读数 $b_{左}$。盘左所得角值即 $\beta_{左} = a_{左} - b_{左}$。以上称为上半测回。

(3)将望远镜纵转180°，改为盘右。重新照准右方目标 B，并读取水平度盘读数 $b_右$，然后顺时针或逆时针方向转动照准部，照准左方目标 A。读取水平度盘读数 $a_右$，则盘右所得角值 $\beta_右 = a_右 - b_右$。以上称为下半测回。两个半测回角值之差不超过规定限值时，取盘左、盘右所得角值的平均值 $\beta = \dfrac{\beta_左 + \beta_右}{2}$，即一测回的角值。根据测角精度的要求，可以测多个测回后取其平均值作为最后成果。观测结果应及时记入手簿，并进行计算，看是否满足精度要求。

测回法观测手簿的格式见表 2-1。

表 2-1　测回法观测手簿

日期		仪器型号		观测		天气	仪器编号		记录

测站	测点	盘位	水平度盘读数 /(° ′ ″)	水平角值 /(° ′ ″)	平均角值 /(° ′ ″)	备　注
1	2	3	4	5	6	7
O	A	左	118　47　00	72　36　00	72　36　10	
	B		191　23　00			
	B	右	11　23　20	72　36　20		
	A		298　47　00			

值得注意的是，上、下两个半测回所得角值之差，应满足有关测量规范规定的限差，对于DJ6级经纬仪，限差一般为40″。如果超限，则必须重测。如果重测的两个半测回角值之差仍然超限，但两次的平均角值十分接近，则说明这是仪器误差造成的。取盘左、盘右角值的平均值时，仪器误差可以得到抵消，所以各测回所得的平均角值是正确的。

两个方向相交可形成两个角度，计算角值时应始终以右方读数减去左方读数。如果右方读数小于左方读数，则应先加 360° 后再减，如表 2-1 中 $\beta_右 = 11°23'20'' + 360° - 298°47'00'' = 72°36'20''$。若用 $298°47'00'' - 11°23'20'' = 287°23'40''$，所得角度则是 $\angle AOB$ 的外角。所以，测得的是哪个角度，与照准部的转动方向无关，与先测哪个方向也无关，关键是弄清楚待测角度的起始边方向与终边方向。在下半测回时，仍要顺时针转动照准部，这是为了消减度盘带动误差的影响。

2.3.2　测量路线校核

当待测的角度为多个时，为了检查测量的精度是否满足要求，则需要进行测量路线校核。若要进行测量路线校核，待测角可布设成一闭合图形的全部内角。校核计算为

$$f_\beta = \sum \beta_测 - \sum \beta_理 = \sum \beta_测 - (n-2) \times 180° \tag{2-2}$$

式中　f_β——角度闭合差；

　　　n——闭合图形的内角个数。

任务 2.4　视野拓展

2.4.1　竖直角测量

由前面可知竖直角是由倾斜方向与在同一铅垂面内的水平线构成的，而倾斜方向可能向上，

也可能向下，所以竖直角要冠以符号。如果向上倾斜规定为正角，用"+"号表示，而向下倾斜规定为负角，用"-"号表示。

1. 竖直角观测

因为水平视线的读数是固定的，所以只要读出倾斜视线的竖盘读数，即可计算出竖直角值，但为了消除仪器误差的影响，同样需要用盘左、盘右观测。其具体观测步骤如下：

(1)在测站上安置仪器，对中，整平。

(2)以盘左照准目标，如果是指标带水准的仪器，必须用指标微动螺旋使水准器气泡居中，然后读取竖盘读数 L，这称为上半测回。

(3)将望远镜倒转，以盘右用同样方法照准同一目标，使水准器气泡居中后，读取竖盘读数 R，这称为下半测回。

如果用指标带补偿器的仪器，在照准目标后即可直接读取竖盘读数。根据需要可测多个测回。

2. 竖直角计算

竖直角的计算方法因竖盘刻划方式的不同而异，但现在已逐渐统一为全圆分度，顺时针增加注字，且在视线水平时的竖盘读数为90°。现以这种刻划方式的竖盘为例，说明竖直角的计算方法。如遇其他方式的刻划，可以根据同样的方法推导其计算公式。

当在盘左位置且视线水平时，竖盘的读数为90°[图 2-21(a)]，如照准高处一点 A[图 2-21(b)]，则视线向上倾斜，得读数 L。按前述规定，竖直角应为"+"值，所以，盘左时的竖直角应为

$$\alpha_左 = 90° - L \tag{2-3}$$

当在盘右位置且视线水平时，竖盘的读数为270°[图 2-21(c)]，在照准高处的同一点 A 时[图 2-21(d)]，得读数 R，则竖直角应为

$$\alpha_右 = R - 270° \tag{2-4}$$

取盘左、盘右的平均值，即一个测回的竖直角值，即

$$\alpha = \frac{\alpha_左 + \alpha_右}{2} = \frac{R - L - 180°}{2} \tag{2-5}$$

如果测多个测回，则取各个测回的平均值作为最后成果。

观测结果应及时记入手簿，竖直角观测手簿的格式见表 2-2。

表 2-2　竖直角观测手簿

| 日期： | 仪器型号： | 观测： | 天气： | 仪器编号： | 记录： |

测站	测点	盘位	竖盘度数/ (° ′ ″)	竖直角/ (° ′ ″)	平均角值/ (° ′ ″)	备注
O	A	左	80　05　20	+9　54　40	+9　54　30	
		右	279　54　20	+9　54　20		

3. 竖盘指标差

如果指标不位于过竖盘刻划中心的铅垂线上，如图 2-22 所示，视线水平时的读数不是90°或270°，而相差 x，这样用一个盘位测得的竖直角值即含有误差 x，这个误差称为竖盘指标差。为求得正确角值 α，需要加入指标差改正，即

$$\alpha = \alpha_左 + x \tag{2-6}$$

$$\alpha = \alpha_右 - x \tag{2-7}$$

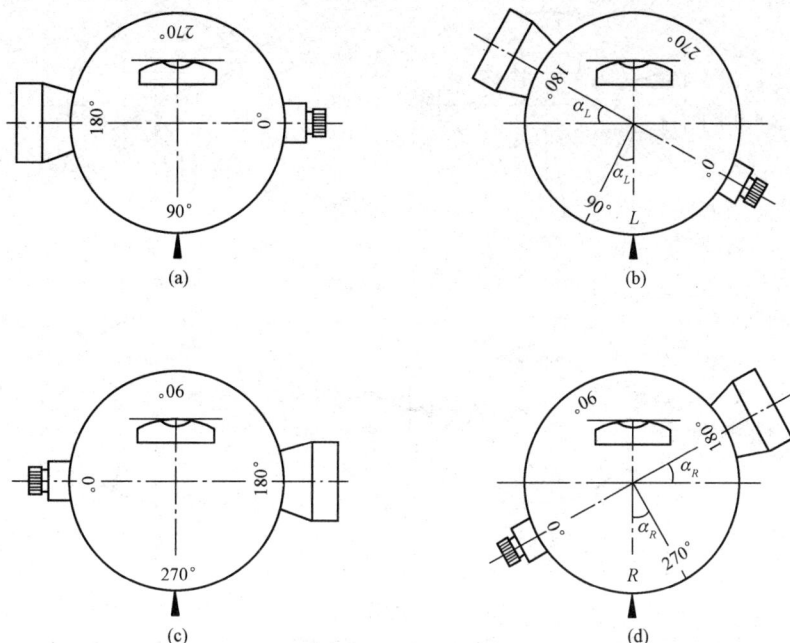

图 2-21 竖直角观测

(a)盘左视准轴水平；(b)盘左瞄准视点 P；(c)盘右视准轴水平；(d)盘右瞄准视点 P

解式(2-6)、式(2-7)可得：

$$\alpha=\frac{\alpha_{左}+\alpha_{右}}{2} \tag{2-8}$$

$$x=\frac{\alpha_{右}-\alpha_{左}}{2} \tag{2-9}$$

从式(2-8)可以看出，取盘左、盘右结果的平均值时，竖盘指标差 x 的影响已自然消除。将式(2-4)和式(2-5)代入式(2-9)，可得：

$$x=\frac{R+L-360°}{2} \tag{2-10}$$

即利用盘左、盘右照准同一目标的读数，可按式(2-10)直接计算竖盘指标差 x。如果 x 为正值，说明视线水平时的读数大于 $90°$ 或 $270°$，如果为负值，则情况相反。

以上各公式是按顺时针方向注字的竖盘推导的，同理也可推导出逆时针方向注字竖盘的计算公式。

在竖直角测量中，常用竖盘指标差来检验观测的质量，即在观测的不同测回中或观测不同的目标时，竖盘指标差的较差应不超过规定的限值。如用 DJ6 级经纬仪作一般工作时，竖盘指标差的较差要求不超过 25″。另外，在单独用盘左或盘右观测竖直角时，按式(2-6)或式(2-7)加入竖盘指标差 x，仍可得出正确的角值。

2.4.2　经纬仪的检验与校正

按照计量法的要求，经纬仪与其他测绘仪器一样，必须定期送法定检测机关进行检测，以评定仪器的性能和状态。但在使用过程中，仪器状态会发生变化，因此，仪器的使用者应经常利用室外方法进行检验和校正，以使仪器经常处于理想状态。

（a）盘左

（b）盘右

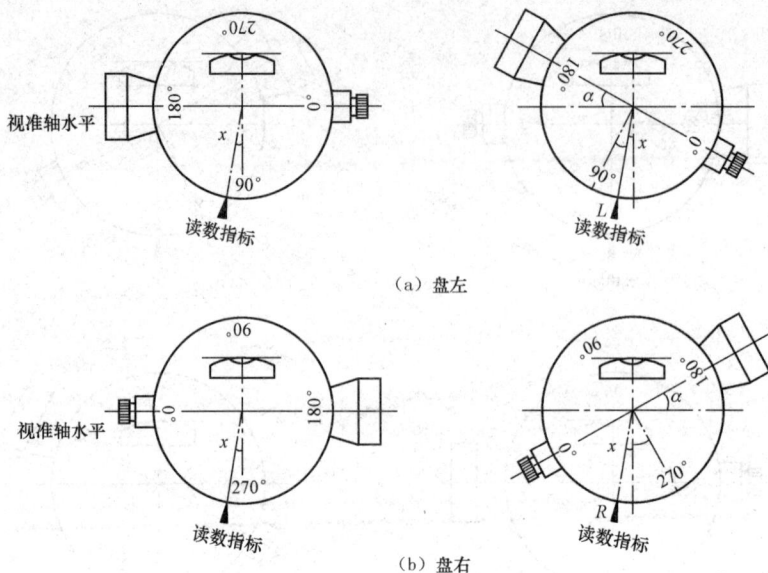

图 2-22 竖盘指标差

（a）盘左视准轴水平；（b）盘左瞄准觇点 R；（c）盘右视准轴水平；（d）盘右瞄准觇点 P

1. 经纬仪应满足的主要条件

从测角原理已知，为了能正确地测出水平角和竖直角，仪器要精确地安置在测站点上，同时确保竖轴铅垂，视线绕横轴旋转时，能够形成一个铅垂面，且当视线水平时，竖盘读数应为 $90°$ 或 $270°$。

为了满足上述要求，仪器应具备下述理想关系：

（1）照准部的水准管轴应垂直于竖轴。如满足这一关系，需要利用水准管整平仪器后，竖轴才可以精确地位于铅垂位置。

（2）圆水准器轴应平行于竖轴。如满足这一关系，则利用圆水准器整平仪器后，仪器竖轴才可粗略地位于铅垂位置。

（3）十字丝竖丝应垂直于横轴。如满足这一关系，则当横轴水平时，竖丝位于铅垂位置。这样，一方面可利用它检查照准的目标是否倾斜，同时，也可利用竖丝的任一部位照准目标，以便于工作。

（4）视线应垂直于横轴。如满足这一关系，则在视线绕横轴旋转时，可形成一个垂直于横轴的平面。

（5）横轴应垂直于竖轴。如满足这一关系，则当仪器整平后，横轴即水平，视线绕横轴旋转时，可形成一个铅垂面。

（6）光学对中器的视线应与竖轴的旋转中心线重合。如果满足这一关系，再利用光学对中器对中后，竖轴旋转中心才能位于过地面点的铅垂线上。

（7）视线水平时竖盘读数应为 $90°$ 或 $270°$。如果这一条件不满足，则有竖盘指标差存在，给竖直角的计算带来不便。

2. 经纬仪的检验和校正方法

经纬仪检验的目的是检查上述各种关系是否满足。如果不能满足，且偏差超过允许的范围时，则需进行校正。检验和校正应按一定的顺序进行，确定这些顺序的原则如下：

（1）如果某一项不校正好，会影响其他项目的检验时，则这一项先做。

(2)如果不同项目要校正同一部位，则会互相影响，在这种情况下，应将重要项目在后边检验，以保证其条件不被破坏。

(3)有的项目与其他条件无关，则先后均可。

现分别说明各项检验与校正的具体方法。

(1)照准部的水准管轴垂直于竖轴。

检验：先将仪器粗略整平后，使水准管平行于一对相邻的脚螺旋，并用这一对脚螺旋使水准管气泡居中，这时水准管轴 LL' 已居于水平位置。如果两者不相垂直[图 2-23(a)]，则竖轴 VV' 不在铅垂位置，然后将照准部平转 $180°$，由于它是绕竖轴旋转的，竖轴位置不动，则水准管轴偏移水平位置，气泡也不再居中，如图 2-23(b)所示。如果两者不相垂直的偏差为 α，则平转后水准管轴与水平位置的偏移量为 2α。

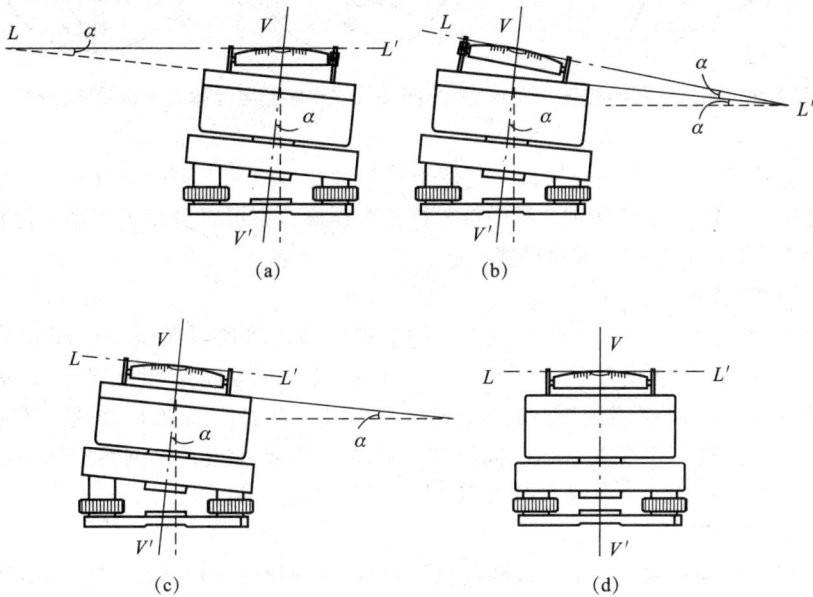

图 2-23　水准管轴垂直于竖轴的检验与校正

校正：校正时用脚螺旋使气泡退回原偏移量的一半，则竖轴便处于铅垂位置，如图 2-23(c)所示。再用校正装置升高或降低水准管的一端，使气泡居中，则条件满足，如图 2-23(d)所示。水准管的构造如图 2-24 所示。如果要使水准管的右端降低，则先顺时针转动下边的螺旋，再顺时针转动上边的螺旋；反之，则先逆时针转动上边的螺旋，再逆时针转动下边的螺旋。校正好后，应以相反的方向转动上、下两个螺旋，将水准管固紧。

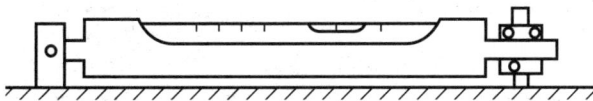

图 2-24　水准管的构造

(2)圆水准器轴平行于竖轴。

检验：利用已校好的照准部水准管将仪器整平，这时竖轴已居铅垂位置。如果圆水准器的理想关系满足，则气泡应该居中，否则需要校正。

校正：在圆水准器盒的底部有 3 个校正螺旋，如图 2-25 所示。根据气泡偏移的方向，将其旋进或旋出，直至气泡居中则条件满足。校正好后，应将 3 个校正螺旋旋紧，使其紧固。

（3）十字丝竖丝垂直于横轴。

检验：以十字丝竖丝的一端照准一个小而清晰的目标点，再用望远镜的微动螺旋使目标点移动到竖丝的另一端，如图 2-26 所示。如果目标点到另一端时仍位于竖丝上，则理想关系满足。否则，需要校正。

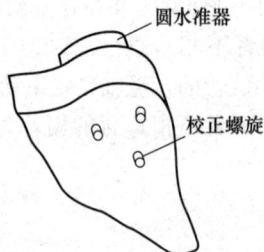

图 2-25　圆水准器的校正　　　　图 2-26　十字丝竖丝垂直于横轴的检验

校正：校正的部位为十字丝分划板，它位于望远镜的目镜端。将护罩打开后，可看到 4 个固定分划板的螺旋，如图 2-27 所示。稍微旋松这 4 个螺旋，则可将分划板转动，待转动至满足理想关系后，再旋紧固定螺旋，并将护罩上好。

（4）视线垂直于横轴。

检验：如图 2-28 所示，选一长约 100 m 的平坦地面，将仪器架设于中间 O 处，并将其整平。先以盘左位置照准设于离仪器约 50 m 的一点 A，再固定照准部，将望远镜倒转 180°，改为盘右，并在离仪器约 50 m 处于视线上标出一点 B_1。如果仪器理想关系满足，则 A、O、B_1 三点必在同一直线上。当用同样方法以盘右照准 A 点，再倒转望远镜后，视线应落于 B_1 点上。如果第二次的视线未落于 B_1 点上，而是落于另一点 B_2 上，即说明理想关系不满足，需要进行校正。

校正：由图 2-28 可以看出，如果视线与横轴不垂直，而有一偏差角 c，则 $\angle B_1OB_2 = 4c$。将 B_1、B_2 的距离分为 4 等份，取靠近 B_2 点的等分点 B_3，则可近似地认为 $\angle BOB_3 = c$。在照准部不动的条件下，将视线从 OB_2 校正到 OB，则理想关系可得到满足。

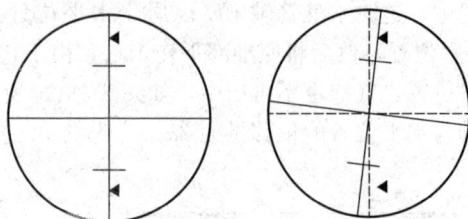

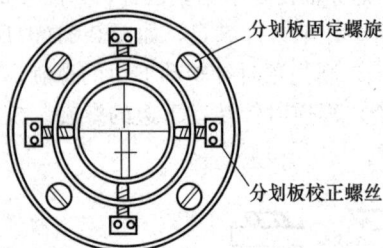

图 2-27　十字丝的校正　　　　图 2-28　视线垂直于横轴的检验

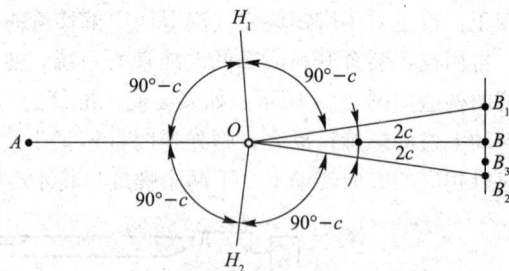

因为视线是由物镜光心和十字丝交点构成的，所以校正的部位仍为十字丝分划板。在图 2-27 中，校正分划板左、右两个校正螺旋，则可使视线左右摆动。旋转校正螺旋时，可先旋松一个，再旋紧另一个。待校正至正确位置后，应将两个校正螺旋旋紧，以防松动。

（5）横轴垂直于竖轴。绕横轴旋转时构成的是一个倾斜平面。根据这一特点，在做这项检验时，应将仪器架设在一个高的建筑物附近。当仪器整平以后，在望远镜倾斜约 30°左右的高处，以盘左照准一清晰的目标点 A，然后将望远镜放平，在视线上标出墙上的一点 B，如图 2-29(a) 所示，再将望远镜改为盘右，仍然照准 A 点，并放平视线，在墙上标出一点 C，如图 2-29(b) 所示。如果仪器理想关系满足，则 B、C 两点重合。

　　检验：在竖轴铅垂的条件下，如果横轴不与竖轴垂直，则横轴倾斜。如果视准轴已垂直于横轴，但横轴不是处于水平位置，说明这一理想关系不满足，需要校正。

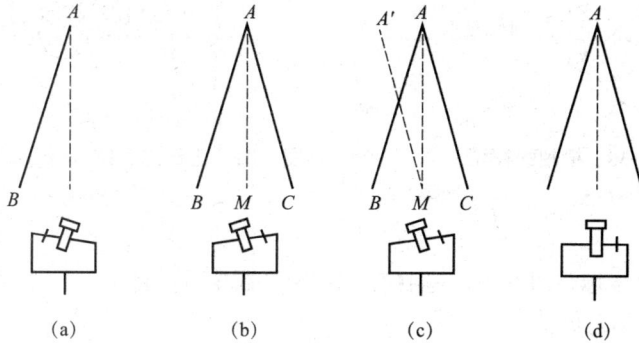

图 2-29　横轴垂直于竖轴的检验

　　校正：因为盘左、盘右倾斜的方向相反而大小相等，所以取 B、C 的中点 M，则 A、M 在同一铅垂面内，然后照准 M 点，将望远镜抬高，则视线必然偏离 A 点，而落在 A' 处，如图 2-29 (c) 所示。在保持仪器不动的条件下，校正横轴的一端，使视线落在 A 上，如图 2-29(d) 所示，则完成校正工作。

　　在校正横轴时，需要将支架的护罩打开。其内部的校正装置如图 2-30 所示，它是一个偏心轴承，当松开 3 个轴承固定螺旋后，轴承可作微小转动，以迫使横轴端点上下移动。待校正好后，要将固定螺旋旋紧，并上好护罩。

　　由于这项校正需要打开支架护罩，一般送仪器修理公司或检校部门完成。

　　(6) 光学对中器的视线与竖轴旋转中心线重合。

　　检验：如果这一理想关系满足，光学对中器的望远镜绕竖轴旋转时，视线在地面上照准的位置不变。否则，视线在地面上照准的轨迹为一个圆圈。

　　因为光学对中器的构造有在照准部上和在基座上两种，所以检验的方法也不同。

　　对于安装在照准部上的光学对中器，将仪器架好后，在地面上铺以白纸，在纸上标出视线的位置，然后将照准部平转 $180°$，如果视线仍在原来的位置，则理想关系满足。否则，需要校正。

　　对于安装在基座上的光学对中器，由于它不能随照准部旋转，不能采用上述方法。可将仪器平置于稳固的桌子上，使基座伸出桌面。在离仪器 $1.3\ m$ 左右的墙面上铺以白纸，在纸上标出视线的位置，然后在仪器不动的条件下将基座旋转 $180°$，如果视线偏离原来的位置，则需校正。

　　校正：造成光学对中器误差的原因有二：一是在直角棱镜上视线的折射点不在竖轴的旋转中心线上；二是望远镜的视线不与竖轴的旋转中心线垂直，或者直角棱镜的斜面与竖轴的旋转中心线不成 $45°$。因为前一种原因影响极小，所以一般校正后者。不同厂家生产的仪器，可校正的部位也不同。有的是校正对中器的望远镜分划板，如北光的 DJ2 E；有的则是校正直角棱镜，如上三光的 DJK-6。

　　因为检验时所得前、后两点之差是由二倍误差造成的，所以在标出两点的中间位置后，校正有关的螺旋，使视线落在中间点上即可。对中器分划板的校正与望远镜分划板的校正方法相同。直角棱镜的校正装置位于两支架的中间，图 2-31 所示为上三光 DJK-6 校正装置示意。调节螺旋 1，则视线前后移动，调节螺旋 2、3，则视线左右移动。

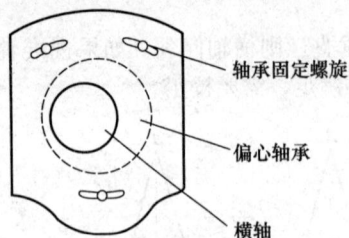

图 2-30　横轴的校正

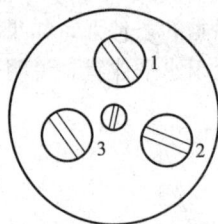

图 2-31　上三光 DJK-6 校正装置示意

(7)竖盘指标差。

检验：检验竖盘指标差的方法，是用盘左、盘右照准同一目标，并读得其读数 L 和 R 后，按式(2-10)计算其指标差值。

校正：保持盘右照准原来的目标不变，这时的正确读数应为 $R-x$。用水准管微动螺旋将竖盘读数安置在 $R-x$ 的位置上，这时水准管气泡必不再居中，调节水准管校正螺旋，使气泡居中即可。

上述的每一项校正一般都需要反复进行几次，直至其误差在容许的范围以内。

2.4.3　角度测量误差分析

在角度测量中，多种原因会使测量的结果含有误差。研究这些误差产生的原因、性质和大小，以便设法减少其对成果的影响，同时也有助于预估影响的大小，从而判断成果的可靠性。

影响测角误差的因素有三类，即仪器误差、观测误差、外界条件。

1. 仪器误差

仪器虽经过检验及校正，但总会有残余的误差存在。仪器误差的影响一般都是系统性的，可以在工作中通过一定的方法予以消除或减小。

主要的仪器误差有水准管轴不垂直于竖轴、视线不垂直于横轴、横轴不垂直于竖轴、照准部偏心、光学对中器视线不与竖轴旋转中心线重合及竖盘指标差等。

(1)水准管轴不垂直于竖轴。这项误差影响仪器的整平，即竖轴不能严格铅垂，横轴也不水平，但安置好仪器后，它的倾斜方向是固定不变的，不能用盘左、盘右消除。如果存在这一误差，可在整平时于一个方向上使气泡居中后，再将照准部平转 180°，这时气泡必然偏离中央，然后用脚螺旋使气泡移回偏离值的一半，则竖轴即可铅垂。这项操作要在互相垂直的两个方向上进行，直至照准部旋转至任何位置时，气泡虽不居中，但偏移量不变为止。

(2)视线不垂直于横轴。如图 2-32 所示，如果视线与横轴垂直时的照准方向为 AO，当两者不相垂直而存在一个误差角 c 时，则照准点为 O_1。如要照准 O，则照准部需旋转 c' 角。这个 c' 角就是这项误差在一个方向上对水平度盘读数的影响。由于 c' 是 c 在水平面上的投影，从图 2-32 可知

$$c' = \frac{BB_1}{AB} \times \rho \tag{2-11}$$

而 $AB = AO\cos\alpha$，$BB_1 = OO_1$，所以

$$c' = \frac{OO_1}{AO\cos\alpha} \times \rho = \frac{c}{\cos\alpha} = c \times \sec\alpha \tag{2-12}$$

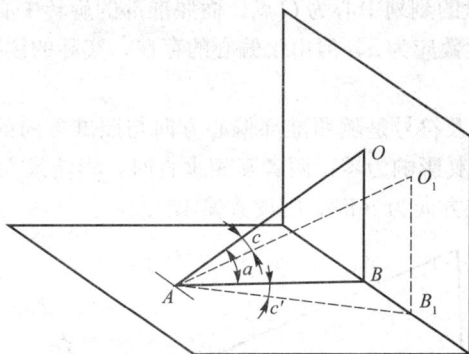

图 2-32　视线不垂直于横轴误差分析

由于一个角度是由两个方向构成的，则它对角度的影响为

$$\Delta c = c_2' - c_1' = c \times (\sec\alpha_2 - \sec\alpha_1) \tag{2-13}$$

式中　α_2，α_1——两个方向的竖直角。

由式(2-13)可知，在一个方向上的影响与误差角 c 及竖直角 α 的正割的大小成正比；对一个角度而言，则与误差角 c 及两方向竖直角正割之差的大小成正比，如两方向的竖直角相同，则影响为零。

因为在用盘左、盘右观测同一点时，其影响的大小相同而符号相反，所以在取盘左、盘右的平均值时可自然抵消。

(3)横轴不垂直于竖轴。因为横轴不垂直于竖轴，则仪器整平后竖轴居于铅垂位置，**横轴必发生倾斜**。视线绕横轴旋转所形成的不是铅垂面，而是一个倾斜平面，如图 2-33 所示。过目标点 O 作一垂直于视线方向的铅垂面，O' 点位于过 O 点的铅垂线上。如果存在这项误差，则仪器照准 O 点，将视线放平后，照准的不是 O' 点，而是 O_1 点。如果照准 O' 点，则需将照准部转动 ε 角。这就是在一个方向上，横轴不垂直于竖轴对水平度盘读数的影响，倾斜直线 OO_1 与铅垂线之间的夹角 i 与横轴的倾角相同，由图 2-33 可知

$$\varepsilon = \frac{O'O_1}{AO'} \times \rho \tag{2-14}$$

因 $O'O_1 = \dfrac{i}{\rho} \times OO'$，故

$$\varepsilon = i \times \frac{OO'}{AO'} = i \times \tan\alpha \tag{2-15}$$

式中　i——横轴的倾角；

　　　α——视线的竖直角。

它对角度的影响为

$$\Delta\varepsilon = \varepsilon_2 - \varepsilon_1 = i \times (\tan\alpha_2 - \tan\alpha_1) \tag{2-16}$$

由式(2-16)可见，它在一个方向上对水平度盘读数的影响，与横轴的倾角及目标点竖直角的正切成正比；它对角度的影响，则与横轴的倾角及两个目标点的竖直角正切之差成正比。当两方向的竖直角相等时，其影响为零。

因为对同一目标观测时，盘左、盘右的影响大小相同而符号相反，所以取平均值可以得到抵消。

(4)照准部偏心。照准部偏心，即照准部的旋转中心与水平度盘的刻划中心不重合。这项误差只对在直径一端有读数的仪器有影响，而采用对径符合读法的仪器可将这项误差自动消除。

如图 2-34 所示，设度盘的刻划中心为 O 点，而照准部的旋转中心为 O_1 点。当仪器的照准方向为 A 时，其度盘的正确读数应为 a，但由于偏心的存在，实际的读数为 a_1。a_1-a 即这项误差的影响。

照准部偏心影响的大小及符号是随照准部偏心方向与照准方向的关系而变化。如果照准方向与照准部偏心方向一致，其影响为零；两者互相垂直时，影响最大。在图 2-34 中，照准方向为 A 时，读数偏大，而照准方向为 B 时，则读数偏小。

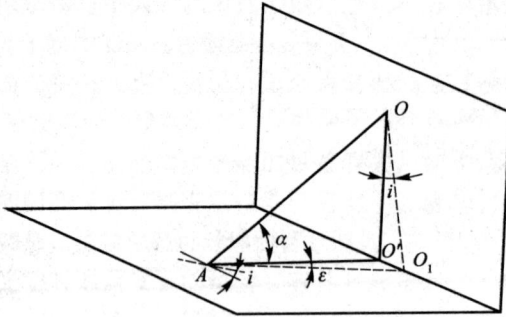

图 2-33　横轴不垂直于竖轴误差分析　　　　**图 2-34　照准部偏心误差分析**

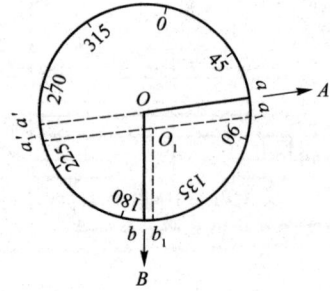

当用盘左、盘右观测同一方向时，是取了对径读数，其影响值大小相等而符号相反，在取读数平均值时，可以抵消。

(5)光学对中器视线不与竖轴旋转中心线重合。这项误差会影响测站偏心，将在后边详细说明，如果对中器是附在基座上，在观测测回数的一半时，可将基座平转 180°再进行对中，以减少其影响。

(6)竖盘指标差。这项误差会影响竖直角的观测精度。如果工作时预先测出，在用半测回测角的计算时予以考虑，或者用盘左、盘右观测取其平均值，则可得到抵消。

2. 观测误差

观测误差主要有测站偏心、目标偏心、照准误差及读数误差。对于竖直角观测，则有指标水准器的整平误差。

(1)测站偏心。测站偏心的大小取决于仪器对中装置的状况及操作的仔细程度。它对测角精度的影响如图 2-35 所示。设 O 点为地面标志点，O_1 点为仪器中心，则实际测得的角为 β' 而非应测的 β，两者相差为

$$\Delta\beta=\beta-\beta'=\delta_1+\delta_2 \tag{2-17}$$

从图 2-35 可以看出，观测方向与偏心方向越接近 90°，边越短，偏心距 e 越大，则对测角的影响越大。所以，在测角精度要求一定时，边越短，则对中精度要求越高。

(2)目标偏心。在测角时，通常要在地面点上设置观测标志，如花杆、垂球等。造成目标偏心的原因可能是标志与地面点对得不准，或者标志没有铅垂，而照准标志的上部时使视线偏移。

图 2-35　测站偏心误差分析

与测站偏心类似，偏心距越大，边越短，则目标偏心对测角的影响越大，所以在短边测角时，应尽可能用垂球作为观测标志。

(3)照准误差。照准误差的大小取决于人眼的分辨能力、望远镜的放大率、目标的形状及大

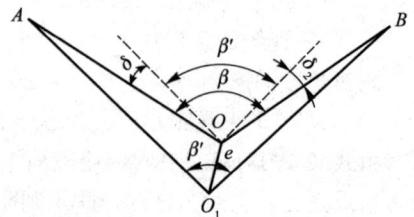

小和操作的仔细程度。

人眼的分辨能力一般为 $60''$，设望远镜的放大率为 v，则照准时的分辨力为 $60''/v$。我国统一设计的 DJ6 及 DJ2 级光学经纬仪放大率为 28 倍，所以照准时的分辨力为 $2.14''$。照准时应仔细操作，对粗的目标宜用双丝照准，对细的目标则用单丝照准。

(4)读数误差。对于分微尺法，主要是估读最小分划的误差，对于对径符合读法，主要是对径符合的误差所带来的影响，所以在读数时应特别注意。DJ6 级仪器的读数误差最大为 $\pm 12''$，DJ2 级仪器为 $\pm 2'' \sim 3''$。

(5)竖盘指标水准器的整平误差。在读取竖盘读数以前，须先将竖盘指标水准器整平。DJ6 级仪器的竖盘指标水准器分划值一般为 $30''$，DJ2 级仪器一般为 $20''$。这项误差对竖直角的影响是主要因素，操作时应格外注意。

3. 外界条件误差

外界条件的因素十分复杂，如天气的变化、植被的不同、地面土质松紧的差异、地形的起伏及周围建筑物的状况等都会影响测角的精度。有风会使仪器不稳，地面土松软可使仪器下沉，强烈阳光照射会使水准管变形，视线靠近反光物体则有折光影响。在测角时，应注意尽量予以避免。

2.4.4 认识电子经纬仪

随着电子技术、计算机技术、光电技术、自动控制技术等现代科学技术的发展，1968 年电子经纬仪问世。电子经纬仪与光电测距仪、计算机、自动绘图仪相结合，使地面测量工作实现了自动化和内、外业一体化，这是测绘工作的一次历史性变化。光学经纬仪与电子经纬仪、激光经纬仪的外观对比如图 2-36 所示。

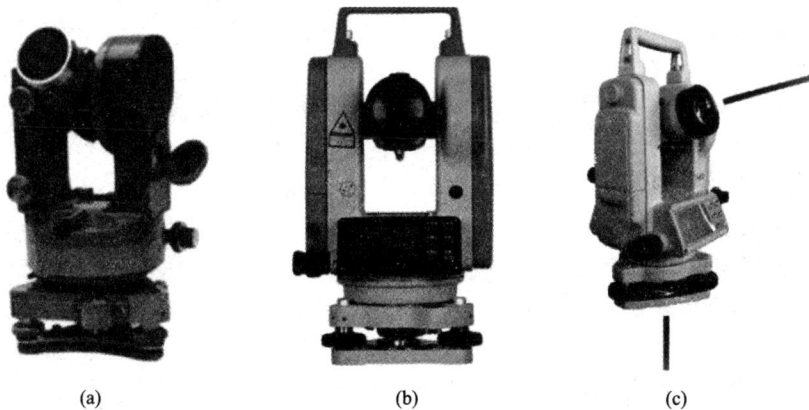

| (a) | (b) | (c) |

图 2-36　经纬仪的外观对比
(a)光学经纬仪；(b)电子经纬线；(c)激光经纬仪

电子经纬仪与光学经纬仪相比，主要差别在于读数系统，其他如照准、对中、整平等装置是相同的。

1. 电子经纬仪的读数系统

电子经纬仪的读数系统是通过角-码变换器，将角位移量变为二进制码，再通过一定的电路，将其译成度、分、秒，再用数字形式显示出来。

目前常用的角-码变换方法有编码度盘、光栅度盘和动态测角系统等，有的也将编码度盘和光栅度盘结合使用。现以光栅度盘为例，说明角-码变换的原理。

光栅度盘又可分为透射式及反射式两种。透射式光栅度盘是在玻璃圆盘上刻有相等间隔的透光与不透光的辐射条纹；反射式光栅度盘则是在金属圆盘上刻有相等间隔的反光与不反光的条纹。工作中用得较多的是透射式光栅度盘。

透射式光栅度盘的工作原理如图2-37(a)所示。其有互相重叠、间隔相等的两个光栅，一个是全圆分度的动光栅，可以与照准部一起转动，相当于光学经纬仪的度盘；另一个是只有圆弧上一段分划的固定光栅，它相当于指标，称为指示光栅。在指示光栅的下部装有光源，上部装有光电管。在测角时，动光栅和指示光栅产生相对移动。如图2-37(b)所示，如果指示光栅的透光部分与动光栅的不透光部分重合，则光源发出的光不能通过，光电管接收不到光信号，因而电压为零；如果两者的透光部分重合，则透过的光最强，因而光电管所产生的电压最高。这样，在照准部转动的过程中，就产生连续的正弦信号，再经过电路对信号的整形，则变为矩形脉冲信号。如果一周刻有21 600个分划，则一个脉冲信号即代表角度$1'$。这样，根据转动照准部时所得脉冲的计数，即可求得角值。目前最高精度的电子经纬仪可显示到$0.1''$，测角精度可达$0.5''$。

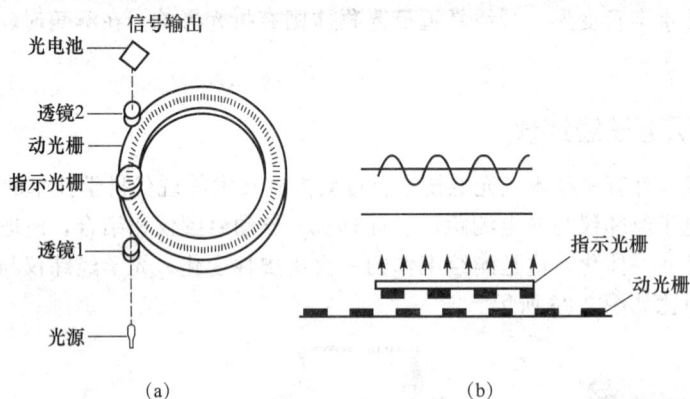

图 2-37 透射式光栅度盘的工作原理

2. 电子经纬仪的特点

电子经纬仪采用电子计数，通过置于机内的微型计算机，可以自动控制工作程序和计算，并可自动进行数据传输和存储，它具有以下特点：

(1)读数在屏幕上自动显示，角度计量单位(360°六十进制、360°十进制、400 g、6 400密位)可自动换算。

(2)竖盘指标差及竖轴的倾斜误差可自动修正。

(3)有与测距仪和电子手簿连接的接口。与测距仪连接可构成组合式全站仪，与电子手簿连接可将观测结果自动记录，没有读数和记录的人为错误。

(4)可根据指令对仪器的竖盘指标差及轴系关系进行自动检测。

(5)如果电池用完或操作错误，可自动显示错误信息。

(6)可单次测量，也可跟踪动态目标连续测量，但跟踪测量的精度较低。

(7)有的仪器可预置工作时间，到规定时间则自动停机。

(8)根据指令，可选择不同的最小角度单位。

(9)可自动计算盘左、盘右的平均值及标准偏差。

(10)有的仪器内置驱动电动机及CCD系统，可自动搜寻目标。

根据仪器生产的时间及档次的高低，某种仪器可能具备上述全部或部分特点。

因电子经纬仪的角度测量操作与后面介绍的全站仪角度测量操作基本相同，这里对其操作不作介绍。

2.4.5 全站仪测量角度

随着全站仪的普遍使用，在工程测量中，除采用前面介绍的光学经纬仪及电子经纬仪测量角度外，也经常采用全站仪测量角度。下面以南方 NTS-350 全站仪为例介绍全站仪测量角度的操作流程。

2.4.5.1 观测前工作

1. 安置仪器并对中、整平

在测站点上安置仪器（待测角顶点），完成精确对中、整平，以保证测量成果的精度。对中、整平操作与经纬仪操作相同。

（1）安置三脚架。将三脚架打开，伸到适当高度，旋紧 3 个固定螺旋后，打开合适角度架在测站点上。

（2）将仪器安置到三脚架上并对中。将仪器小心地安置到三脚架上。调节光学对中器望远镜的目镜，看清楚对中器中的十字丝及地面点标记，根据对中器中点位偏差情况，双手提起两脚架（另一支脚架不动）让仪器能随脚架一起水平移动完成对中。当对中偏差不大时，也可通过旋转脚螺旋实现对中。

（3）利用圆水准器粗平仪器。伸缩脚架使圆水准器气泡居中，完成初步整平。

（4）利用水准管精平仪器

1）松开水平制动螺旋，转动仪器使水准管平行于某一对脚螺旋 A、B 的连线，同时向内或向外旋转脚螺旋 A、B，使水准管气泡居中。

2）将仪器绕竖轴旋转 90°，再旋转另一个脚螺旋 C，使水准管气泡居中。

3）再次旋转 90°，重复步骤 1）、2），直至任意位置气泡都居中为止。

（5）再次对中。松开中心连接螺旋，水平轻轻移动仪器，将光学对中器的中心标志对准测站点标记，然后拧紧连接螺旋。在轻移仪器时不要让仪器在架头上有转动，以尽可能减少气泡的偏移。

（6）再次精平。按步骤（4）精确整平仪器，直到仪器旋转到任何位置时，水准管气泡始终居中为止，然后拧紧连接螺旋。精平完成后，需再次检查对中情况，直至仪器同时满足对中精平要求。

2. 开机进入角度测量模式

打开电源开关（POWER 键）完成开机。若全站仪为激光对中，则仪器安置好后，在对中前应先开机。如图 2-38 所示，仪器开机后屏幕显示角度测量模式。显示屏中：V——竖盘读数；HR——水平读盘读数（右向计数）；HL——水平读盘读数（左向计数）。

图 2-38　全站仪角度测量模式

全站仪角度测量模式共有 3 页，各页内容见表 2-3。

表 2-3　全站仪角度测量模式

页数	按键	显示符号	功能
第1页(P1)	F1	置零	将水平角置为 0°0′0″
	F2	锁定	水平角读数锁定
	F3	置盘	通过键盘输入数字设置水平角
	F4	P1↓	显示第2页按键功能
第2页(P2)	F1	倾斜	设置倾斜改正开或关,若选择"开"则显示倾斜改正
	F2	—	—
	F3	V%	垂直角与百分比坡度的切换
	F4	P2↓	显示第3页按键功能
第3页(P3)	F1	H-蜂鸣	仪器转动至水平角 0°、90°、180°、270° 是否蜂鸣的设置
	F2	R/L	水平角右/左计数方向的转换
	F3	竖角	垂直角显示格式(高度角/天顶距)的切换
	F4	P3↓	显示第1页按键功能

2.4.5.2　观测读数

全站仪角度观测操作步骤见表 2-4。

表 2-4　全站仪角度观测操作步骤

操作过程	操作	显示
照准第一个目标 A	照准目标 A	V：　82°　09′　30″ HR：　90°　09′　30″ 置零　锁定　置盘　P1↓
设置目标 A 的水平角为 0°00′00″,按 F1(置零)键和 F3(是)键	F1	水平角置零 　>OK? ---　　---　　[是]　[否]
	F3	V：　82°　09′　30″ HR：　0°　00′　00″ 置零　锁定　置盘　P1↓

操作过程	操作	显示
照准第二个目标 B，显示目标 B 的 V/H	照准目标 B	V:　　　92°　09′　30″ HR:　　　67°　09′　30″ 置零　　锁定　　置盘　　P1 ↓

注：仪器在照准目标点时，应按下面操作步骤进行：

(1)将望远镜对准明亮的天空，旋转目镜调焦螺旋，调焦看清十字丝；

(2)利用粗瞄准器内的三角形标志的顶尖初步瞄准目标点，锁上水平制动螺旋；

(3)利用望远镜物镜调焦螺旋使目标成像清晰，并利用水平微调精确瞄准目标点。

当眼睛在目镜端上下或左右移动发现有视差时，说明调焦或目镜屈光度未调好，这将影响观测的精度，应通过物镜及目镜调焦消除视差。

角度测量项目技能训练引导文

一、情境描述

角度是确定平面位置关系的一个要素，在建筑施工测量中，需要经常进行角度测量。建筑的横向轴线与纵向轴线一般相互垂直，水平夹角为 90°(或 270°)，在轴线放样时，可以根据轴线间的角度关系，采用角度测量完成轴线定位与校核。

二、培养目标

(1)知识目标。

1)理解角度的含义。

2)清楚角度的作用。

3)掌握角度的观测方法(熟练掌握测回法)。

(2)技能目标。

1)能熟练操作经纬仪。

2)能熟练使用经纬仪(或全站仪)完成水平角度的测定及测设。

3)能根据工程实际选择合适的角度测量方法。

4)能熟练运用办公软件及 CAD 软件编制测量方案，处理测量数据。

(3)素质目标。

1)养成踏实、严谨的工作作风。

2)养成爱护测量仪器、工具的良好习惯。

3)养成事后检查校正的工作习惯。

三、工作过程

本情境的学习与高程测量相同，依照工作六步法完成。

1. 角度测量资讯

(1)角度测量任务背景。如图 2-39 所示，要在某道路一侧修建一建筑，要求建筑的外边线与道路中心线成 30°角，利用角度测量确定建筑物外边线。

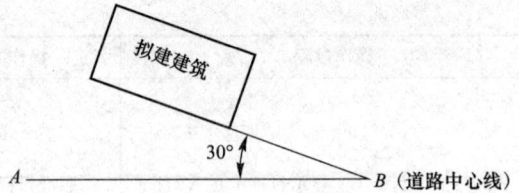

(2)角度测量任务单(表 2-5)。

图 2-39　角度测量任务背景

表 2-5　角度测量任务单

名称	角度测量
工作对象	地面点及水平角度
工作内容	多个角度的测定及多个水平角度的测设，如图 2-40、图 2-41 所示。(待测角度的个数与小组人数相同)在测量现场，各组自行定点，要求所布置点连成一闭合几何图形，测定几何图形的所有内角；角度测设时，在现场自己确定起始方向并假定待测方向与已知方向的水平夹角，由假定的水平夹角及起始方向定出待测方向
工作要求	角度是确定表示地面点位平面位置的一个要素，在实际工作中，必须采用满足现场条件及精度要求的方法来完成角度的测量工作。测回法上、下半测回较差满足 $\Delta\beta\leqslant\pm40''$，各测回平均角值较差限差为 $\pm24''$，角度闭合差 $f_\beta\leqslant\pm60''\sqrt{n}$，测设角度与检测的实测角度的差值限差为 $\pm24''$
任务要求	编制测量角度的具体操作方案，准备数据的记录计算表格，明确数据的计算及校核方法，现场施测，检查测量结果，提交测量成果报告
工作思路	清楚角度测量的要求，在现场了解实际情况，根据资讯所获取的信息制定角度测量的具体操作步骤，然后实施，最后进行检查、总结，提交成果报告

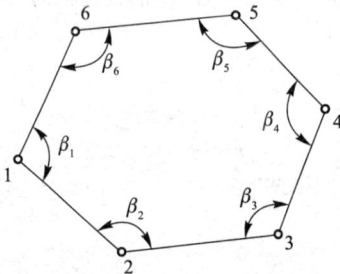

图 2-40　角度测定路线

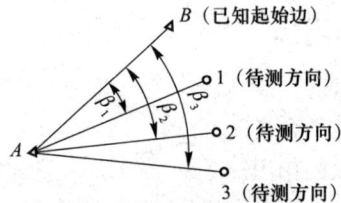

图 2-41　角度测设

(3)角度测量咨询单。

1)_____称为水平角，_____称为竖直角。

2)测量水平角的意义：_____。

3)经纬仪的作用：_____。

4)_____称为盘左，_____称为盘右。

5)测定单个角度的方法为_____

6)_____称为测站点(置镜点)，_____称为后视点，_____称为前视点。

7)水平角角度值的范围_____，竖直角角度值的范围_____。

2. 角度测量计划(编写角度测量方案)

(1)角度测定。

1)画出本组角度测量的平面布置图，并结合图示说明测量的具体内容。

2)结合测量平面布置图整理角度测定实施步骤。

(2)角度测设：结合测量任务编写角度测设的实施步骤。

3. 角度测量决策

(1)角度测量方案决策单(表2-6)。

表2-6　角度测量方案决策单

方案决策				
序号	方案内容	方案优点	方案缺点	备注
一	角度测定			
1	测量路线布置			
2	测量方法及程序			
3	校核方法			
二	角度测设			
1	测设数据计算			
2	测设操作步骤			
论证：				
组长签字：	教师签字：		日期：	

（2）角度测量工具仪器单（表2-7）。

表2-7　角度测量工具仪器单

序号	仪器名称	型号	数量	备注
1				
2				
3				
4				

4. 角度测量实施单

角度测量实施单见表2-8。

表2-8　角度测量实施单

序号	任务	主要步骤要点（按方案梳理填写）
1	测定	
2		
3		
4		
5	测设	
6		
7		

组长签字：　　　　　　　　　　教师签字：　　　　　　　　　　日期：

5. 角度测量检查单

角度测量检查单见表2-9。

表2-9　角度测量检查单

序号	检测项目	检测具体内容	检测结果	备注
一	角度测定			
1	测站校核	各测站上、下半测回角度较差是否满足要求		每测站检查合格后才开始下一测站的测量
2	路线校核	角度闭合差是否在允许误差范围内		
3	计算校核	数据的计算是否有错		
二	角度测设			
1	计算校核	测设数据计算过程及结果是否正确		
2	测设结果校核	实测已放样方向间夹角与理论夹角间偏差		

评价：

组长签字：　　　　　　　　　　教师签字：　　　　　　　　　　日期：

6. 角度测量评价

(1)角度测量成果评价单(表2-10)。

序号	检测项目	检测结果	评分标准	分值
1	测量现场整洁		测量仪器摆放规整,仪器打开后盖子关好,放回箱中前所有制动打开,现场不留垃圾(满分10分)	
2	测量仪器摆放规整,无损坏		按要求借、还仪器,并按要求归放至实训室指定位置,仪器完好无损(满分20分)	
3	小组测量成果		测量成果按时提交,内容完整,格式编排满足要求,测量精度满足要求(满分50分)	
4	小组互评		简介本组测量方案、测量成果、测量中遇到的问题、体会,表述清晰、生动(满分20分)	
5			总分	

总结(测量过程中存在的问题,提出改进措施):

组长签字:　　　　　　　　教师签字:　　　　　　　　日期:

(2)角度测量学生自评表(表2-11)。

表2-11　角度测量学生自评表

任务名称	角度测量				
问题	评价				
	极不满意	不满意	一般	满意	非常满意
	5	10	15	18	20
1. 我清楚本项目的测量内容及思路					
2. 我能够积极主动地查阅资料					
3. 我能够对我的组员提出解决问题的答案做出贡献					
4. 我与组员共同完成任务					
5. 我能够将自己查阅的资料分享给他人					
项目总分					
对该教学内容及方法的意见和建议：					

注：1. 请根据自己在小组完成任务过程中的表现和贡献对自己进行评价，并在相应栏目内画"√"；
　　2. 若对任务的设置，教师引导任务完成的方式、方法有好的建议或意见，请填写在"对该教学内容及方法的意见和建议"栏中。

(3)角度测量教师评价表(表2-12)。

表2-12　角度测量教师评价表

项目名称	角度测量			
学生姓名	技能检测	积极参与小组任务	能按时完成任务	总分
	30	50	20	

注：根据学生在小组完成项目过程中的表现和贡献进行评价。

(4)角度测量任务评价总表(表2-13)。

表2-13　角度测量任务评价总表

姓名	学号	组别	成果评价(0.5)	学生自评(0.1)	教师评价(0.2)	考勤(0.2)	总分

注：考勤满分100分，请假1节扣5分，迟到或早退1次扣5分，旷课1节扣10分，旷课4学时本任务没有考勤分。

(5)角度测量上交成果表(表2-14)。

表 2-14　角度测量上交成果表

任务名称		角度测量		
个人成果		完成时间	要求	编写、整理人
名称	编号			
角度测量仪器的认识	2.1	资讯	以测量的数据为案例,总结角度测量仪器使用的方法、步骤	个人
角度测量方案	2.2	计划决策	按角度测量方案的步骤要求编写,要求有图表及简要的文字叙述	
角度测量项目总结	2.3	实施	字数不少于500字,内容包括:个人参与完成的工作、对角度测量项目的认识理解及个人经验	
角度测量学生自评表、角度测量教师评价表、角度测量任务评价总表	2.4、2.5、2.6	评价	个人自评需按实打分,教师评价及任务总评价由老师完成,个人自己整理	
小组成果		完成时间	要求	编写、整理人
名称	编号			
角度测量任务书	2.1	资讯	任务书直接采用"角度测量任务单",另需附上本组任务图(控制点布置平面图)	任务组长
角度测量决策单	2.2	计划、决策	按"角度测量方案决策单"的标准进行评价,填写好决策单	小组常任组长
角度测量方案	2.3		按角度测量方案要求完成	任务组长
角度测量实施单	2.4		按角度测量实施单的格式,依照测量方案简要写出完成任务的主要步骤	任务组长
角度测量成果报告	2.5	实施	包括外业获得的测量数据及内业处理后的最终成果,以图表的形式提交	任务组长及技术负责人
角度测量检查单	2.6		依照角度测量检查单对测量成果进行检查、评价	任务组长
角度测量成果评价单	2.7	评价	按角度测量成果评价单填写	任务组长
角度测量汇报	2.8		汇报内容不少于500字,内容包括:小组方案简介、测量成果展示、任务完成后的心得体会	本任务组长及下一任务组长

注:个人成果在教材上完成,小组成果采用电子版提交

角度测量项目工作过程核心知识梳理

教学情境	角度测量		
工作过程	资讯		
教学方法	引导文法、讨论法、讲授法	学时	4
相关核心知识	1. 点的平面位置标示 2. 测量要素：水平角 水平角：两条空间相交直线在某一水平面上投影之间的夹角，$\beta = m - n$。 3. 测量的工具仪器：经纬仪（全站仪） 如下图，A 点为后视点，O 点为测站点，B 点为目标点，OA 称为起始边，OB 称为终边。 设 a 为起始边度数值，b 为终边度数值，则 $\beta = b - a$。		

1. 点的平面位置标示

平面直角坐标
系中的坐标 → 点的平面位置

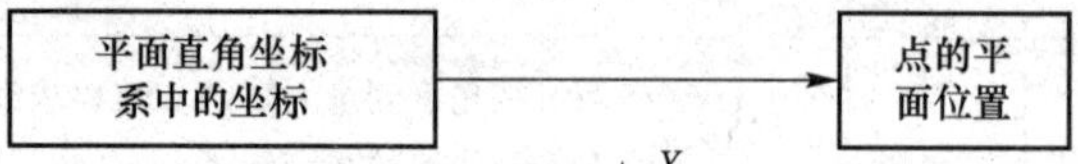

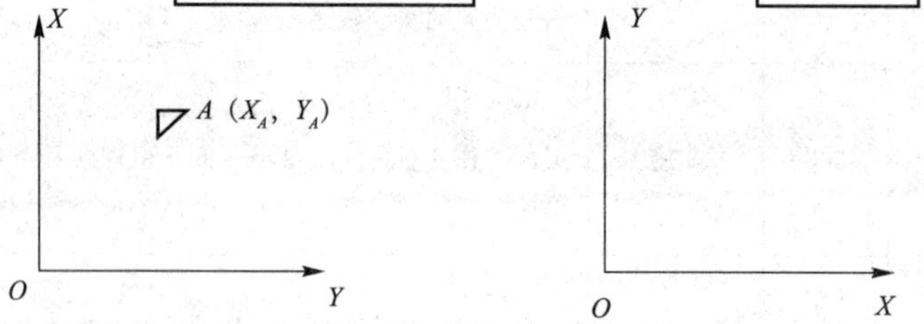

工程测量平面直角坐标系

数学笛卡儿坐标系

2. 测量要素：水平角

水平角：两条空间相交直线在某一水平面上投影之间的夹角，$\beta = m - n$。

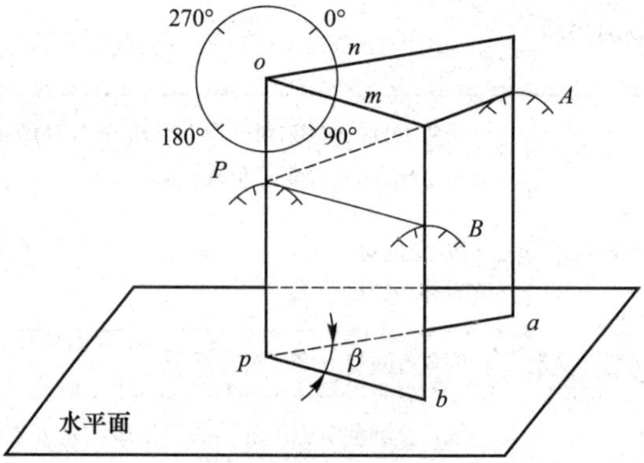

水平面

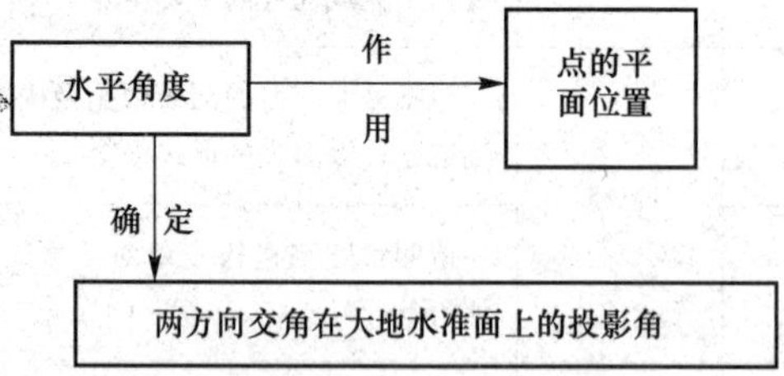

水平角度 —作用→ 点的平面位置

↓确定

两方向交角在大地水准面上的投影角

3. 测量的工具仪器：经纬仪（全站仪）

如下图，A 点为后视点，O 点为测站点，B 点为目标点，OA 称为起始边，OB 称为终边。

设 a 为起始边度数值，b 为终边度数值，则 $\beta = b - a$。

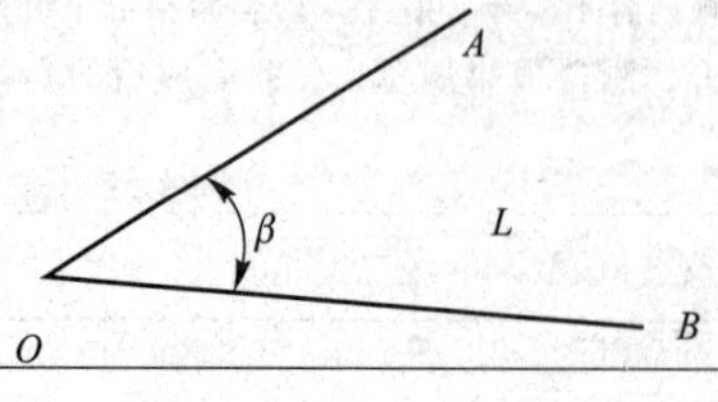

教学情境	角度测量		
工作过程	计划、决策		
教学方法	引导文法、讨论法、讲授法	学时	2

相关核心知识

1. 角度测量的内容

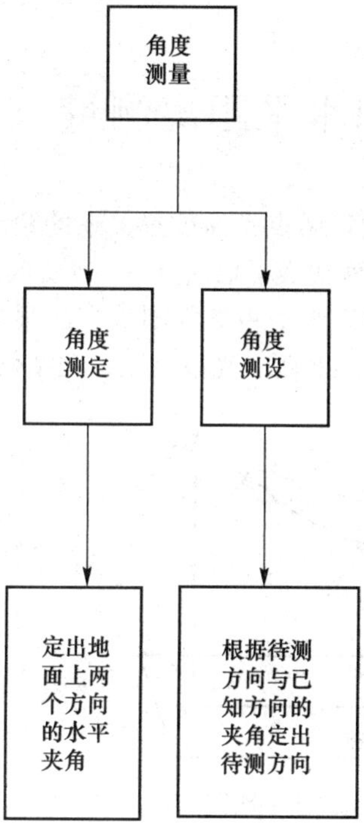

2. 角度测定测站校核（测回法）

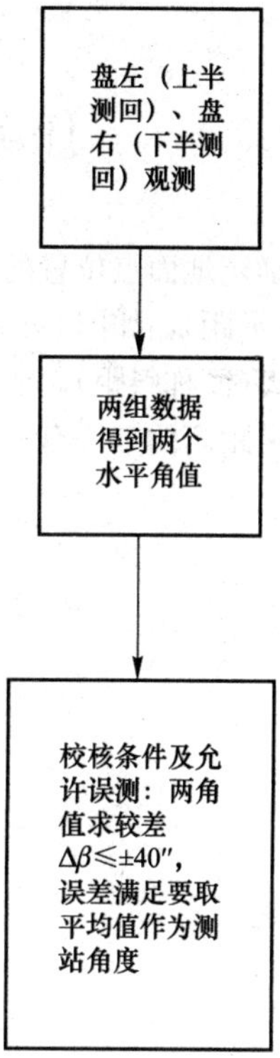

教学情境	角度测量		
工作过程	评价		
教学方法	案例分析法、引导文法、讨论法、讲授法	学时	2

相关核心知识

1. 当终边读数值 b 小于起始边度数值 a 时，$\beta=b+360°-a$

2. 角度的测设

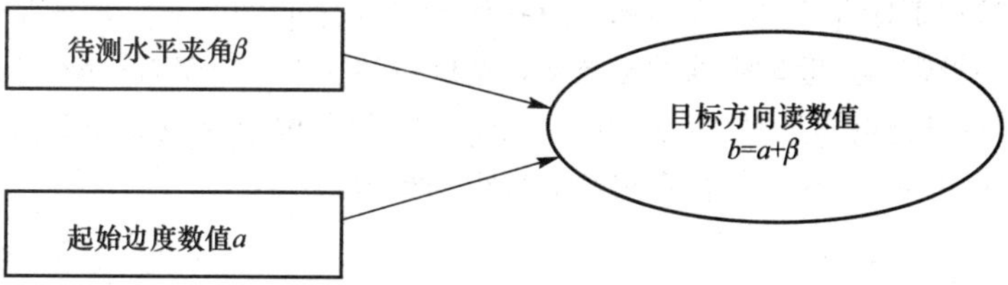

待测水平夹角 β ———→ 目标方向读数值 $b=a+\beta$

起始边度数值 a ———→

3. 角度测定路线校核（闭合路线）

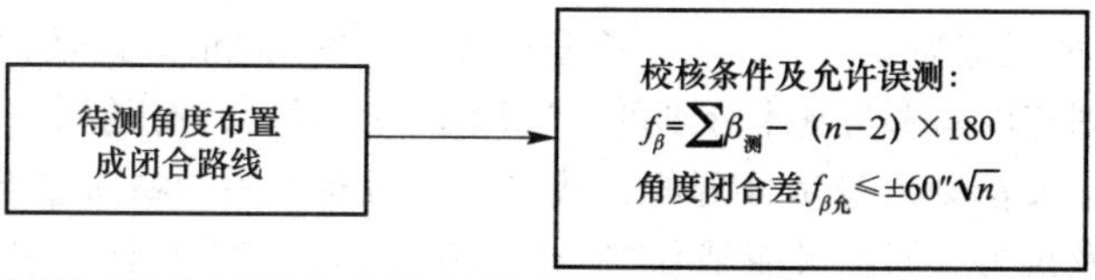

待测角度布置成闭合路线 ———→ 校核条件及允许误测：
$f_\beta=\sum\beta_测-(n-2)\times180$
角度闭合差 $f_{\beta允}\leqslant\pm60''\sqrt{n}$

项目 3　水平距离测量

任务 3.1　认识水平距离测量

距离是确定地面点位置的基本要素之一。确定两点平面位置关系的距离是指两点之间的水平距离(简称平距),如图 3-1 所示,$A'B'$ 的长度就代表了地面点 A、B 之间的水平距离。若测得的是倾斜距离(简称斜距),还须将其改算为平距。水平距离的测量方法很多,按所用测距工具的不同,测量距离的方法有一般有钢尺量距、视距测距、光电测距、全站仪测距等。

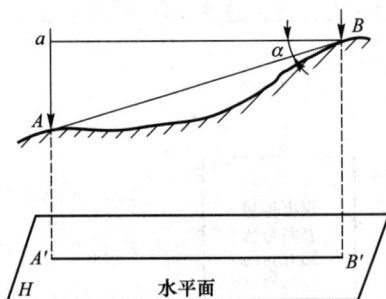

图 3-1　两点间的水平距离

任务 3.2　水平距离测量方法

3.2.1　钢尺量距

钢尺量距是利用具有标准长度的钢尺直接测量两点之间的距离,按测量方法的不同可分为一般量距和精密量距。一般量距读数至厘米,精度可达 1/3 000 左右;精密量距读数至亚毫米,精度可达 1/3 万(普通钢卷带尺)及 1/100 万(铟瓦线尺)。由于光电测距的普及,在现今的测量工作中已很少使用钢尺量距,只是在精密的短距测量中偶尔用到。

3.2.1.1　量距工具

钢尺可分为普通钢卷带尺和铟瓦线尺两种。

(1)普通钢卷带尺的尺宽为 10~15 mm,长度有 20 m、30 m 和 50 m 数种,卷放在圆形盒或金属架上。钢尺的分划有以厘米为基本分划的,适用于一般量距;有的则在尺端第一分米内刻有毫米分划;也有将整尺都刻出毫米分划的。其中,后两种适用于精密量距。较精密的钢尺,制造时有规定的温度及拉力,如在尺端刻有"30 m、20 ℃、100 N"字样。它表示在检定该钢尺时的温度为 20 ℃，拉力为 100 N，30 m 为钢尺刻线的最大注记值，通常称为名义长度。钢尺量距的辅助工具有测钎、花杆、垂球、弹簧秤和温度计。普通钢带尺及辅助工具如图 3-2 所示。

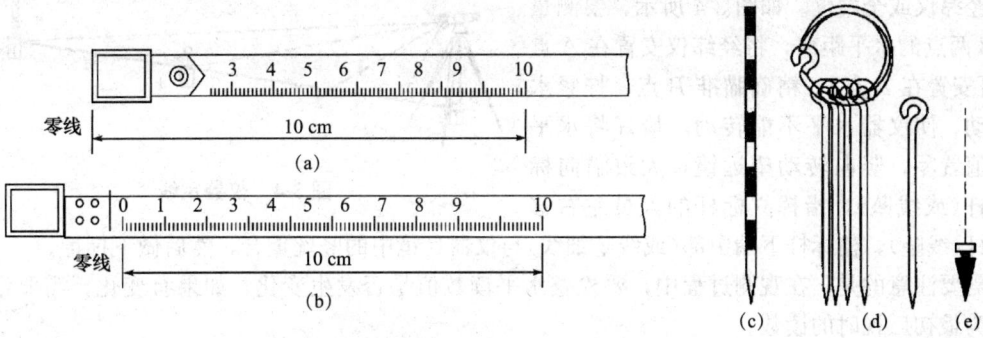

图 3-2　普通钢卷带尺及辅助工具

(a)端点尺；(b)刻线尺；(c)花杆；(d)测钎；(e)垂球

(2)钢瓦线尺是用镍铁合金制成的，尺线直径为 1.5 mm，长度为 24 m，尺身无分划和注记，在尺两端各连一个三棱形的分划尺，长度为 8 cm，其上最小分划为 1 mm。钢瓦线尺全套由 4 根主尺、1 根 8 m(或 4 m)长的辅尺组成。钢瓦线尺不用时卷放在尺箱内。

3.2.1.2　钢尺量距实施方法和步骤

(1)直线定线。当测量的距离超过钢尺的量程时，就需要将待测距离进行分段，为使分段点不偏离测线的方向，就需要进行直线定线。所谓定线，就是将所有尺段点都标定在两点连线的铅垂面内。定线的方法一般有目估定线或仪器定线两种。

1)目估定线。当精度要求不高时，可用目估定线。如图 3-3 所示，A、B 两点为地面上互相通视的两点，欲在 A、B 两点之间的直线上定出 C、D 等分段点。定线工作可由甲、乙两人进行。

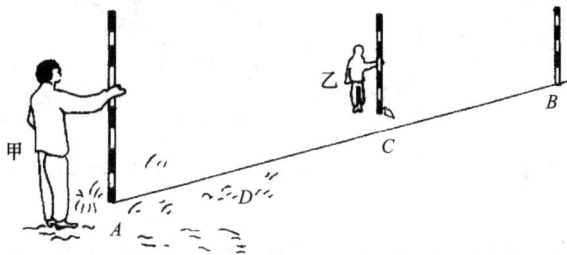

图 3-3　目估定线

①定线时，先在 A、B 两点上竖立测杆，甲立于 A 点测杆后面 1～2 m 处，用眼睛自 A 点测杆后面瞄准 B 点测杆。

②乙持另一测杆沿 BA 方向走到离 B 点大约一尺段长的 C 点附近，按照甲的指挥手势左右移动测杆，直到测杆位于 AB 直线上为止，插下测杆(或测钎)，定出 C 点。

③乙带着测杆走到 D 点处，同法在 AB 直线上竖立测杆(或测钎)，定出 D 点，依此类推。这种从直线远端 B 点走向近端 A 点的定线方法，称为走近定线。直线定线一般应采用走近定线。

2)仪器定线。当测距要求的精度高时，一般需采用仪器定线，仪器定线所用的仪器可为经纬仪或全站仪。如图 3-4 所示，要测量 A、B 两点的水平距离，将经纬仪安置在 A 点（也可安置在 B 点），精确瞄准 B 点，拧紧水平制动，使仪器水平不能转动，最好将水平读数值置零，竖向转动望远镜，大致瞄向标记标杆（或线坠），指挥立标杆的人员左右移

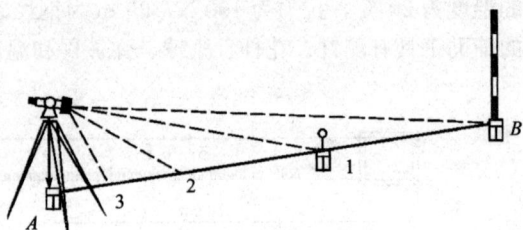

图 3-4　仪器定线

动标杆（线坠），使标杆下端中部（或线坠细线）与仪器目镜中的竖丝重合，然后做下标记。

需要注意的是，在观测过程中，要检查水平读数值是否发生变化，如果有变化，需要将其调整为最初后视时的读数。

(2)量距。

1)地面平坦时的距离测量。当地面平坦时，可沿地面直接测量水平距离。量距时，一人将钢尺零点对准其中一点，另一人拖动钢尺对准另一点，然后两人同时将钢尺拉紧，记下对应的读数，读数值即两点之间的水平距离。

2)地面不平坦时的距离测量。当地面不平坦时，可用下面两种方法进行测量：

①平量法。地面有坡度，不能将整根钢尺拉平测量。当两点之间高差不大时，则可将钢尺拉水平，然后借助垂球对准地面点，垂球细线对准的刻度即该段水平距离。若两点距离较长，可先进行定线分段，然后逐段测量求和，如图 3-5 所示。

②斜量法。当地面高差大时，钢尺无法拉水平，可沿着斜坡量出 AB 的斜距 L，测出地面倾角 α，如图 3-6 所示，可根据公式 $D_{AB}=L\times\cos\alpha$ 计算出 A、B 间的水平距离。

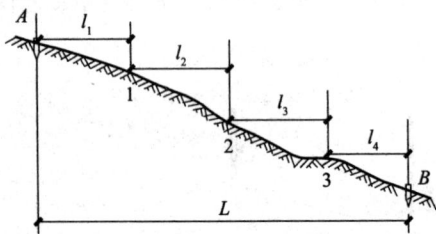

图 3-5　平量法

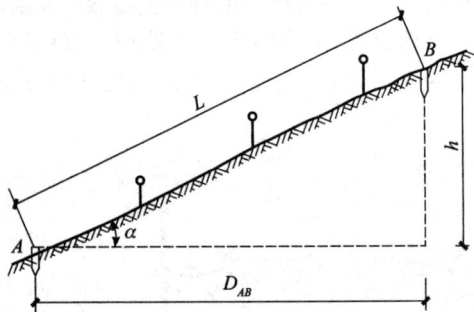

图 3-6　斜量法

想一想：地面的倾角怎么测量？除测地面倾角 α 外，还可以测量什么计算出 D_{AB}？

3.2.2　视距测距

视距测距是用望远镜内视距丝装置，根据几何光学原理同时测定距离和高差的一种方法。这种方法具有操作方便、速度快、不受地面高低起伏限制等优点，但测距精度较低，一般相对误差为 1/300～1/200。视距测距虽然精度较低，但能满足测定碎部点位置的精度要求，可用于碎部测量。视距测距所用的主要仪器和工具是经纬仪及视距尺。

1. 视线水平时的视距测距

如图 3-7 所示，欲测定 A、B 两点之间的水平距离，在 A 点安置经纬仪，在 B 点竖立视距尺，当望远镜视线水平时，视准轴与尺子垂直，经对光后，通过上、下两条视距丝 m、n 就可读

得尺上 M、N 两点处的读数，两读数的差值 l 称为视距间隔或视距。f 为物镜焦距，p 为视距丝间隔，δ 为物镜至仪器中心的距离，由图可知，A、B 点之间的平距为

$$D = d + f + \delta \qquad (3\text{-}1)$$

其中，d 由两相似三角形 MNF 和 $m'n'F$ 求得

$$\frac{d}{f} = \frac{l}{p} \qquad (3\text{-}2)$$

$$d = \frac{f}{p} \times l \qquad (3\text{-}3)$$

因此

$$D = \frac{f}{p} \times l + (f + \delta) \qquad (3\text{-}4)$$

令 $\dfrac{f}{p} = K$，称为视距乘常数，$f + \delta = c$，称为视距加常数，则

$$D = K \times l + c \qquad (3\text{-}5)$$

在设计望远镜时，适当选择有关参数后，可使 $K = 100$，$c = 0$ 于是，视线水平时的视距公式为

$$D = 100 \times l \qquad (3\text{-}6)$$

两点之间的高差为

$$h = i - v \qquad (3\text{-}7)$$

式中　i——仪器高；

　　　v——望远镜的中丝在尺上的读数。

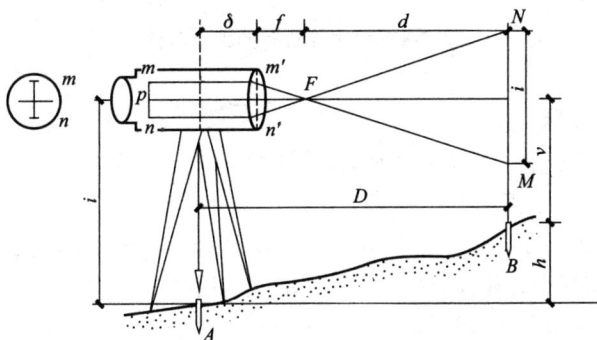

图 3-7　视线水平时的视距测距

2. 视线倾斜时的视距测距

当地面起伏较大时，必须将望远镜倾斜才能照准视距尺，如图 3-8 所示，此时的视准轴不再垂直于尺子，前面推导的公式就不适用了。若想引用前面的公式，测量时必须将尺子置于垂直于视准轴的位置，但那是不太可能的。因此，在推导倾斜视线的视距公式时，必须加上以下两项改正：

（1）视距尺不垂直于视准轴的改正；

（2）倾斜视线（距离）化为水平距离的改正。

在图 3-8 中，设视准轴倾斜角为 δ，由于 φ 角很小，略为 $17'$，故可将 $\angle NN'E$ 和 $\angle MM'E$ 近似看成直角，则 $\angle NEN' = \angle MEM' = \delta$，于是

$$l' = M'N' = M'E + EN' = ME\cos\delta + EN\cos\delta$$

$$= (ME + EN)\cos\delta = l\cos\delta$$

根据式（3-6）得倾斜距离 $S = Kl' = Kl\cos\delta$，化算为平距为

$$D = S\cos\delta = Kl\cos^2\delta \qquad (3\text{-}8)$$

A、B 两点间的高差为

$$h = h' + i - v$$

式中，$h' = S\sin\delta = Kl\cos\delta\sin\delta = \frac{1}{2}Kl\sin2\delta$ 称为初算高差，故视线倾斜时的高差公式为

$$h = \frac{1}{2}Kl\sin2\delta + i - v \qquad (3-9)$$

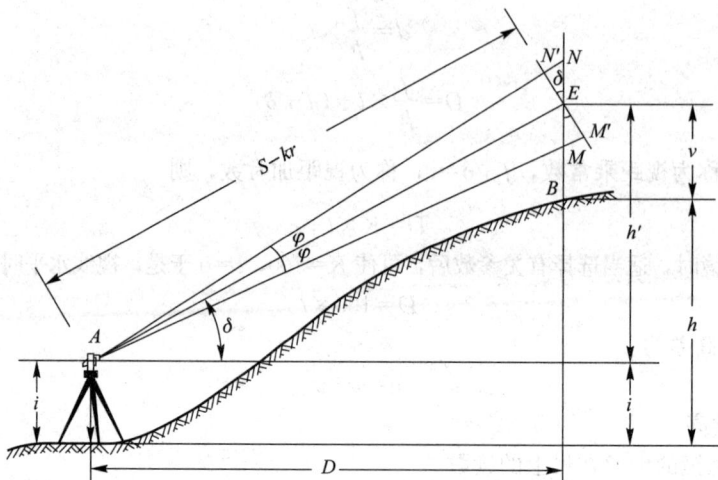

图 3-8 视线倾斜时的视距测距

3. 视距测距实施步骤

(1)安置仪器于测站点上，对中、整平后，量取仪器高 i 至厘米。

(2)在待测点上竖立视距尺。

(3)转动仪器照准部照准视距尺，在望远镜中分别用上、下、中丝读得读数 M、N、v，再使竖盘指标水准管气泡居中，在读数显微镜中读取竖盘读数。

(4)根据读数 M、N 算得视距间隔 l；根据竖盘读数算得竖直角 δ；利用式(3-8)和式(3-9)计算平距 D 和高差 h。

3.2.3 光电测距

与钢尺量距的烦琐和视距测距的低精度相比，光电测距具有测程长、精度高、操作简便、自动化程度高的特点。光电测距仪所使用的光源一般有激光和红外光。下面简要介绍光电测距的原理及测距成果整理等内容。

1. 光电测距原理

光电测距是通过测量光波在待测距离上往返一次所经历的时间，来确定两点之间的距离。如图 3-9 所示，在 A 点安置测距仪，在 B 点安置反射棱镜，测距仪发射的调制光波到达反射棱镜后又返回测距仪。设光速 c 为已知，如果调制光波在待测距离 D 上的往返传播时间为 t，则距离 D 为

$$D = \frac{1}{2}c \cdot t \qquad (3-10)$$

式中，$c = c_0/n$，其中 c_0 为真空中的光速，其值为 299 792 458 m/s，n 为大气折射率，它与光波波长 λ，测线上的气温 T、气压 P 和湿度 e 有关。

由式(3-10)可知，测定距离的精度主要取决于时间 t 的测定精度。光电测距仪按测定时间 t 的方法不同，可分为脉冲式和相位式两种。

(1)脉冲法测距。由测距仪发出的光脉冲经反射棱镜反射后，又回到测距仪而被接收系统接收，测出这一光脉冲往返所需时间间隔 t 的时钟脉冲的个数，进而求得距离 D。因为时钟脉冲计数器的频率所限，测距精度只能达到 $0.5\sim1$ m，故此法常用于激光雷达等远程测距。

(2)相位法测距。相位法测距是通过测量连续的调制光波在待测距离上往返传播所产生的相位变化来间接测定传播时间，从而求得被测距离。红外光电测距仪就是典型的相位式测距仪。

红外光电测距仪的红外光源是由砷化镓(GaAs)发光二极管产生的。如果在发光二极管上注入恒定电流，它发出的红外光光强则恒定不变。若在其上注入频率为 f 的高变电流(高变电压)，则发出的光强随着注入的高变电流呈正弦变化，如图 3-10 所示，这种光称为调制光。

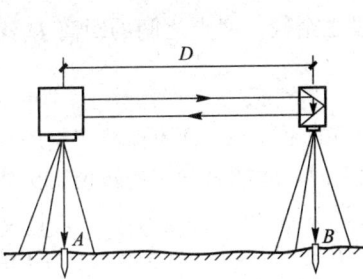

图 3-9　光电测距

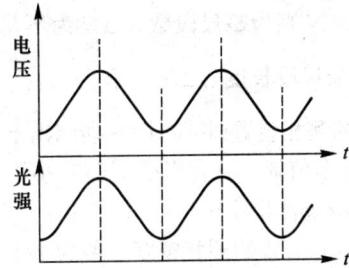

图 3-10　光的调制

测距仪在 A 点发射的调制光在待测距离上传播，被 B 点的反射棱镜反射后又回到 A 点而被接收机接收，然后由相位计将发射信号与接收信号进行相位比较，得到调制光在待测距离上往返传播所引起的相位移 φ，其相应的往返传播时间为 t。如果将调制波的往程和返程展开，则有图 3-11 所示的波形。

设调制光的频率为 f(每秒振荡次数)，其周期 $T=\dfrac{1}{f}$ [每振荡一次的时间(s)]，则调制光的波长为

$$\lambda=cT=\frac{c}{f} \tag{3-11}$$

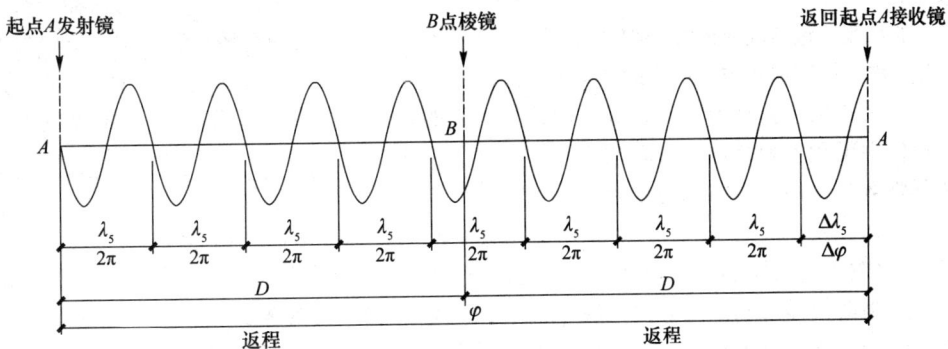

图 3-11　相位式测距原理

从图 3-11 可以看出，在调制光往返的时间 t 内，其相位变化了 N 个整周(2π)及不足一周的余数 $\Delta\varphi$，而对应 $\Delta\varphi$ 的时间为 Δt，距离为 $\Delta\lambda$，则

$$t=NT+\Delta t \tag{3-12}$$

由于变化一周的相位差为 2π，则不足一周的相位差 $\Delta\varphi$ 与时间 Δt 的对应关系为

$$\Delta t = \frac{\Delta\varphi}{2\pi} \cdot T \tag{3-13}$$

于是得到相位测距的基本公式

$$D = \frac{1}{2}c \cdot \left(NT + \frac{\Delta\varphi}{2\pi}T\right)$$

$$= \frac{1}{2}c \cdot T\left(N + \frac{\Delta\varphi}{2\pi}\right) = \frac{\lambda}{2}(N + \Delta N) \tag{3-14}$$

式中，$\Delta N = \dfrac{\Delta\varphi}{2\pi}$，为不足一整周的小数。

在相位测距基本公式(3-14)中，常将 $\dfrac{\lambda}{2}$ 看作一把"光尺"的尺长，测距仪就是用这把"光尺"去测量距离。N 则为整尺段数，ΔN 为不足一整尺段之余数。两点之间的距离 D 就等于整尺段总长 $\dfrac{\lambda}{2}N$ 和余尺段长度 $\dfrac{\lambda}{2}\Delta N$ 之和。

测距仪的测相装置(相位计)只能测出不足整周(2π)的尾数 $\Delta\varphi$，而不能测定整周数 N，因此使式(3-14)产生多值解，只有当所测距离小于"光尺"长度时，才能有确定的数值。例如，"光尺"长度为 10 m，只能测出小于 10 m 的距离；"光尺"长度为 1 000 m，则可测出小于 1 000 m 的距离。又由于仪器测相装置的测相精度一般为 1/1 000，故测尺越长，测距误差越大。为了解决扩大测程与提高精度的矛盾，目前的测距仪一般采用两个调制频率，即用两把"光尺"进行测距。用长测尺(称为粗尺)测定距离的大数，以满足测程的需要；用短测尺(称为精尺)测定距离的尾数，以保证测距的精度。将两者结果衔接组合起来，就是最后的距离值，并自动显示出来，例如：

粗测尺结果 0 324
精测尺结果　3.817
显示距离值　323.817 m

2. 测距成果整理

在测距仪测得初始斜距值后，还需要加上仪器常数改正、气象改正和倾斜改正等，最后求得水平距离。

(1)仪器常数改正。仪器常数有加常数 K 和乘常数 R 两项。

仪器的发射中心、接收中心与仪器旋转竖轴不一致所引起的测距偏差值，称为仪器加常数。实际上仪器加常数还包括反射棱镜的组装(制造)偏心或棱镜等效反射面与棱镜安置中心不一致引起的测距偏差，称为棱镜加常数。仪器的加常数改正值 δ_K 与距离无关，并可预置于机内作自动改正。

仪器的乘常数主要是由于测距频率偏移而产生的。乘常数改正值 δ_R 与所测距离成正比。在有些测距仪中可预置乘常数作自动改正。

仪器常数改正的最终式可写成

$$\Delta S = \delta_K + \delta_R = K + R \times S \tag{3-15}$$

(2)气象改正。仪器的测尺长度是在一定的气象条件下推算出来的。野外实际测距时的气象条件不同于制造仪器时确定仪器测尺频率所选取的基准(参考)气象条件，故测距时的实际测尺长度就不等于标称的测尺长度，使测距值产生与距离长度成正比的系统误差。在测距时应同时测定当时的气象元素(温度和气压)，利用厂家提供的气象改正公式计算距离改正值。如某测距仪的气象改正公式为

$$\Delta S = \left(283.37 - \frac{106.283\ 3P}{273.15 + t}\right) \cdot S \text{(mm)} \tag{3-16}$$

式中　p——气压(hPa)；

t——温度（℃）；

S——距离测量值(km)。

目前，所有的测距仪都可将气象参数预置于机内，在测距时自动进行气象改正。

(3)倾斜改正。距离的倾斜观测值经过仪器常数改正和气象改正后得到改正后的斜距。当测得斜距的竖直角 δ 后，可按下式计算水平距离：

$$D=S\cos\delta \qquad (3\text{-}17)$$

3. 测距仪标称精度

当顾及仪器加常数 K，并将 $c=c_0/n$ 代入式(3-14)，相位测距的基本公式可写成

$$S=\frac{c_0}{2nf}\left(N+\frac{\Delta\varphi}{2\pi}\right)+K$$

式中，c_0、n、f、$\Delta\varphi$ 和 K 的误差都会使距离产生误差。若对上式作全微分，并应用误差传播定律，则测距误差可表示成

$$M_S^2=\left(\frac{m_{c0}^2}{c_0^2}+\frac{m_n^2}{n^2}+\frac{m_f^2}{f^2}\right)S+\left(\frac{\lambda}{4\pi}\right)m_{\Delta\varphi}^2+m_K^2 \qquad (3\text{-}18)$$

式(3-18)中的测距误差可分成两部分，前一项误差与距离成正比，称为比例误差；后两项误差与距离无关，称为固定误差。因此，常将式(3-18)写成如下形式，作为仪器的标称精度：

$$M_S=\pm(A+B\cdot S) \qquad (3\text{-}19)$$

例如，某测距仪的标称精度为 $\pm 3\,\text{mm}+2\,\text{ppm}\cdot S$，说明该测距仪的固定误差 $A=3\,\text{mm}$，比例误差 $B=2\,\text{mm/km(ppm)}$，S 的单位为 km。目前，测距仪已很少单独生产和使用，而是将其与电子经纬仪组合成一体化的全站仪。全站仪测量距离的操作详见 3.4.2 节。

3.2.4　距离测定

距离测定是运用测距工具或仪器测量出两地面点之间的水平距离。测量方法需要根据精度要求及现场条件选择前面介绍的测距方法完成。

当地面平坦、距离较短时，一般用钢尺量距；当距离较大，地面高低起伏，精度要求不高时可用视距测距；精度要求较高时，一般用全站仪测距。

为了避免测量错误，提高测量精度，距离测定要按往、返测量进行测站校核。

3.2.5　距离测设

距离测设是施工中常做的一项工作。在距离测设前，一般先测设角度，然后在此方向上测设距离，从而确定出一个距某点沿某一方向的点位。

1. 钢尺距离测设

当在平坦地面进行距离测设时，一般用钢尺进行，将钢尺零点对准待测距离的起点，然后沿已测设的方向拉紧钢尺，在与待测距离相等的钢尺读数处做标记即可。

2. 全站仪距离测设

当地面不平坦时，一般用光电测距仪，常用全站仪测距。具体实施方法为，先在已测设的方向上立棱镜，测量出立棱镜点与起点(测站点)间的实际距离，用测量出的实际距离减去待测设距离得到距离差，当距离差为负时，棱镜远离测站点移动，移动距离等于距离差，相反则向测站点方向移动。直至测量出的距离与待测距离相等，然后在立棱镜点做标记。有些型号的全站仪有距离测设功能，先输入待测距离，再测量出实际距离后，便可显示距离差，当距离差为零时，便可在立棱镜处做标记。

任务 3.3　水平距离测量校核及内业计算

3.3.1　往返测量校核

为了防止测量错误和提高精度，一般还应由 B 点量至 A 点进行返测，返测时应重新进行定线。取往、返测距离的平均值作为直线 AB 最终的水平距离。

$$D_{av}=\frac{1}{2}(D_f+D_b) \tag{3-20}$$

式中　D_{av}——往、返测距离的平均值(m)；

　　　D_f——往测的距离(m)；

　　　D_b——返测的距离(m)。

量距精度通常用相对误差 K 来衡量，相对误差 K 化为分子为 1 的分数形式，即

$$K=\frac{|D_f-D_b|}{D_{av}}=\frac{1}{\dfrac{D_{av}}{|D_f-D_b|}} \tag{3-21}$$

相对误差分母越大，则 K 值越小，精度越高；反之，精度越低。在平坦地区，钢尺量距的相对误差一般不应大于 1/3 000；在量距较困难的地区，其相对误差也不应大于 1/1 000。

3.3.2　水平距离测量校核案例

【例 3-1】　用 30 m 长的钢尺往返测量 A、B 两点之间的水平距离，测量结果分别为：往测 4 个整尺段，余长为 9.98 m；返测 4 个整尺段，余长为 10.02 m。计算 A、B 两点之间的水平距离及其相对误差 K。

解：
$$D_{AB}=nl+q=4\times30+9.98=129.98(\text{m})$$
$$D_{BA}=nl+q=4\times30+10.02=130.98(\text{m})$$
$$D_{av}=\frac{1}{2}(D_{AB}+D_{BA})=\frac{1}{2}\times(129.98+130.02)=130.00(\text{m})$$
$$K=\frac{|D_f-D_b|}{D_{av}}=\frac{|129.98-130.02|}{130.00}=\frac{0.04}{130.00}=\frac{1}{3\ 250}$$

任务 3.4　视野拓展

3.4.1　精密短距测量

短距测量，是指被测距离不大于整尺全长的量距工作。这在不便安置测距仪的精密工程测量中时有出现。其测量方式和成果整理方法同样适用于长距测量。

量距前首先标定被测距离的端点位置，通过端点分别划一垂直于测线的短线作为测量标志。测量组一般由 5 人组成，使用检定过的基本分划为毫米的钢尺，2 人拉尺，2 人读数，1 人指挥兼记录和读温度。测量时，一人手拉挂在钢尺零分划端的弹簧秤，另一人手拉钢尺另一端，将钢尺置于被测距离上，张紧尺子，待弹簧秤上指针指到该尺检定时的标准拉力时，两端的读尺

员同时读数，估读至 0.5 mm。每段距离要移动钢尺位置测量 3 次，移动量一般在 1 cm 以上，3 次量距较差一般不超过 3 mm。每次读数的同时，读记温度，精确至 0.5 ℃。精密量距中的量距结果需进行尺长改正、温度改正及倾斜改正，求出改正后的平距。

1. 尺长改正

钢尺在标准拉力、标准温度下的检定长度 l' 与钢尺的名义长度 l_0 一般不相等，其差数 Δl 为整尺段的尺长改正数，即

$$\Delta l = l' - l_0 \tag{3-22}$$

任一测量长度 l 的尺长改正数为

$$\Delta l_d = \frac{\Delta l}{l_0} l \tag{3-23}$$

2. 温度改正

钢尺长度受温度的影响会产生伸缩。当量距时的温度 t 与检定钢尺时的温度 t_0 不一致时，需进行温度改正，其公式为

$$\Delta l_t = \alpha(t - t_0)l \tag{3-24}$$

式中 α——钢尺的线膨胀系数。

3. 倾斜改正

如图 3-12 所示，设量得的斜距为 l，h 为 A、B 两点之间的高差，要将斜距 l 改算成平距 D，需加入倾斜改正 Δl_h，即

$$\Delta l_h = d - l = \sqrt{l^2 - h^2} - l = t\left[\left(1 - \frac{h^2}{l^2}\right)^{1/2} - 1\right]$$

将 $\left(1 - \frac{h^2}{l^2}\right)^{1/2}$ 展成级数，并顾及 h 与 l 之比值很小，则有

$$\Delta l_h = -\frac{h^2}{2l} \tag{3-25}$$

倾斜改正数永为负值。

经三项改正后的平距为

$$d = l + \Delta l_d + \Delta l_t + \Delta l_h \tag{3-26}$$

在标准拉力和标准温度下检定的钢尺，可将它的尺长改正和温度改正表示成实际长度的函数，称为尺长方程式，即

$$d = l + \Delta l_d + \alpha(t - t_0)l_0 \tag{3-27}$$

有了钢尺的尺长方程式，就可对用该钢尺测得的距离作尺长改正和温度改正计算。

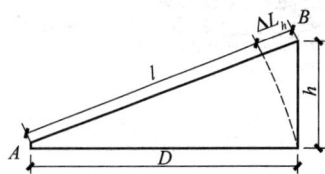

图 3-12　斜距改算平距

4. 计算案例

【例 3-2】 某尺段实测距离为 29.865 5 m，量距所用钢尺的尺长方程式为：$l = 30 + 0.005 + 0.000\ 0\ 125 \times 30(t - 20\ ℃)$m，测量时温度为 30 ℃，所测高差为 0.238 m，求水平距离。

解：方法 1：

(1)尺长改正：

$$\Delta l_d = \frac{0.005}{30} \times 29.865\ 5 = 0.005\ 0(m)$$

(2)温度改正：

$$\Delta l_t = 0.000\ 012\ 5 \times (30 - 20) \times 29.865\ 5 = 0.003\ 7(m)$$

(3)倾斜改正：

$$\Delta l_h = -\frac{0.238^2}{2 \times 29.865\ 5} = -0.000\ 9(\text{m})$$

(4)水平距离：

$$d = 29.865\ 5 + 0.005\ 0 + 0.003\ 7 - 0.000\ 9 = 29.873\ 3(\text{m})$$

方法2：

(1)由尺长方程式算出在30 ℃时整尺(30 m)经尺长温度改正后的长度：

$$l' = 30 + 0.005 + 0.000\ 012\ 5 \times 30 \times (30 - 20) = 30.008\ 8(\text{m})$$

(2)经尺长温度改正后的实测距离长度：

$$l = \frac{30.008\ 8}{30} \times 29.865\ 5 = 29.874\ 4(\text{m})$$

(3)加倾斜改正后的水平距离：

$$d = l + \Delta l_h = 29.874\ 3 - 0.000\ 9 = 29.873\ 4(\text{m})$$

3.4.2　全站仪距离测量

全站仪距离测量需要用到棱镜，常见棱镜的形式如图 3-13 所示。

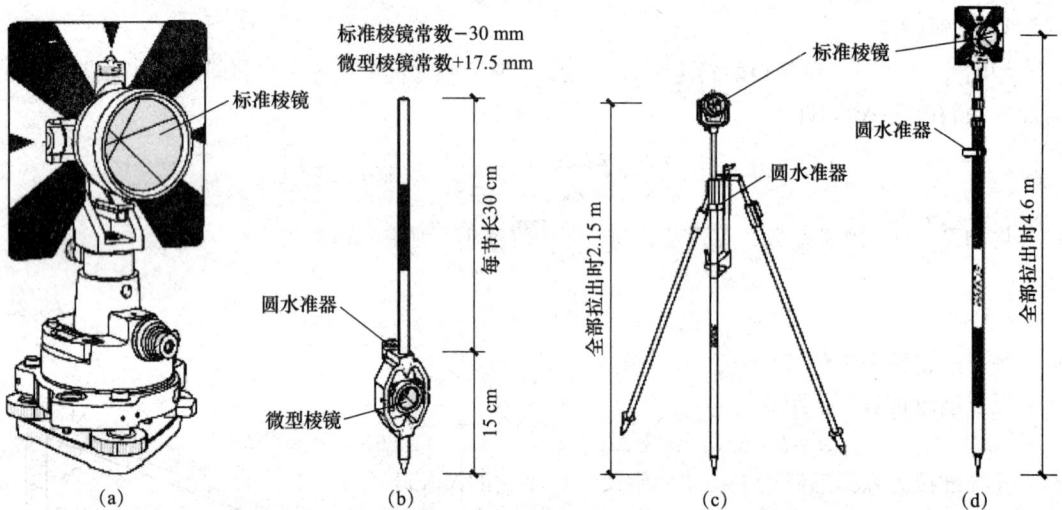

图 3-13　全站仪棱镜

(a)单棱镜与基座；(b)微型棱镜对中杆；(c)标准棱镜对中杆；(d)加长型棱镜对中杆

1. 观测前的工作

(1)安置仪器并对中、整平。在测站点(待测距离两点中任意一点)上安置仪器，完成精确对中、整平，以保证测量成果的精度。对中、整平操作前全站仪测量角度已介绍，这里不再重复。

(2)开机并进入距离测量模式。打开电源开关(POWER 键)完成开机。若全站仪为激光对中，则仪器安置好后，在对中前应先开机。如图 3-14(a)所示，仪器开机后屏幕显示角度测量模式。

要进行距离测量，需要进入距离测量模式。由图 3-14(b)可知▣为距离测量键，按下该键则进入距离测量模式。如图 3-15 所示，距离测量模式有两个界面。

"HR"表示水平角(右角)，"HD"表示水平距离，"SD"表示斜距，"VD"表示高差。

距离测量模式中各功能键的符号和含义见表 3-1。

图 3-14　全站仪开机屏幕及按键含义

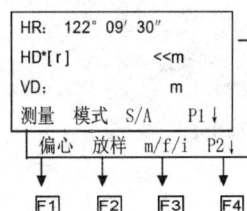

图 3-15　距离测量模式界面

表 3-1　距离测量模式中各功能键的符号和含义

页数	软键	显示符号	功能
第 1 页(P1)	F1	测量	启动距离测量
	F2	模式	设置测距模式为"精测/跟踪———"
	F3	S/A	设置温度、气压、棱镜等常数
	F4	P1↓	显示第 2 页软键功能
第 2 页(P2)	F1	偏心	偏心测量模式
	F2	放样	距离放样模式
	F3	m/f/i	设置距离单位(米/英尺/英寸)
	F4	P2↓	显示第 1 页软键功能

(3)相关参数设置。在进行距离测量前,通常需要确认大气改正设置、棱镜常数等相关设置。

1)大气改正设置。当设置大气改正时,通过测量温度和气压可求得改正值。

2)棱镜常数设置。一般棱镜的棱镜常数(PSM)为 -30,如使用其他常数的棱镜,则在使用之前应先进行修改设置完成棱镜常数设置,即使电源关闭,所设置的值也仍被保存在仪器中。

3)合作模式设置。全站仪测量的合作模式有三种,分别为棱镜模式、反射片模式及无合作模式(免棱镜模式)。一般测距模式选择棱镜模式,免棱镜模式一般用于不便立棱镜时的测量(如悬崖上的点)。

4)测量模式设置。全站仪测量距离模式一般有三种,分别为精测、跟踪测量及单次测量模式。精测用于精度要求较高的距离测量,可设置精测的次数,为多次测量取平均值;跟踪测量一般用于放样时测量;单次测量一般用于精度要求不高的碎部点采集时的测量。

2. 距离测量

完成测量前的准备,便可在另一待测点上立棱镜,全站仪瞄准棱镜中心开始距离测量。操作步骤见表 3-2。

表 3-2　距离测量步骤

操作过程	操作	显示
照准棱镜中心	照准棱镜中心	V: 　　　90° 10′ 20″ HR: 　　170° 30′ 20″ H-蜂鸣　　R/L　　竖角　　P3 ↓
按 F1 键，开始距离测量	F1	HR: 　　　170° 30′ 20″ HD*[r] 　　　　　　<<m VD: 　　　　　　　　　　m 测量　　模式　　S/A　　P1↓ HR: 　　　170° 30′ 20″ HD* 　　　　　　235.343m VD: 　　　　　　　36.551m 测量　　模式　　S/A　　P1 ↓
显示测量的距离后再次按▣键，显示变为水平角(HR)、垂直角(V)和斜距(SD)	▣	V: 　　　90° 10′ 20″ HR: 　　170° 30′ 20″ SD* 　　　　241.551m 测量　　模式　　S/A　　P1↓

3. 距离测设(放样)

在工程施工中，常进行距离测设(放样)，全站仪距离测设(放样)操作步骤见表 3-3。

表 3-3　距离测设(放样)操作步骤

操作过程	操作	显示
在距离测量模式下按 F4(↓)键，进入第 2 页	F4	HR: 　　　170° 30′ 20″ HD: 　　　　566.346 m VD: 　　　　　89.678 m 测量　　模式　　S/A　　P1↓ 偏心　　放样　　m/f/i　　P2↓

操作过程	操作	显示
按 F2(放样)键，显示上次设置的数据	F2	放样 HD：　　　　　　0.000 m 平距　　　　高差　　　　斜距
通过按 F1～F3 键选择测量模式 (F1：平距；F2：高差；F3：斜距)	F1	放样 HD：　　　　　　0.000 m 输入　　　---　　---　　回车
输入放样距离 350 m	F1 输入"350" F4	放样 HD：　　　　　350.000 m 输入　　　---　　---　　回车
照准目标棱镜，测量开始，显示出测量距离与放样距离之差	照准目标棱镜	HR：　　120°　30′　20″ dHD*[r]　　　　　　<<m VD：　　　　　　　　 m 输入　　　---　　---　　回车
移动目标棱镜，直至距离差等于 0 m 为止	—	HR：　　120°　30′　20″ dHd*[r]　　　　25.668 m VD：　　　　　　2.876 m 测量　　模式　　S/A　　P1↓

水平距离测量项目技能训练引导文

一、情境描述

在建筑工程施工测量中，距离测量为常见的测量内容。需根据现场条件选择合适的测量工具进行距离测量。

二、培养目标

(1)知识目标。

1)理解距离的含义。

2)清楚距离测量的作用。

3)掌握距离的观测方法(熟练掌握钢尺量距及全站仪测距,了解视距测距)。

(2)技能目标。

1)能熟练运用钢卷量距及全站仪测距。

2)能使用经纬仪完成低精度的视距测距。

3)能根据工程实际选择合适的距离测量方法。

4)能熟练运用办公软件及 CAD 软件编制测量方案,处理测量数据。

(3)素质目标。

1)养成踏实、严谨的工作作风。

2)养成爱护测量仪器、工具的良好习惯。

3)养成事后检查校正的工作习惯。

三、工作过程

本情境的学习依照工作六步法完成。

1. 距离测量资讯

(1)距离测量任务背景。如图 3-16 所示,要在某道路边修建一栋建筑,要求建筑的外边线与道路中心线成 30°角,且建筑物的右下角点 m 距 B 点 25 m。根据角度及距离要求,在现场定出 m 的位置。

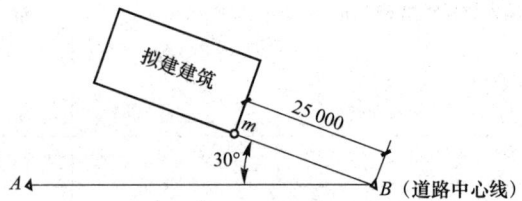

图 3-16　距离测量任务实例

(2)距离测量任务单(表 3-4)。

表 3-4　距离测量任务单

任务名称	距离测量
工作对象	地面点及水平距离
工作内容	距离的测定及测设如图 3-17 和图 3-18 所示。 距离测定:测量前一项目(角度测量项目)布置的闭合图形相邻两点的水平距离。 距离测设:在现场自行确定起始方向,并假定待测方向与已知方向的水平夹角,由假定的水平夹角及起始方向先定出待测方向,然后沿完成的测设方向测设水平距离(自行假定)
工作要求	在实际测量中,必须采用满足现场条件及精度要求的方法完成距离测量工作。距离测定采用全站仪往返测量,往返所测距离较差限差为±5 mm。距离测设先采用全站仪测设角度,然后再用钢尺在测设的角度方向上测设水平距离,要求测设距离与设计距离差值不大于±5 mm
任务要求	编制距离测量的具体操作方案,明确数据的计算及校核方法,准备好测量仪器及数据记录计算表,现场施测,检测测量结果,提交测量成果报告
工作思路	清楚距离测量的要求,在现场了解实际情况,根据资讯所获取的信息制定距离测量的具体操作方案,然后实施,最后进行检测、总结,整理成果报告

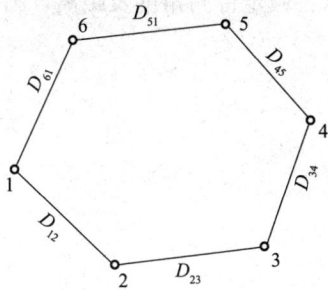

图 3-17　距离测定任务示例　　　　图 3-18　距离测设任务示例

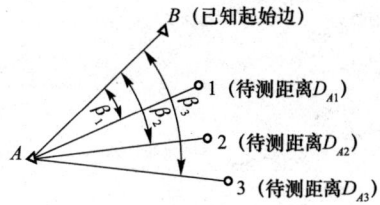

(3)距离测量咨询单。

1)_____称为水平距离。

2)测量水平距离的意义：_____

_____。

3)测量水平距离的方法有_____。

4)钢尺量距时应注意：_____。

5)平量法的计算公式为_____，斜量法的计算公式为_____，

往返测量距离的平均值为_____，相对误差的计算公式为_____。

2. 距离测量计划(测量方案编制)

(1)距离测定。

1)本次距离测量的具体内容是(在下面空白处绘图说明)：

2)本次现场测定距离的方法为_____。

3)距离测定具体实施步骤(要求：采用往返测量完成测站校核)。

(2)距离测设。本次距离测设的具体实施步骤(要求:假定待测角度及距离,画图说明实施方案)。

3. 距离测量决策

(1)距离测量方案决策单(表 3-5)。

表 3-5　距离测量方案决策单

方案决策				
序号	方案内容	方案优点	方案缺点	备注
一	距离测定			
1	测量路线布置			
2	测量方法及程序			
3	校核方法			
二	距离测设			
1	测设数据计算			
2	测设操作步骤			
论证:				

组长签字:　　　　　　　　　教师签字:　　　　　　　　　日期:

(2)距离测量工具仪器单(表 3-6)。

表 3-6　距离测量工具仪器单

序号	仪器名称	型号	数量	备注
1				
2				
3				
4				

4. 距离测量实施

距离测量实施单见表3-7。

表 3-7　距离测量实施单

序号	任务	主要步骤要点（按方案梳理填写）
1	测定	
2		
3		
4		
5	测设	
6		
7		
组长签字：	教师签字：	日期：

5. 距离测量检查

距离测量检查单见表3-8。

表 3-8　距离测量检查单

序号	检测项目	检测具体内容	检测结果	备注
一	距离测定			
1	测站校核	各测站距离较差是否满足要求		每测站检查完成后才开始下一测站的测量工作
2	计算校核	数据的计算是否有错		
二	距离测设			
1	计算校核	测设数据计算过程及结果是否正确		
2	测设结果校核	实测已放样方向间夹角与理论夹角偏差、实测距离与设计距离偏差		
评价：				
组长签字：		教师签字：		日期：

6. 距离测量评价

(1)距离测量成果评价单(表 3-9)。

表 3-9　距离测量成果评价单

序号	检测项目	检测结果	评分标准	分值
1	测量现场整洁		测量仪器摆放规整,仪器打开后盖子关好,放回箱中前所有制动打开,现场不留垃圾(满分 10 分)	
2	测量仪器摆放规整,无损坏		按要求借、还仪器,并按要求归放至实训室指定位置,仪器完好无损(满分 20 分)	
3	小组测量成果		测量成果按时提交,内容完整,格式编排满足要求,测量精度满足要求(满分 50 分)	
4	小组互评		简介本组测量方案、测量成果、测量中遇到的问题、体会,表述清晰、生动(满分 20 分)	
5	总分			

总结(测量过程中存在的问题,提出改进措施):

组长签字:　　　　　　　　教师签字:　　　　　　　　日期:

(2)距离测量学生自评表(表 3-10)。

表 3-10 距离测量学生自评表

任务名称	距离测量					
问题		评价				
		极不满意	不满意	一般	满意	非常满意
		5	10	15	18	20
1. 我清楚本项目的测量内容及思路						
2. 我能够积极主动地查阅资料						
3. 我能够对我的组员提出解决问题的答案做出贡献						
4. 我与组员共同完成任务						
5. 我能够将自己查阅的资料分享给他人						
项目总分						
对该教学内容及方法的意见和建议:						

注:1. 请根据自己在小组完成任务过程中的表现和贡献对自己进行评价,并在相应栏目内画"√";
　　2. 若对任务的设置,教师引导任务完成的方式、方法有好的建议或意见,请填写在"对该教学内容及方法的意见和建议"栏中。

(3)距离测量教师评价表(表 3-11)。

表 3-11 距离测量教师评价表

项目名称	距离测量			
学生姓名	技能检测	积极参与小组任务	能按时完成任务	总分
	30	50	20	

注:根据学生在小组完成项目过程中的表现和贡献对其进行评价。

(4)距离测量任务评价总表(表 3-12)。

表 3-12 距离测量任务评价总表

姓名	学号	组别	成果评价(0.5)	学生自评(0.1)	教师评价(0.2)	考勤(0.2)	总分

注:考勤满分 100 分,请假 1 节扣 5 分,迟到或早退 1 次扣 5 分,旷课 1 节扣 10 分,旷课 4 学时本任务没有考勤分。

(5)距离测量上交成果表(表3-13)。

表3-13 距离测量上交成果表

任务名称			距离测量		
个人成果		完成时间	要求		编写、整理人
名称	编号				
距离测量仪器的认识	3.1	资讯	以测量的数据为案例,总结距离测量仪器的使用方法和步骤		个人
距离测量方案	3.2	计划、决策	按距离测量方案的步骤要求编写,要求有图表及简要的文字叙述		
距离测量项目总结	3.3	实施	字数不少于500字,内容包括:个人参与完成的工作,对距离测量项目的认识、理解及个人经验		
距离测量个人自评表、教师评价表、距离测量评价总表	3.4、3.5、3.6	评价	个人自评需按实打分,教师评价及任务总评价由老师完成,个人自己整理		
小组成果		完成时间	要求		编写、整理人
名称	编号				
距离测量任务书	3.1	资讯	任务书采用"距离测量任务单",另需附上本组任务图		任务组长
距离测量决策单	3.2	计划、决策	按距离测量决策单的标准进行评价,填写好决策单		小组常任组长
距离测量方案	3.3		按距离测量方案要求完成		任务组长
距离测量实施单	3.4		按距离测量实施单的格式,依照测量方案简要写出完成任务的主要步骤		任务组长
距离测量成果报告	3.5	实施	包括外业获得的测量数据及内业处理后的最终成果,以图表的形式提交		任务组长及技术负责人
距离测检查表	3.6		依照距离测量检查单对测量成果作检查、评价		任务组长
距离测量成果评价单	3.7		按距离测量成果评价单填写		任务组长
距离测量汇报	3.8	评价	汇报内容不少于500字,内容包括:小组方案简介、测量成果展示、任务完成后的心得体会		本任务组长及下一任务组长

注:个人成果在教材上完成,小组成果采用电子版提交。

水平距离测量项目工作过程核心知识梳理

教学情境	距离测量		
工作过程	资讯		
教学方法	引导文法、讨论法、讲授法	学时	2
相关核心知识	1. 测量要素：水平距离 水平距离 —作用→ 点的平面位置 ↓ 确定 两点间距离在大地水准面上的投影长度 2. 距离测量仪器、工具 (1)钢尺量距：钢尺、线坠、测杆、经纬仪。 (2)视距测距：经纬仪或水准仪。 (3)光电测距：光电测距仪、全站仪。		
工作过程	计划、决策		
教学方法	引导文法、讨论法、讲授法	学时	2
相关核心知识	1. 测量方法 (1)地面不平时的测距方法：平量法或几何关系法。 (2)待测距离过长时的测距方法：先用测杆或经纬仪(全站仪)进行直线定线，对待测距离分段，然后分段测距求和。 2. 距离校核 往返测量，求平均值，计算相对误差： $$K=\frac{|D_f-D_b|}{D_{av}}=\frac{1}{\dfrac{D_{av}}{|D_f-D_b|}}$$ 在平坦地区，钢尺量距的相对误差一般不应大于1/3 000；在量距较困难的地区，其相对误差也不应大于1/1 000		

项目4 点的平面位置测量

任务 4.1 确定点的平面位置

4.1.1 点的平面位置表示方法

要确定空间中一个点的位置，需要明确其竖向位置与平面位置。

如图 4-1(a)所示，在笛卡儿平面直角坐标系中，任意一个点都有其对应的平面坐标，即一个点的平面位置可用其平面坐标来表示。在工程测量中，也可用平面直角坐标系中的平面坐标来表示点的平面位置。

1. 独立测区的平面直角坐标系

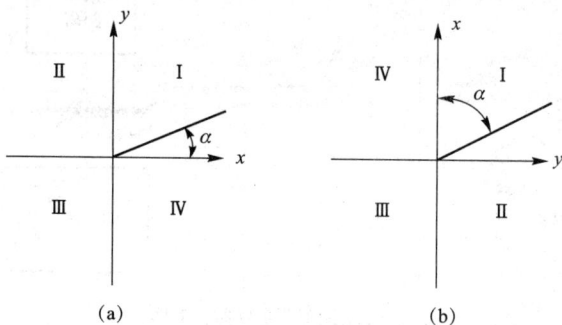

图 4-1 笛卡儿平面直角坐标系与测量平面直角坐标系

《城市测量规范》(CJJ/T 8—2011)规定，面积小于 25 km² 的城镇，可以将水平面作为投影面，地面点在水平面上的投影位置可以用平面直角坐标表示。如果坐标系的原点是任意假设的，则称为独立的平面直角坐标系。

如图 4-1(b)所示，在独立的平面直角坐标系中，规定南北方向为纵坐标轴，记作 x 轴，x 轴向北为正，向南为负；以东西方向为横坐标轴，记作 y 轴，y 轴以向东为正，向西为负。象限次序按顺时针方向排列，如图 4-1 所示。这样编号是为了在测量计算中直接应用数学公式，而不需要作任何变换。为了避免测区内各点的坐标出现负值，通常将坐标原点 O 选择在测区的西南角上，使地面各点都投影于第一象限内。

独立的平面直角坐标系与数学中的笛卡儿平面直角坐标系相似，要注意它们在坐标轴及象限编号顺序等方面的区别。上面所述的平面直角坐标系是当测区的范围较小，能够忽略该区地球曲率的影响而将其当作平面看待时，在此平面上建立独立的直角坐标系。对于大范围来说，不能将地面看成平面。

小区域的平面直角坐标系与本地区统一坐标系没有必然的联系，所以称为独立的平面直角坐标系，也称为假定平面直角坐标系。如有必要，可通过与国家坐标系联测而将其纳入统一坐标系。

2. 高斯平面直角坐标系

当测区范围较大时，要建立平面坐标系，就不能忽略地球曲率的影响，为了解决球面与平面这对矛盾，必须采用地图投影的方法将球面上的大地坐标转换为平面直角坐标。

(1)高斯投影。目前我国采用的是高斯投影，高斯投影是由德国数学家、测量学家高斯提出的一种横轴等角切椭圆柱投影，该投影解决了将椭球面转换为平面的问题。从几何意义上看，就是假设一个椭圆柱横套在地球椭球体外并与椭球面上的某一条子午线相切，这条相切的子午线称为中央子午线。假想在椭球体中心放置一个光源，通过光线将椭球面上一定范围内的物象映射到椭圆柱的内表面上，然后将椭圆面沿一条母线剪开并展成平面，即获得投影后的平面图形，如图 4-2 所示。

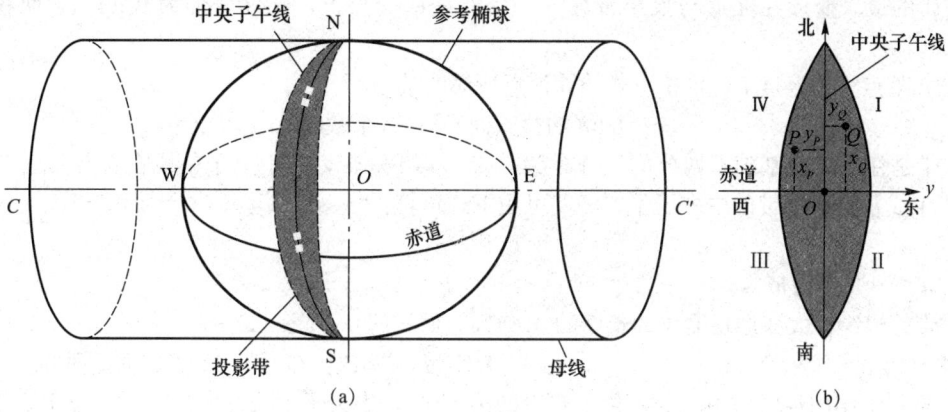

图 4-2 高斯投影

由图 4-2(b)可以看出，该投影的经纬线图形有以下特点：

1）投影后的中央子午线为直线，无长度变化。其余的经线投影为凹向中央子午线的对称曲线，长度较球面上的相应经线略长。

2）赤道的投影也为一直线，并与中央子午线正交。其余的纬线投影为凸向赤道的对称曲线。

3）经纬线投影后仍然保持相互垂直的关系，说明投影后的角度无变形。

高斯投影没有角度变形，但有长度变形和面积变形，距离中央子午线越远，变形就越大，为了对变形加以控制，测量中采用限制投影区域的办法，即将投影区域限制在中央子午线两侧一定的范围内，这就是所谓的分带投影，如图 4-3 所示。投影带一般可分为 6°带和 3°带两种，如图 4-4 所示。

图 4-3 分带投影

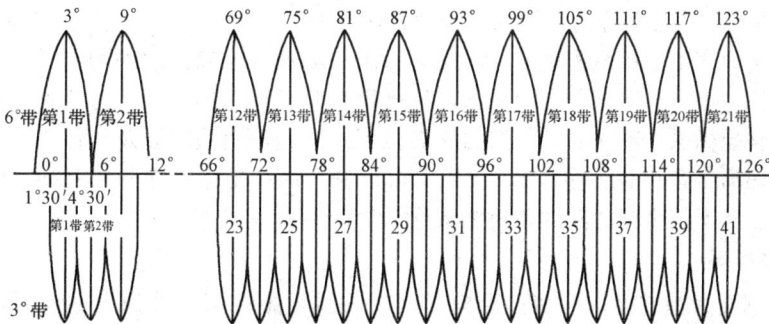

图 4-4 6°带和 3°带投影

6°带是从英国格林尼治起始子午线开始，自西向东，每隔经差6°分为一带，将地球分成60个带，其编号分别为1、2、…、60。每带的中央子午线经度可用下式计算：

$$L_6 = (6n - 3)° \tag{4-1}$$

式中　n——6°带的带号。

6°带的最大变形在赤道与投影带最外一条经线的交点上，长度变形为0.14%，面积变形为0.27%。

已知某点大地经度L，可按下式计算该点所属的带号：

$$n = L/6(的整数商) + 1(有余数时) \tag{4-2}$$

3°带是在6°带的基础上划分的。每3°为一带，共120带，其中央子午线在奇数带时与6°带中央子午线重合，每带的中央子午线经度可用下式计算：

$$L_3 = 3°n' \tag{4-3}$$

式中　n'——3°带的带号。

3°带的边缘最大变形现缩小为长度的0.04%、面积的0.14%。

我国领土位于东经72°~136°，共包括11个6°带，即13~23带；22个3°带，即24~45带。例如，贵州贵阳的经度为106.6°，位于6°带的第18带，中央子午线经度为105°，位于3°带的第36带，中央子午线经度为108°。

(2)高斯平面直角坐标系的建立。通过高斯投影，将中央子午线的投影作为纵坐标轴，用x表示，将赤道的投影作为横坐标轴，用y表示，两轴的交点作为坐标原点，由此构成的平面直角坐标系称为高斯平面直角坐标系，如图4-5所示。对应于每一个投影带，就有一个独立的高斯平面直角坐标系，区分各带坐标系则利用相应投影带的带号。

在每一投影带内，y坐标值有正有负，这对计算和使用均不方便，为了使y坐标都为正值，故将纵坐标轴向西平移500 km(半个投影带的最大宽度不超过500 km)，并在y坐标前加上投影带的带号。如图4-5中的A点位于18°带，其自然坐标$x = 3\ 395\ 451$ m，$y = -82\ 261$ m，它在18°带中的高斯通用坐标$x = 3\ 395\ 451$ m，$y = 18\ 417\ 739$ m。

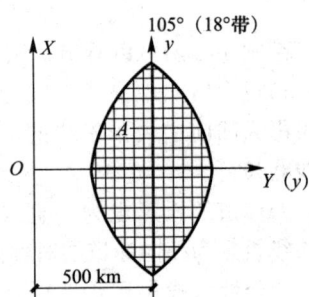

图4-5　高斯平面直角坐标

3. 建筑平面直角坐标系

在建筑工程中，为了便于对建(构)筑物平面位置进行施工放样，将原点设在建(构)筑物两条主轴线(或其平行线)的交点上，并以其中一条主轴线作为纵轴，顺时针旋转90°作为横轴，这样建立的一个平面直角坐标系称为建筑平面直角坐标系。

利用建筑平面直角坐标系测量前，需要先将施工场地内已知控制点的绝对平面坐标转换成假定的建筑坐标。建筑平面直角坐标系和高斯平面直角坐标系的互换：这两种坐标系的相同点是二者都是直角坐标系，不同的是它们的原点位置不同(有平移)，以及坐标轴之间存在一个夹角(有旋转)，根据二者间的平移与旋转关系，可以进行两种坐标系之间的互换。建筑平面直角坐标的建立方法及不同坐标之间的转换在项目5中有介绍。

4. 大地坐标系

以参考椭球面为基准面，地面点沿椭球面的法线投影在该基准面上的位置，称为该点的大地坐标。该坐标用大地经度和大地纬度表示。地面上某P点的大地子午面与起始大地子午面所夹的两面角就称为P点的大地经度，用L表示，其值可分为东经0°~180°和西经0°~180°。过点P的法线与椭球赤道面所夹的线面角就称为P点的大地纬度，用B表示，其值可分为北纬 0°～90°和南纬 0°～90°。

我国的 1954 年北京坐标系和 1980 年国家大地坐标系就是分别依据两个不同的椭球建立的大地坐标系。2008 年 7 月 1 日，我国启用 2000 年国家大地坐标系（China Geodetic Coordinate System 2000）。

2000 年国家大地坐标系采用广义相对论意义下的尺度，是全球地心坐标系在我国的具体体现，其原点为包括海洋和大气的整个地球的质量中心，z 轴由原点指向历元 2 000 的地球参考极的方向，该历元的指向由国际时间局给定的历元为 1984 的初始指向推算，定向的时间演化保证相对于地壳不产生残余的全球旋转，x 轴由原点指向格林尼治参考子午线与地球赤道面（历元2000）的交点，y 轴与 z 轴、x 轴构成右手正交坐标系。我国北斗卫星导航定位系统即使用该坐标系。

4.1.2 两点间平面位置关系

不同两点的连线，它们的方向可能是不一样的，由此可知，两点连线的方向是两点之间平面位置关系的一个要素。

1. 两点连线方向——坐标方位角

要表示两点连线的方向，须用一个可测量的量来表示。一般情况下方向都是用角度来表示，而角度须是两个方向的夹角。也就是说，两点连线的方向用角度来表示时还必须有一个参考方向（标准方向）。

（1）坐标方位角的定义。在平面直角坐标系中，一般以坐标轴的 x 轴方向（也即正北方向）作为统一的参考方向。过两点中一端点的正北方向顺时针转到两点连线所形成的水平夹角称为坐标方位角。

如图 4-6 所示，A、B 两点连线的坐标方位角有两个，过 A 端点的坐标方位角记为 α_{AB}，过 B 端点的坐标方位角记为 α_{BA}，二者称为直线的正、反坐标方位角。从图 4-6 可以看出，一条直线的正、反坐标方位角相差 180°，即

$$\alpha_{AB} = \alpha_{BA} \pm 180° \tag{4-4}$$

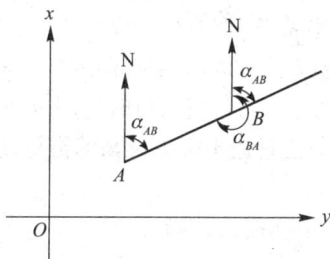

图 4-6 直线的正、反坐标方位角

实际上，标准方向除坐标纵轴（x 轴）外还有真子午线方向、磁子午线方向，对应的方位角分别称为真方位角（用 A 表示）、磁方位角（用 A_m 表示）。因地面上各点的真北（或磁北方向）之间互不平行，直线的正、反真（磁）方位角并不刚好相差 180°，用真（磁）方位角表示直线方向会给方位角的推算带来不便，所以一般在测量工作中常采用坐标方位角来表示直线的方向。

（2）坐标方位角的推算。磁方位角可用罗盘仪或手机的电子罗盘测定，在实际测量工作中，并不直接测定每条直线的坐标方位角，而是通过与已知坐标方位角的直线联测后，由相邻边所成的水平夹角推算出直线的坐标方位角。

在推算时，水平角 β 有左角和右角之分，在推算路线前进方向右侧的水平角为右角，在推算路线前进方向左侧的水平角为左角。如图 4-7 所示，已知直线 AB 的坐标方位角 α_{AB}，各转折

角为左角。

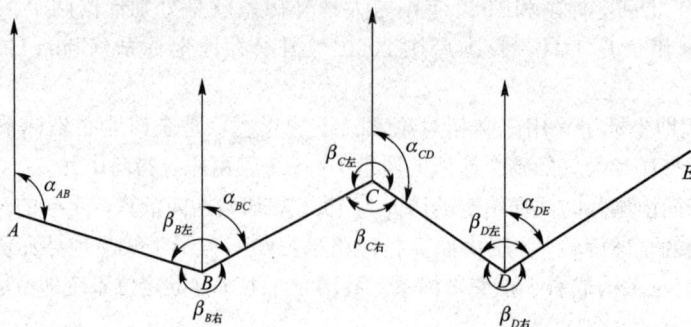

图4-7　坐标方位角的推算

从图4-7可以看出：

$$\alpha_{BC} = \alpha_{AB} + \beta_{B左} - 180°$$

同理有

$$\alpha_{CD} = \alpha_{BC} + \beta_{C左} - 180°$$

$$\alpha_{DE} = \alpha_{CD} + \beta_{D左} - 180°$$

由上可归纳出，按推算线路前进方向，根据后一边的已知方位角和左角推算线路前一边的坐标方位角的一般计算公式为

$$\alpha_{前} = \alpha_{后} + \beta_{左} - 180° \tag{4-5}$$

根据左、右角之间的关系，将$\beta_{左} = 360° - \beta_{右}$代入式(4-5)，则有

$$\alpha_{前} = \alpha_{后} - \beta_{右} + 180° \tag{4-6}$$

综合式(4-5)和式(4-6)可得

$$\alpha_{前} = \alpha_{后} \pm \beta \pm 180° \tag{4-7}$$

式中，β前"±"的取法为：当β为左角时取"+"，为右角时取"−"，即加左减右；180°前"±"的取法为：当$\alpha_{后} \pm \beta < 180°$时取"+"，当$\alpha_{后} \pm \beta > 180°$时取"−"。

事实上，根据坐标方位角的范围0°~360°，180°前的"±"可任意取"+"或"−"，当计算的角值$\alpha_{前} > 360°$时，则应减360°时；当计算的角值为负时，则应加360°。

(3)任意边坐标方位角的推算。任意边坐标方位角的推算就是由已知边的坐标方位角推算前进方向上某一边的坐标方位角。

将已知边看作始边，所求的边看作终边，则有

$$\alpha_{终} = \alpha_{始} \pm \sum \beta \pm n \times 180° \tag{4-8}$$

式中，$\sum \beta$前"±"的取法为：β为左角时取"+"，β为右角时取"−"；n为转折角的个数，$n \times 180°$前"±"的取法为：$\sum \beta$前取"+"时取"−"(即β为左角时取"−")，$\sum \beta$前取"−"时取"+"(即β为右角时取"+")。

想一想：要测量地面两点连线的坐标方位角需用什么仪器实施？具体该如何完成？

2. 两点连线的水平距离

前面所述的方位角确定了两点连线所在的方向，但与某一点连线为同一方位角的点有无数个，要唯一确定一个点的平面位置，还需要明确在该方向上两点的水平距离。因此，两点之间的位置关系参量除坐标方位角外，还有两点之间的水平距离。两点之间的水平距离的测量前面已经学习过，这里不再重复。

任务 4.2 点的平面位置测量

4.2.1 点的平面位置测定

在实际工程中，确定地面点的平面坐标的工作称为点的平面位置测定。通过项目 1 的学习可以知道：要确定地面上某点的高程值，并不是直接测量该点到大地水准面的铅垂距离，而是通过测量该点与一已知高程点间的竖向高差，进而推算出待测点的高程。同理，测定地面点的平面坐标，也是通过测量待测点与已知坐标点间的平面位置关系，进而推算出该待测点的平面坐标。下面介绍两点之间平面位置关系与坐标之间的推算方法。

4.2.1.1 坐标正、反算

1. 坐标正算

根据已知点的坐标、已知点与待测点的水平距离及已知点与待测点连线的坐标方位角，计算待测点的坐标，称为坐标正算。

如图 4-8 所示，A 点的坐标 (x_A, y_A) 为已知，测得直线 A、B 的水平距离 D_{AB} 和坐标方位角 α_{AB}，则未知点 B 的坐标为

$$\left. \begin{array}{l} x_B = x_A + \Delta x_{AB} \\ y_B = y_A + \Delta y_{AB} \end{array} \right\} \tag{4-9}$$

式中，Δx_{AB}、Δy_{AB} 称为坐标增量，也即直线两端点 A、B 的纵、横坐标值之差。在图 4-8 中，根据三角原理，可得坐标增量的计算公式为

$$\left. \begin{array}{l} \Delta x_{AB} = x_B - x_A = D_{AB} \cos\alpha_{AB} \\ \Delta y_{AB} = y_B - y_A = D_{AB} \sin\alpha_{AB} \end{array} \right\} \tag{4-10}$$

由式(4-9)和式(4-10)可得

$$\left. \begin{array}{l} x_B = x_A + \Delta x_{AB} = x_A + D_{AB} \cos\alpha_{AB} \\ y_B = y_A + \Delta y_{AB} = y_A + D_{AB} \sin\alpha_{AB} \end{array} \right\} \tag{4-11}$$

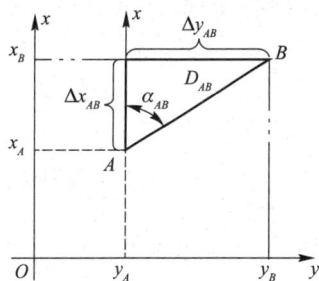

图 4-8 坐标正算

2. 坐标反算

根据两个已知的坐标求算两点之间的水平距离和两点连线的坐标方位角，称为坐标反算。

如图 4-8 所示，设 A、B 为两已知点，其坐标分别为 $A(x_A, y_A)$、$B(x_B, y_B)$。根据三角形原理，可得 A、B 两点的水平距离及所连直线的坐标方位角的计算公式如下：

$$D_{AB} = \sqrt{\Delta x_{ab}^2 + \Delta y_{AB}^2} = \sqrt{(x_B - x_A)^2 + (y_B - y_A)^2} \tag{4-12}$$

$$\alpha_{AB} = \arctan \frac{\Delta y_{AB}}{\Delta x_{AB}} = \arctan \frac{y_B - y_A}{x_B - x_A} \tag{4-13}$$

应该注意，坐标方位角的角值范围为 $0° \sim 360°$，而根据式(4-13)使用计算器计算反三角函数的角值范围为 $-90° \sim 90°$，两者是不一致的，可根据坐标增量 Δx_{AB}、Δy_{AB} 的正负画图确定其坐标方位角。

如果先计算出坐标方位角，还可按下式计算水平距离 D_{AB}：

$$D_{AB} = \frac{\Delta y_{AB}}{\sin\alpha_{AB}} = \frac{\Delta x_{AB}}{\cos\alpha_{AB}} \tag{4-14}$$

在导线与已知高级控制点联测时，一般应利用高级控制点的坐标，反算出高级控制点之间

的坐标方位角或边长，作为导线的起算数据与校核参量；另外，在施工放样前，也要利用坐标反算求出放样数据。

想一想：要确定地面上某点的平面坐标，应测量哪些量？如何实施？

4.2.1.2 点的平面坐标测定

点的平面坐标测定方法很多，在实际测量中要根据实际情况选择。

1. 极坐标法(导线法)

如图 4-9 所示，点 A、B 为已知点，坐标分别为 $A(x_A, y_A)$、$B(x_B, y_B)$，点 C 为待测点。通过观测水平角 α(左角或右角)及已知点 A 与待测点 C 之间的距离 D_{AC}，计算待测点 C 坐标的方法称为极坐标法(导线法)。用该方法计算待测点平面坐标的步骤如下：

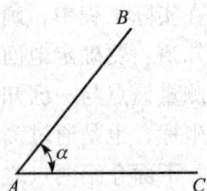

(1)计算已知点连线的坐标方位角(α_{AB})。由前面的坐标反算知识可得

图 4-9　极坐标法定点

$$\alpha_{AB} = \arctan \frac{\Delta y_{AB}}{\Delta x_{AB}} = \arctan \frac{y_B - y_A}{x_B - x_A} \tag{4-15}$$

(2)计算已知点与待测点连线的坐标方位角(α_{AC})。

当为左角时：

$$\alpha_{AC} = \alpha_{AB} - \alpha \tag{4-16}$$

当为右角时：

$$\alpha_{AC} = \alpha_{AB} + \alpha \tag{4-17}$$

(3)计算待测点的坐标。由坐标正算知识可得未知点(点 C)坐标为

$$\left. \begin{array}{l} X_C = X_A + \Delta X_{AC} = X_A + D_{AC} \cos\alpha_{AC} \\ Y_C = Y_A + \Delta Y_{AC} = Y_A + D_{AC} \sin\alpha_{AC} \end{array} \right\} \tag{4-18}$$

2. 角度交会法

角度交会法又可分为前方交会法、侧方交会法和后方交会法。这里介绍前方交会法。

如图 4-10 所示，点 A、B 为两相邻已知点，坐标分别为 $A(x_A, y_A)$、$B(x_B, y_B)$，点 C 为待测点。通过观测角 α 和角 β，计算待测点 C 的平面坐标的方法称为前方交会法。用该方法计算待测点平面坐标的步骤如下：

(1)计算两已知点之间的距离及其坐标方位角。根据坐标反算知识有

$$D_{AB} = \sqrt{(X_B - X_A)^2 + (Y_B - Y_A)^2} \tag{4-19}$$

$$\alpha_{AB} = \arctan \frac{Y_B - Y_A}{X_B - X_A} \tag{4-20}$$

(2)计算待定边边长和已知点与待测点连线的坐标方位角，由正弦定理有

$$D_{AC} = \frac{D_{AB} \sin\beta}{\sin(\alpha + \beta)} \tag{4-21}$$

$$D_{BC} = \frac{D_{AB} \sin\alpha}{\sin(\alpha + \beta)} \tag{4-22}$$

坐标方位角按下式计算：

$$\alpha_{AC} = \alpha_{AB} - \alpha \tag{4-23}$$

$$\alpha_{BC} = \alpha_{AB} + \beta \tag{4-24}$$

(3)计算待测点坐标。按照坐标正算法，由已算得的待定边边长及相应的坐标方位角，分别从已知点 A 和 B 计算待测点 C 的坐标：

$$X_C = X_A + \Delta X_{AC} = X_A + D_{AC}\cos\alpha_{AC} \left.\vphantom{\begin{matrix}a\\b\end{matrix}}\right\} \tag{4-25}$$
$$Y_C = Y_A + \Delta Y_{AC} = Y_A + D_{AC}\sin\alpha_{AC}$$

$$X_C = X_B + \Delta X_{BC} = X_B + D_{BC}\cos\alpha_{BC} \left.\vphantom{\begin{matrix}a\\b\end{matrix}}\right\} \tag{4-26}$$
$$Y_C = Y_B + \Delta Y_{BC} = Y_B + D_{BC}\sin\alpha_{BC}$$

以上两组坐标可相互检核，经过化算可以直接得到计算待测点 C 的坐标公式。其计算公式如下：

$$X_C = \frac{(Y_A - Y_B) + X_A \cdot \cot\beta + X_B \cdot \cot\alpha}{\cot\alpha + \cot\beta} \tag{4-27}$$

$$Y_C = \frac{(X_A - X_B) + Y_A \cdot \cot\beta + Y_B \cdot \cot\alpha}{\cot\alpha + \cot\beta} \tag{4-28}$$

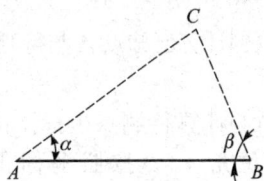

图 4-10　角度交会法定点

3. 距离交会法

如图 4-11 所示，点 A、B 为两已知点，坐标分别为 $A(x_A, y_A)$、$B(x_B, y_B)$，点 C 为待测点。通过观测两已知点与待测点之间的距离 D_{AC} 与 D_{BC}，计算待测点 C 的坐标的方法称为距离交会法。用该方法计算待测点平面坐标的步骤如下：

(1)计算两已知点之间的距离及其坐标方位角。根据坐标反算知识有

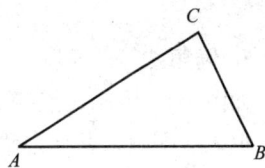

图 4-11　距离交会法定点

$$D_{AB} = \sqrt{(X_B - X_A)^2 + (Y_B - Y_A)^2} \tag{4-29}$$

$$\alpha_{AB} = \arctan\frac{Y_B - Y_A}{X_B - X_A} \tag{4-30}$$

(2)计算以两已知点为顶点的角值（$\angle A$ 或 $\angle B$）。根据余弦定理有

$$\angle A = \arccos\frac{D_{AC}^2 + D_{AB}^2 - D_{BC}^2}{2D_{AC}D_{AB}} \tag{4-31}$$

$$\angle B = \arccos\frac{D_{BC}^2 + D_{BA}^2 - D_{AC}^2}{2D_{BC}D_{BA}} \tag{4-32}$$

(3)计算已知点 A 与待测点 C 连线的坐标方位角。

$$\alpha_{AC} = \alpha_{AB} - \angle A \tag{4-33}$$

$$\alpha_{BC} = \alpha_{AB} + \angle B \tag{4-34}$$

(4)计算待测点坐标。按照坐标正算法，由已观测的边长以及相应的坐标方位角，分别由已知点 A 和点 B 计算待测点 C 的坐标：

$$Y_C = Y_A + \Delta Y_{AC} = Y_A + D_{AC}\sin\alpha_{AC} \left.\vphantom{\begin{matrix}a\\b\end{matrix}}\right\} \tag{4-35}$$
$$X_C = X_A + \Delta X_{AC} = X_A + D_{AC}\cos\alpha_{AC}$$

$$X_C = X_B + \Delta X_{BC} = X_B + D_{BC}\cos\alpha_{BC} \left.\vphantom{\begin{matrix}a\\b\end{matrix}}\right\} \tag{4-36}$$
$$Y_C = Y_B + \Delta Y_{BC} = Y_B + D_{BC}\sin\alpha_{BC}$$

以上两组坐标可相互检核。

4. 支距法

如图 4-12 所示，点 A、B 为两已知点，坐标分别为 $A(x_A, y_A)$、$B(x_B, y_B)$，$CG \perp AB$，垂足为 G，点 C 为待测点。通过观测点 A 与点 G 之间的距离 D_{AG} 及点 G 与点 C 之间的距离 D_{GC}，计算待测点平面坐标的方法称为支距法。用该方法计算待测点平面坐标的步骤如下：

(1)计算 $\angle CAG$ 及已知点 A 与待测点 C 之间的距离 D_{AC}，在直角三角形 CAG 中有

$$\angle CAG = \arctan\frac{D_{CG}}{D_{AG}} \tag{4-37}$$

$$D_{AC} = \sqrt{D_{CG}^2 + D_{AG}^2} \qquad (4\text{-}38)$$

(2)计算两已知点连线的坐标方位角 α_{AB}。根据坐标反算知识有

$$\alpha_{AB} = \arctan \frac{Y_B - Y_A}{X_B - X_A} \qquad (4\text{-}39)$$

(3)计算已知点 A 与待测点 C 连线的坐标方位角 α_{AC}。

$$\alpha_{AC} = \alpha_{AB} - \angle A \qquad (4\text{-}40)$$

(4)计算待测点坐标。由前面计算的边长 D_{AC} 及坐标方位角 α_{AC}，按照坐标正算法，计算待测点 C 的坐标：

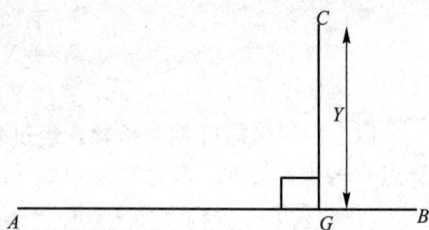

图 4-12 支距法定点

$$\left.\begin{array}{l} X_C = X_A + \Delta X_{AC} = X_A + D_{AC}\cos\alpha_{AC} \\ Y_C = Y_A + \Delta Y_{AC} = Y_A + D_{AC}\sin\alpha_{AC} \end{array}\right\} \qquad (4\text{-}41)$$

5. 偏角法

如图 4-13 所示，点 A、B 为两已知点，坐标分别为 (X_A, Y_A) 和 (X_B, Y_B)，点 C 为待测点。通过观测 $\angle A$ 和已知点 B 与待测点 C 间的距离 D_{BC}，计算待测点坐标的方法称为偏角法。用该方法计算待测点平面坐标的步骤如下：

(1)计算两已知点间的距离 D_{AB}。根据坐标反算知识有

$$D_{AB} = \sqrt{(X_B - X_A)^2 + (Y_B - Y_A)^2} \qquad (4\text{-}42)$$

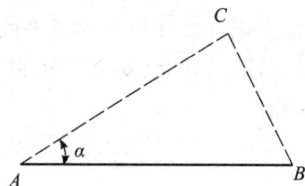

图 4-13 偏角法定点

(2)计算三角形中另外两个值（$\angle C$ 与 $\angle B$）。由正弦定理有

$$\frac{D_{AB}}{\sin C} = \frac{D_{BC}}{\sin A} \Rightarrow \angle C = \arcsin \frac{D_{AB} \times \sin A}{D_{BC}} \qquad (4\text{-}43)$$

$$\angle B = 180° - \angle A - \angle C \qquad (4\text{-}44)$$

(3)计算已知点 A 与待测点 C 之间的距离 D_{AC}。
由正弦定理有

$$\frac{D_{AC}}{\sin B} = \frac{D_{BC}}{\sin A} = \frac{D_{AB}}{\sin C} \Rightarrow D_{AC} = \frac{D_{BC}\sin B}{\sin A} = \frac{D_{AB}\sin B}{\sin C} \qquad (4\text{-}45)$$

(4)计算已知点 A 与待测点 C 连线的坐标方位角 α_{AC}。

$$\alpha_{AC} = \alpha_{AB} - \angle A \qquad (4\text{-}46)$$

(5)计算待测点坐标。由前面计算的边长 D_{AC} 及坐标方位角 $\cos\alpha_{AC}$，按照坐标正算法，计算待测点 C 的坐标：

$$\left.\begin{array}{l} X_C = X_A + \Delta X_{AC} = X_A + D_{AC}\cos\alpha_{AC} \\ Y_C = Y_A + \Delta Y_{AC} = Y_A + D_{AC}\sin\alpha_{AC} \end{array}\right\} \qquad (4\text{-}47)$$

6. 直线交会法

如图 4-14 所示，点 A、B、E 和 F 为 4 个已知点，点 C 为直线 AE 与直线 BF 的交点，由 4 个已知点推算交点 C 的坐标的方法称为直线交会法。用直线交会法计算交点 C 的过程如下：

对直线 AE：
因点 C 在直线 AE 上，由直线方程可得

$$\frac{X_E - X_A}{Y_E - Y_A} = \frac{X_C - X_A}{Y_C - Y_A} \qquad (4\text{-}48)$$

同理，对直线 CF 有

$$\frac{X_B - X_F}{Y_B - Y_F} = \frac{X_C - X_F}{Y_C - Y_F} \qquad (4\text{-}49)$$

将点 A、B、E、F 四点坐标代入式(4-48)和式(4-49),得到关于点 C 坐标的两个方程,联立方程可解得点 C 的坐标。

在测量中要根据实际情况及精度要求选择合适的方法。

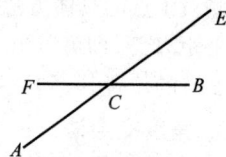

图 4-14　直线交会法定点

4.2.2　点的平面位置测设

在实际工程施工中,需要将设计施工图纸中标注的平面坐标在实地标定出坐标点对应的平面位置,由平面坐标对其实地平面位置进行定位并标记的工作称为点的平面位置测设。接下来介绍点的平面位置测设的常用方法。

1. 直角坐标法

直角坐标法是根据已知纵、横坐标之差,测设地面点的平面位置。其适用于施工控制网为建筑方格网或建筑基线的形式且量距方便的情形。如图 4-15 所示,设Ⅰ、Ⅱ、Ⅲ、Ⅳ为建筑场地的建筑方格网点,a、b、c、d 为需要测设的某厂房的 4 个角点,根据设计图上各点的坐标,可求出建筑物的长度、宽度及测设数据。现以 a 点为例,说明测设方法。

欲将 a 点测设于地面,首先根据Ⅰ点的坐标及 a 点的设计坐标算出纵、横坐标之差:

$$\Delta x = x_a - x_{\rm I} = 620.00 - 600.00 = 20.00\,({\rm m})$$
$$\Delta y = y_a - y_{\rm I} = 530.00 - 500.00 = 30.00\,({\rm m})$$

然后安置经纬仪于Ⅰ点上,瞄准Ⅳ点,沿ⅠⅣ方向测设长度 Δy(30.00 m),定出 m 点;搬仪器于 m 点,瞄准Ⅳ点,向左测设 90°角,得 ma 方向线,在该方向上测设长度 Δx(20.00 m),即得 a 点在地面上的位置。用同样的方法可测设建筑物其余各点的位置;最后,应检查建筑物的四角是否等于 90°、各边是否等于设计长度,其误差均应在限差以内。

2. 极坐标法

极坐标法是根据已知水平角度和水平距离测设点位。如图 4-16 所示,点 1、2 是建筑物轴线交点,A、B 为附近的控制点。

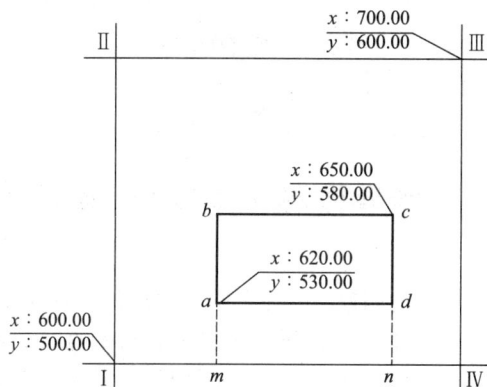

图 4-15　直角坐标法测设点的平面位置

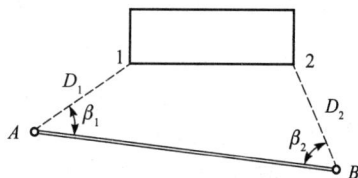

图 4-16　极坐标法

点 A、B、1、2 的坐标均为已知,欲测设 1 点的位置,测设前需根据施工控制点(已知坐标点)和测设点的坐标,按坐标反算公式求出 AB、$A1$ 方向的坐标方位角 α_{AB}、α_{A1} 和水平距离 D_1,再根据坐标方位角求出水平角 β_1。其适用于量距方便且测设点距离控制点较近的情形。

$$\alpha_{A1} = \tan^{-1}\frac{y_1 - y_A}{x_1 - x_A},\quad \alpha_{AB} = \tan^{-1}\frac{y_B - y_A}{x_B - x_A},\quad \beta_1 = \alpha_{AB} - \alpha_{A1},$$
$$D_1 = \sqrt{(x_1 - x_A)^2 + (y_1 - y_A)^2} \tag{4-50}$$

测设 1 点的具体方法是，将经纬仪安置在 A 点上，测设角 β_1，定出 A_1 方向，然后用钢尺测设水平距离 D_1 即可定出 1 点的位置。同理，先计算 2 点的测设数据 β_2 和 D_2，按照上述方法可测设 2 点的位置。

3. 角度交会法

角度交会法适用于待测点距离控制点较远或量距较困难的场合。如图 4-17 所示，点 P 为待测点，点 A、B 为已知控制点。

根据点 A、B、P 的坐标反算出测设数据 β_1 和 β_2。测设时，在 A、B 两点同时安置经纬仪，分别测设出 β_1 和 β_2，两视线方向的交点即测设点 P。为了保证交会点的精度，在实际工作中还应从第三个控制点 C 测设 β_3，定出 CP 方向线作为校核。若三方向线不交于一点，会出现一个示误三角形，当示误三角形边长在限差以内时，可取示误三角形重心作为测设点 P。两个交会方向所形成的夹角 γ_1、γ_2 应不小于 $30°$ 或不大于 $150°$。

4. 距离交会法

距离交会法适用于测设点距离两个控制点较近(一般不超过一整尺长)，且地面平坦，便于量距的情形。如图 4-18 所示，根据测设点 P_1、P_2 和控制点 A、B 的坐标，可求出测设数据 D_1、D_2、D_3、D_4。

测设时，使用两把钢尺，使钢尺的零刻划线对准 A、B 点，将钢尺拉平，分别测设水平距离 D_1、D_2，其交点即测设点 P_1，同法测设 P_2 点。为了校核，实地量测 P_1、P_2 的水平距离并与其设计长度比较，其误差应在限差以内。

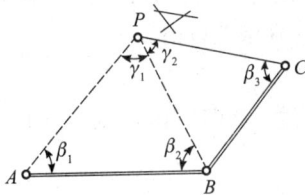

图 4-17　角度交会法　　　　图 4-18　距离交会法

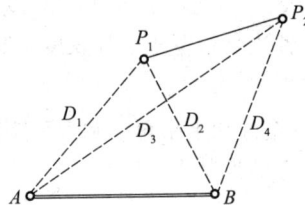

任务 4.3　点的平面位置测量校核及内业计算

当待测量的点不止一个，不能一测站完成所有点的测量时，为了限制误差传递和误差累积，提高测量精度，避免测量错误，类似于水准测量，点的平面位置测量需要将待测点布置成一定的路线，测量时按照一定的测量顺序进行测量，然后进行相关校核，以确保测量精度。这种测量方法称为导线测量。

4.3.1　导线测量外业

4.3.1.1　选择导线类型

进行导线测量前，首先要根据测区高一级控制点成果资料、现场环境及实际测量需要，选择合适的导线形式。导线布设的基本形式有闭合导线、附合导线及支导线三种。

1. 闭合导线

如图 4-19 所示，从一高级控制点（已知坐标点）A 及已知方向 BA 开始，经过各个待测导线点（点 1、2、3、4、5），最后又回到原来起始点 A，构成一闭合多边形的导线，这样的导线称为闭合导线。闭合导线有着严格的几何条件，能够对测量成果进行校核，常用于面积开阔的局部地区控制测量。

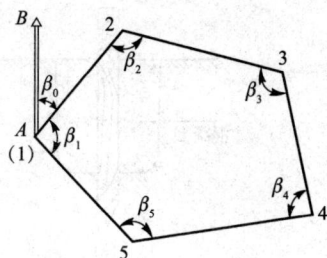

图 4-19　闭合导线

2. 附合导线

如图 4-20 所示，导线从已知控制点 B 及已知方向 AB 出发，经过待测导线点 1、2、3 后，最后附合到另一已知点 C 和已知方向 CD 上。这样的导线称为附合导线。附合导线本身的已知条件能对测量成果进行校核，常用于带状地区的控制测量。

3. 支导线

如图 4-21 所示，导线从已知控制点 A 及已知方向 BA 出发，既不附合到另一已知点，又不闭合到原来起始点。这样的导线称为支导线。由于支导线无校核条件，一般不宜采用。为了确保测量精度，支导线的边数不得超过 4 条。

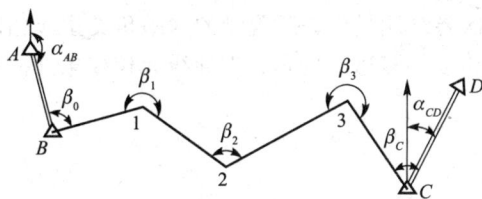

图 4-20　附合导线

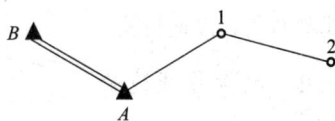

图 4-21　支导线

4.3.1.2　踏勘布点

选择了导线形式后，接下来就要在现场选择合适的位置布置导线点，即踏勘布点。导线点点位的选择必须注意以下几个方面：

(1)为了方便测角，相邻导线点间要通视良好，且视线远离障碍物，保证目标点观测清晰。

(2)采用光电测距仪测边长，导线边应远离强电磁场和发热物体，并且测量视线上下不应有树枝、电线等障碍物。四等以上的导线，视线应高于地面或障碍物 1.3 m 以上。

(3)导线点应埋在地面坚实、不易被破坏处，一般应埋设标石。

(4)导线点应有一定的密度，以便控制整个测区。

(5)导线边长要大致相等，不能相差过大。一般情况下，导线边长应不大于 350 m，也不宜小于 50 m。

导线点选定以后，需要建立标志。在泥土地面上，要在点位上打下一木桩，桩顶上钉一小钉作为临时标志，如图 4-22(a)所示。在碎石和沥青路面上，可用顶上有十字纹的大铁钉替代木桩。在混凝土场地和路面上，可用钢凿凿一个十字纹，再涂上红油漆使标志明显。若导线点需要长期保存，则在选定的点位上埋设混凝土导线标石，如图 4-22(b)所示，顶面中心浇筑短钢筋，顶面凿一十字纹，作为导线点标志。

导线点应分等级统一编号，以便测量资料的管理。导线点埋设后，为了便于观测和使用寻找，在点附近的房角等明显地物上用红油漆标明指示导线点的位置。对于每一个导线点的位置，还应画一草图，量出导线点与附近明显地物点的距离（称为"撑距"），注明在图上，并写上地名、路名、导线点编号等。该图称为控制点的"点之记"，如图 4-22(c)所示。

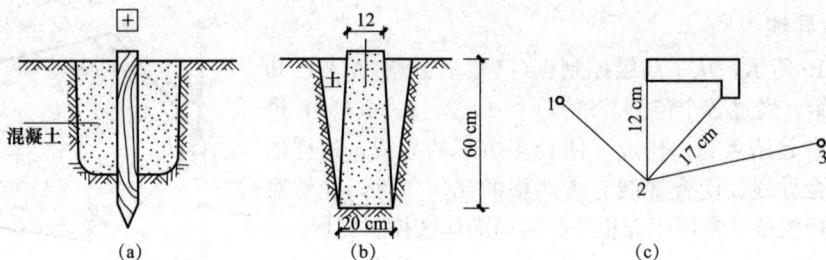

图 4-22　导线点标志及点之记

4.3.1.3　测量相邻导线边水平夹角

标记完导线点后，接下来就要进行水平夹角的测量。测量水平角的方法在前面的角度测量部分已经讲过。为了确保每测站的测量精度，一般采用测回法测量水平角。

需要注意的是，相邻两条导线边所构成的水平夹角有两个，为了区分，水平夹角可分为左角和右角。沿着导线前进方向，导线左边的角称为左角，导线右边的角称为右角。对于附合导线，既可观测左角，也可观测右角，但在一次导线测量中，所观测的水平角类型应相同；对于闭合导线，为了校核方便，一般观测导线边构成的多边形内角；支导线无校核条件，要求既观测左角也观测右角，以便校核。

4.3.1.4　测量导线边长

导线边长是指相邻导线点之间的水平距离。导线边长测量可采用光电测距仪（或全站仪）、普通钢卷带尺。采用光电测距仪测量边长的导线又称为光电测距导线。光电测距仪测量法是目前最常用的方法，其测距精度较高，一般能达到小地区测量精度的要求。用普通钢卷带尺量距时，必须使用经国家测绘机构鉴定的钢尺并对测量长度进行尺长改正、温度改正和倾斜改正。为了确保每一边长的测量精度，在距离测量中一般采用往返测量法测量导线边长。

在实际测量中，首先要清楚待测量的水平角及距离。为了明确待测量的角度及距离，布置完成导线后，要将待测量的量标记在导线略图上；当外业全部完成后，将相应的测量成果标记在导线略图上，称为导线外业成果图，如图 4-23 所示。

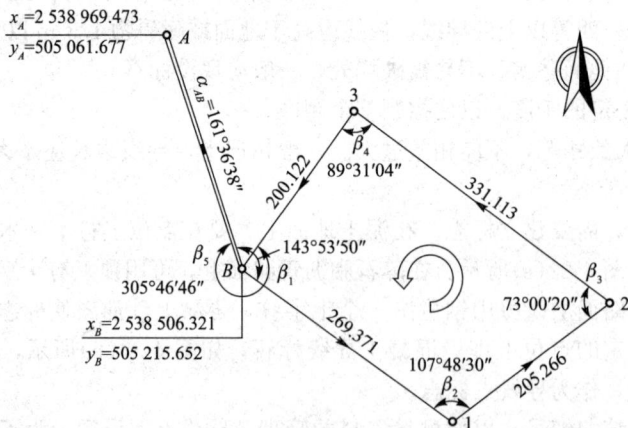

图 4-23　导线外业成果图

想一想：图 4-23 中，如果从 B 点向 1 点方向测量，则图中所标注的角 β_1 是左角还是右角？

4.3.2　点的平面位置测量内业计算及成果整理

当完成了所有的边角外业测量后，计算和调整各种测量误差，再计算出各待测导线点的平面坐标，这部分工作称为导线测量的内业。导线测量内业计算需要根据各等级导线测量的主要技术要求判断测量精度是否满足要求。各等级导线测量的主要技术要求见表 4-1。

表 4-1　导线测量的主要技术要求

等级	测图比例尺	导线长度 /m	平均边长 /m	往返测量较差 相对误差	测角中误差 /(″)	导线全长相对 闭合差	测回数		角度闭合差 /(″)
							DJ2	DJ6	
一级		2 500	250	1/20 000	±5	1/10 000	2	4	$\pm 10\sqrt{n}$
二级		1 800	180	1/15 000	±8	1/7 000	1	3	$\pm 16\sqrt{n}$
三级		1 200	120	1/10 000	±12	1/5 000	1	2	$\pm 24\sqrt{n}$
图根	1∶500	500	75	1/3 000	±20	1/2 000	1		$\pm 60\sqrt{n}$
	1∶1 000	1 000	110						
	1∶2 000	2 000	180						

1. 闭合导线内业计算案例

(1)填写所有边角测量成果。将外业测量的边角数据填入导线内业成果计算表 4-2 中的第 2 栏和第 6 栏，起始边方位角和起点坐标值填入第 5 栏、第 11 栏、第 12 栏顶上格(带有双横线的值)。对于四等以下导线角值取至 s，边长和坐标取至 mm，图根导线、边长和坐标取至 cm，并绘制出导线草图，在表内进行计算。

(2)角度闭合差的计算与调整。n 边形内角和的理论值 $\sum \beta_{理} = (n-2) \times 180°$。测角误差使实测内角和 $\sum \beta_{测}$ 与理论值不符，其差称为角度闭合差，以 f_β 表示，即

$$f_\beta = \sum \beta_{测} - \sum \beta_{理} = \sum \beta_{测} - (n-2) \times 180° \qquad (4-51)$$

容许值 $f_{\beta容} = \pm 60''\sqrt{n}$，当 $|f_\beta| \leqslant |f_{\beta容}|$ 时，精度满足要求，可进行闭合差调整；反之，须对水平角重新检查或重新观测。角度闭合差的调整方法：将 f_β 以相反的符号平均分配到各观测角。其角度改正数为

$$v_\beta = -\frac{f_\beta}{n} \qquad (4-52)$$

当 f_β 不能整除时，则将余数凑整分配到短边大角。改正后的角值为

$$\beta_i = \beta_i' + v_\beta \qquad (4-53)$$

调整后的角值(填入表中第 4 栏)必须满足：$\sum \beta_i = (n-2) \times 180°$，否则计算有误。

(3)各边坐标方位角推算。根据导线点编号、导线内角改正值和起始边，即可按公式 $\alpha_{前} = \alpha_{后} - \beta_{右} + 180°$ 依次计算 α_{23}、α_{34}、α_{41}，直到回到起始边 α_{12}(填入表中第 5 栏)。经校核无误，方可继续往下计算。

(4)坐标增量计算及其闭合差调整。根据各边长及其方位角，即可按式(4-10)计算出相邻导线点的坐标增量(填入表中第 7 栏和第 8 栏)。如图 4-24 所示，闭合导线纵、横坐标增量的总和的理论值应等于零，即

$$\sum \Delta x_{理} = 0, \sum \Delta y_{理} = 0 \qquad (4-54)$$

由于量边误差和改正角值的残余误差，其计算的观测值 $\sum \Delta x_{测}$、$\sum \Delta y_{测}$ 不等于零，与理论

值之差称为坐标增量闭合差，即

$$f_x = \sum \Delta x_{测} - \sum \Delta x_{理} = \sum \Delta x_{测}$$
$$f_y = \sum \Delta y_{测} - \sum \Delta y_{理} = \sum \Delta y_{测}$$

$$\tag{4-55}$$

如图 4-25 所示，f_x、f_y 的存在使导线不闭合而产生 f，称为导线全长闭合差，即

$$f = \sqrt{f_x^2 + f_y^2} \tag{4-56}$$

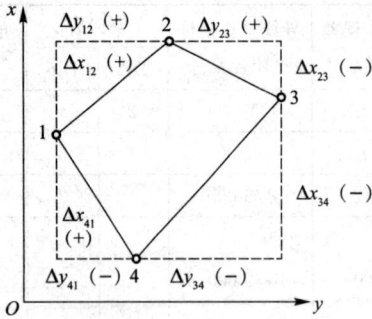

图 4-24 坐标增量闭合差　　　　图 4-25 导线全长闭合差

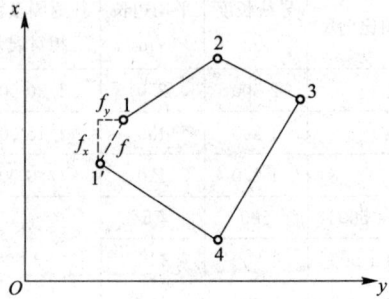

f 值与导线长短有关。通常以全长相对闭合差 K 来衡量导线的精度，即

$$K = \frac{f}{\sum D} = \frac{1}{\sum D / f} \tag{4-57}$$

式中　$\sum D$——导线全长（即 6 栏总和）。

当 K 在容许值范围内时，可以将 f_x、f_y 的相反符号按边长成正比分配到各增量中，其改正数为

$$v_{xi} = -\frac{f_x}{\sum D} \times D_i$$
$$v_{yi} = -\frac{f_y}{\sum D} \times D_i$$

$$\tag{4-58}$$

按增量的取位要求，将改正数凑整至 cm 或 mm（填入表中第 7 栏和第 8 栏相应增量计算值尾数的上方），凑整后的改正数总和必须与反号的增量闭合差相等，然后将表中第 7、8 栏相应的增量计算值加改正数计算改正后的增量（填入表中第 9 栏和第 10 栏）。

$$\Delta x_{i改} = \Delta x_i + v_{xi}$$
$$\Delta y_{i改} = \Delta y_i + v_{yi}$$

$$\tag{4-59}$$

(5)坐标计算。根据起点已知坐标和改正后的增量。按式(4-59)依次计算 2、3、4 直至回到 1 点的坐标（填入表中第 11 栏和第 12 栏）。

$$x_i = x_{i-1} + \Delta v_{xi-1改}$$
$$y_i = y_{i-1} + \Delta v_{yi-1改}$$

$$\tag{4-60}$$

表 4-2 闭合导线坐标计算

点号	观测角 /(° ′ ″)	改正数 /(″)	改正后的角值 /(° ′ ″)	坐标方位角 /(° ′ ″)	边长/m	增量计算值/m		改正后的增量值/m		坐标/m	
						Δx	Δy	Δx	Δy	x	y
1	2	3	4	5	6	7	8	9	10	11	12

点号	观测角 /(° ′ ″)	改正数 /(″)	改正后的角值 /(° ′ ″)	坐标方位角 /(° ′ ″)	边长 /m	增量计算值/m Δx	增量计算值/m Δy	改正后的增量值/m Δx	改正后的增量值/m Δy	坐标/m x	坐标/m y
1										500.00	500.00
				124 59 43	105.22	−3 −60.34	+2 +86.20	−60.37	+86.22		
2	1 074 830	+13	1 074 843							439.63	586.22
				524 826	80.18	−2 +48.47	+2 +63.87	+48.45	+63.89		
3	730 020	+12	730 032							488.08	650.11
				3 054 858	129.34	−3 +75.69	+2 −104.88	+75.66	−104.86		
4	893 350	+12	893 402							563.74	545.25
				2 152 300	78.16	−2 −63.72	+1 −45.26	−63.74	−45.25		
1	893 630	+13	89 36 43							500.00	500.00
				1 245 943							
2											
Σ	3 595 910	50	3 600 000		392.90	+0.1	−0.07	0.00	0.00		

| 辅助计算 | $f_\beta = \sum\beta - (4-2)\times 180 = -50''$
 $f_{\beta容} = \pm 30''\sqrt{n} = 60''$
 $f_x = \sum\Delta x_测 = +0.1 \qquad f_y = \sum\Delta x_测 = -0.07$
 $f_D = \sqrt{f_x^2 + f_y^2} = 0.12\ \text{m}$
 $K = \dfrac{f_D}{\sum D} = \dfrac{1}{3\,200}$

 容许导线全长相对闭合差：$\dfrac{1}{2\,000}$（图根导线） | 导线略图 | |

2. 附合导线内业计算案例

附合导线的计算步骤与闭合导线完全相同，但计算方法中，唯有 $\sum\beta_理$、$\sum\Delta x_理$、$\sum\Delta y_理$ 三项不同，现分述如下：

(1)角度闭合差 f_β 中 $\sum\beta$ 的计算。根据式(4-8)，可得 $\sum\beta$（各转折角，包括连接角）理论值的总和满足：

$$\sum\beta_{理左} = \alpha_终 - \alpha_始 + n\times 180° \qquad\qquad (4\text{-}61)$$

同理，为右角时

$$\sum\beta_{理右} = \alpha_始 - \alpha_终 + n\times 180° \qquad\qquad (4\text{-}62)$$

(2)坐标增量 f_x、f_y 闭合差中 $\sum\Delta x_理$、$\sum\Delta y_理$ 的计算。由附合导线图可知，导线各边在纵、横坐标轴上投影的总和，其理论值应等于终、始点坐标之差，即

$$\sum\Delta x_理 = x_终 - x_始 \qquad\qquad (4\text{-}63)$$

$$\sum\Delta y_理 = y_终 - y_始 \qquad\qquad (4\text{-}64)$$

附合导线坐标计算表见表 4-3。

表 4-3　附合导线坐标计算表

点号	观测角/(° ′ ″)	改正数/(″)	改正后的角值/(° ′ ″)	坐标方位角/(° ′ ″)	边长/m	增量计算值/m		改正后的增量值/m		坐标/m	
						$\Delta x'$	$\Delta y'$	Δx	Δy	x	y
1	2	3	4	5	6	7	8	9	10	11	12
A'											
				935 615							
A (P_1)	1 863 522	−3	1 863 519							167.81	219.17
				1 003 134	86.09	−15.73	+84.64	−15.73	−1 +84.63		
P_2	1 633 114	−4	1 633 110							152.08	303.80
				840 244	133.06	+13.80	+132.34	+13.80	−1 +132.33		
P_3	1 843 900	−3	1 843 857							165.88	436.13
				884 141	155.64	+3.55	+155.60	−1 +3.54	−2 +155.58		
P_4	1 942 230	−3	1 942 227							169.42	591.71
				1 030 408	155.02	−35.05	+151.00	−35.05	−2 +150.98		
B (P_5)	1 630 247	−3	1 630 244							134.37	742.69
				860 652							
B'											
$\sum$	8 921 053	−16	9 821 037		529.81	−33.43	+523.58	−33.44	+523.52		

辅助计算	导线略图
$f_\beta = \alpha_{A'A} + \sum\beta + n\cdot180 - \alpha_{BB'} = +16''$ $f_{\beta限} = \pm30''\sqrt{n} = 67''$ $f_x = \sum\Delta x_测 - \sum\Delta x_理 = +0.01$ $f_y = \sum\Delta y_测 - \sum\Delta_理 = +0.06$ $f_D = \sqrt{f_x^2 + f_y^2} = 0.06\ m$　　$K = \dfrac{f_D}{\sum D} = \dfrac{1}{8\ 800}$	

任务 4.4　视野拓展

4.4.1　全站仪坐标测量

全站仪即全站型电子测距仪（Electronic Total Station），是一种集光、机、电为一体的高技术测量仪器，是集水平角、垂直角、距离（斜距、平距）、高差测量功能于一体，并能自动计算出待定点的三维坐标的测绘仪器，广泛用于地上大型建筑和地下隧道施工等精密工程测量或变形监测领域。其因一次安置仪器就可完成该测站上的全部测量工作，所以称为全站仪。全站仪坐标测量示意如图 4-26 所示。

全站仪坐标测量的基本操作步骤如下：

(1)仪器架设，对中、整平。操作方法同经纬仪，在全站仪测角度部分已介绍。

(2)按坐标测量键，进入坐标测量模式。

(3)设置测站：输入仪器架设点坐标。

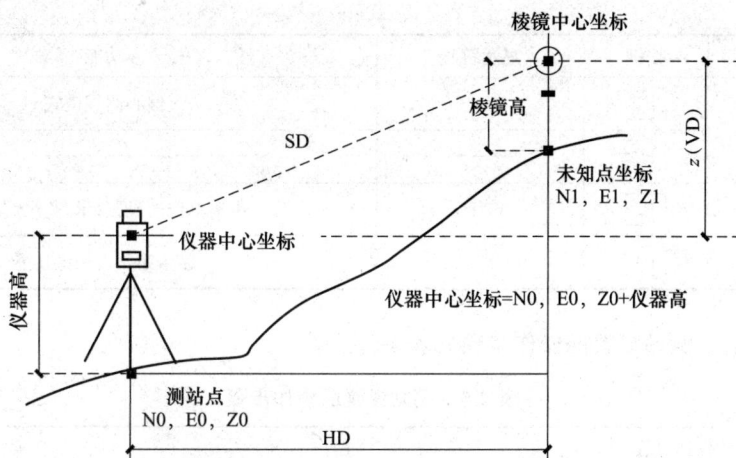

图 4-26　全站仪坐标测量示意

(4)后视定向：输入后视点坐标或测站点与后视点连线方位角。

(5)后视检查：在后视点立棱镜，瞄准后视点棱镜中心，测出后视点坐标，并与后视点已知坐标值比较，如 x，y 坐标差值均在 ± 2 cm 范围内，则可开始待测点的坐标测量。

(6)开始测量：在待测点立棱镜，瞄准待测点棱镜中心，测量并记录坐标，开始下一待测点的测量。

注意：如只测量平面坐标，设置测站时可不输入高程 Z，也可不进行仪器高和棱镜高的设置。

全站仪品牌、型号较多，不同型号的全站仪的操作程序基本一样，但仪器操作界面会有所不同，下面介绍两种常见的全站仪坐标测量操作步骤。

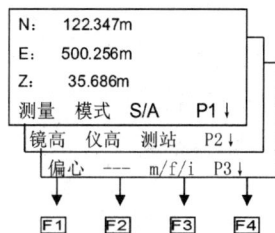

图 4-27　坐标测量模式界面

1. 南方 NTS-350 全站仪坐标测量

进入全站仪坐标测量模式后，坐标测量模式下有 3 个界面，如图 4-27 所示。

各功能键的含义见表 4-4。

表 4-4　坐标测量模式功能键的含义

页数	按键	显示符号	功能
第 1 页 (P1)	F1	测量	启动测量
	F2	模式	设置测距模式为精测/跟踪
	F3	S/A	设置温度、气压、棱镜等常数
	F4	P1↓	显示第 2 页按键功能
第 2 页 (P2)	F1	镜高	设置棱镜高度
	F2	仪高	设置仪器高度
	F3	测站	设置测站坐标
	F4	P2↓	显示第 3 页按键功能

页数	按键	显示符号	功能
第3页 (P3)	F1	偏心	偏心测量模式
	F2	———	———————————————
	F3	m/f/i	距离单位的设置(米/英尺/英寸)
	F4	P3↓	显示第1页按键功能

(1)测站设置。测站设置的操作步骤见表 4-5。

表 4-5　测站设置的操作步骤

操作过程	操作	显示
在坐标测量模式下,按 F4(↓)键,转到第2页功能	F4	N:　　　286.245 m E:　　　76.233 m Z:　　　14.568 m 测量　　模式　S/A　P1↓ 镜高　仪高　测站　P2↓
按 F3(测站)键	F3	N→　　　0.000 m E:　　　0.000 m Z:　　　0.000 m 输入　　　----　　回车
输入 N 坐标	F1 输入数据 F4	N:　　　36.976 m E→　　　0.000 m Z:　　　0.000 m 输入　　---　　----　回车
按同样方法输入 E 和 Z 坐标,输入数据后,显示屏返回坐标测量显示		N:　　　36.976 m E:　　　298.578 m Z:　　　45.330 m 测量　　模式　S/A　P1↓

(2)仪器高设置。如要测量三维坐标,则需要进行仪器高设置。量取仪器高后,按表 4-6 所示操作步骤完成仪器高设置。

表 4-6　仪器高设置的操作步骤

操作过程	操作	显示
在坐标测量模式下，按 F4(↓)键，转到第 2 页功能	F4	N:　　　　286.245 m E:　　　　76.233 m Z:　　　　14.568 m 测量　模式　S/A　P1↓ 镜高　仪高　测站　P2↓
按 F2(仪高)键，显示当前值	F2	仪器高 输入 仪高　　　0.000 m 输入　　---　---　回车
输入仪器高	F1 输入仪器高 F4	N:　　　　286.245 m E:　　　　76.233 m Z:　　　　14.568 m 测量　模式　S/A　P1↓

　　(3)棱镜高设置。如要测量三维坐标，则需要进行棱镜高设置。查看棱镜高度，按表 4-7 所示操作步骤完成棱镜高设置。

表 4-7　棱镜高设置的操作步骤

操作过程	操作	显示
在坐标测量模式下，按 F4 键，进入第 2 页功能	F4	N:　　　　286.245 m E:　　　　76.233 m Z:　　　　14.568 m 测量　　模式　S/A　P1↓ 镜高　仪高　测站　P2↓
按 F1(镜高)键，显示当前值	F1	镜高 输入 镜高　　　0.000 m 输入　　---　---　回车
输入棱镜高并确认	F1 输入棱镜高 F4	N:　　　　286.245 m E:　　　　76.233 m Z:　　　　14.568 m 测量　　模式　S/A　P1↓

(4)后视定向设置及后视检查。按表4-8所示操作步骤完成后视定向设置及后视检查。

表 4-8　后视定向设置及后视检查的操作步骤

操作过程	操作	显示
后视定向的方式有两种：一种为坐标定向，输入后视点平面坐标；另一种为角度定向，输入测站点与后视点连线坐标方位角	设置方位角	V:　　122°09′30″ HR:　　90°09′30″ 置零　锁定　置盘　P1↓
照准目标点(棱镜)	照准	N:　　　　　<< m E:　　　　　m Z:　　　　　m 测量　模式　S/A　P1↓
按 F1(测量)键，开始测量，检查后视点坐标与测量坐标值是否一致，如满足要求则可开始待测点坐标测量，操作步骤同(2)、(3)	F1	N*　　286.245 m E:　　76.233 m Z:　　14.568 m 测量　模式　S/A　P1↓

2. 博飞 BTS3082 CA 全站仪坐标测量

在测站点安置仪器后开机，量取仪器高。后续操作步骤按表4-9所示完成。

表 4-9　博飞 BTS3082 CA 全站仪坐标测量的操作步骤

操作过程	操作	显示
在测角模式下按(坐标)键进入坐标测量模式	坐标	N→　　　0.000 m E:　　　0.000 m Z:　　　0.000 m 测量　模式　信号　1页 ↓
按 F4 键，进入第 2 页功能，按 F2(设置)键，进入设置菜单	F4 / F2	设置 F1: 棱镜高 F2: 设置后视点 F3: 测站点坐标

操作过程	操作	显示
按 F1 键，进行棱镜高设置，按 F1 键输入相应的值，最后按确认键	F1	设置棱镜高 镜高：0.000 m 输入　　　　　　　确认
按 F3 键，设置测站点坐标	F3	设置 F1：棱镜高 F2：设置后视点 F3：测站点坐标
先设置仪器高，再按 F3 键进入坐标设置界面	F3	点号 标识符 仪器高：　　　　0.000 m 输入　　列表　　坐标　　确认
按 F1(输入)键，每输入一行，按 F3 键确认，最后按 F1(记录)键	F1 / F3 / F1	N：　　　　　　　0.000 m E：　　　　　　　0.000 m Z：　　　　　　　0.000 m 输入　　点号　　确认
按 F1(输入)键，输入文件名后按 F4 键确认，按"返回"键进入第 2 页	F1 / F4 / 返回	N：　　　　　101.123 E：　　　　　200.235　　m Z：　　　　　10.244　　m 记录　　　　　　　退出
按 F2 键设置后视点	F2	设置 F1：棱镜高 F2：设置后视点 F3：测站点坐标

操作过程	操作	显示
按 F3（坐标）键，输入坐标后，按 F3 键确认	F3 / F3	设置后视点 点号： 输入　列表　坐标　确认
按 F1（记录）键保存	F1	N:　　　　　101.123　　　m E:　　　　　200.235　　　m 记录　点号　确认
按 F1（设置）键，进行方位角设置，之后返回设置菜单（坐标定向和方位角定向只选择一种）	F1	方位角设置 HR:　　45012′34″ 设置　　　　　　退出
按"退出"键，进入坐标测量界面	退出	设置 F1：棱镜高 F2：设置后视点 F3：测站点坐标
照准棱镜，按 F1（测量）键，显示结果	F1	N:　　　　　101.123　　　m E:　　　　　200.235　　　m Z:　　　　　10.244　　　m 测量　模式　信号

3. 南方 NTS-350 全站仪数据采集

南方 NTS-350 全站仪可将测量数据存储在内存中，内存划分为测量数据文件和坐标数据文件。数据采集按以下步骤操作进行：

（1）选择数据采集文件，使其所采集数据存储在该文件中。当需要保存测量数据时，应先设置参数，在"是否仅存坐标数据"中，选择"否"选项。

（2）选择坐标数据文件，可进行测站坐标数据及后视坐标数据的调用（当无须调用已知点坐标数据时，可省略此步骤）。

（3）设置测站点，包括仪器高和测站点号及坐标。

（4）设置后视点，通过测量后视点进行定向，确定方位角。

(5)设置待测点的棱镜高，开始采集并存储数据。

数据采集记录方式见表4-10。

表 4-10　数据采集记录方式

操作过程	操作	显示
在测角模式下按(菜单)键进入坐标测量模式	菜单	菜单 F1：数据采集 F2：放样 F3：内存管理
按 F1 键，进入数据采集界面，按 F1(输入)键，进入文件名设置界面	F1	选择文件 文件名： 输入　　　列表　　　确认
按 F1 键，进行文件名设置，按 F1 键输入相应的值，最后按"确认"键，返回数据采集界面	F1 / F1 / 确认	选择文件 文件名：　　　A1 1234　　5678　　90.　　　确认
按 F1 键，设置测站点坐标	F1	数据采集 F1：设置测站点 F2：设置后视点 F3：采集
先设置点号、仪器高(标识符可省略，点号设置最好与文件名相关)，再按"↓"键进入点号、标识符、仪器高项目，最后按 F4 键确认	F4	点号　　　　→A1-1 标识符： 仪器高：　　　1.250 m 1234　　5678　　90.　　　确认
按 F4 键返回数据采集界面，按 F2 键设置后视点设置，点号最好用原有内存数据，若没有可编写一个	F4 / F2	设置后视点 1234　　5678　　90.　　　确认 输入　　　点号　　　确认
按 F1(输入)键，输入点号后按 F3 键输入坐标，最后按"确认"键。点号若用原有内存数据，坐标不用输入。按"确认"键进入方位角设置界面	方位角设置 HR：45 012′34″ 退出设置	N：　　　　　101.123　　　m E：　　　　　200.235　　　m 记录　　　点号　　　确认

操作过程	操作	显示
照准后视点按 F1(设置)键，返回数据采集界面	F1	数据采集 F1：设置测站点 F2：设置后视点 F3：采集
按 F3(采集)键，分别输入点号、点编码棱镜高后，按 F4 键确认	F3／F4	点号→ 点编码 棱镜高： 1234　　5678　　90.　　　确认
照准目标点，按 F3 (测量)键	F3	点号：　　A1-1 点编码： 棱镜高→1.123　　　m 输入　　查找　　测量　　所有
按 F4(记录)键，完成一个点的测量及存储	F4	N：　　　　　　101.123　m E：　　　　　　200.235　m Z：　　　　　　 10.244　m 重测　　　　　　　　记录

4.4.2　全站仪通信

全站仪坐标测量外业完成后，可将测量存储的坐标数据文件传输到计算机中，并存为".dat"格式的数据文件，接下来便可通过南方 CASS 软件完成坐标点的展绘。下面介绍数据传输方法。

首先在仪器官网上下载与全站仪对应的数据传输软件，然后用专用数据传输线将全站仪通信口与 PC 串行口连接，确保连接无误后，在 PC 中运行软件。

(1)从全站仪输入坐标文件。单击"通讯"→"接收文件"按钮，弹出"通讯设置"窗口，设置好通信波特率(必须与全站仪波特率设置一致，建议设置为 9 600)、端口。其他无须设置，单击"确定"按钮。

在全站仪中，开机后，选择"菜单"→"内存管理"选项，按 F4 键进入下一页，按 F3 键进入"数据通讯"界面，按 F3 键进入"设置通讯参数"界面，选择合适的波特率后，退出，按 F1 键进入"发送数据"界面，选择或输入文件，按 F4 键确认，全站仪开始与 PC 传输数据，传输结束后，PC 将坐标数据显示出来，此时可对数据进行进一步处理。

(2)向全站仪输出坐标文件。新建或打开一个全站仪坐标数据文件，对点号进行增、删等操作，输入或更改数据，确保数据无误后，即可输出至全站仪内存中。

单击"通讯"→"发送文件"按钮，弹出"通讯设置"窗口，同上所述，对通信参数进行设置。单击"确定"按钮。

在全站仪中，开机后，选择"菜单"→"内存管理"选项，按 F4 键进入下一页，按 F3 键进入"数据通讯"界面，按 F3 键进入"设置通讯参数"界面，选择合适的波特率后，退出，按 F1 键进入"接收数据"界面，新建或选择一个文件，按 F4 键确认，全站仪开始与 PC 传输数据，通信成功后，坐标数据即被置入全站仪中。

（3）在菜单中，"导出""导入"子菜单用于将通信软件的文件格式转换为其他绘图软件所需的文件格式，或将其他绘图软件的文件格式转换为通信软件的文件格式。

（4）有时由于串行通信失败，取消后，重复上述过程即可。

4.4.3　全站仪坐标放样

坐标放样按以下操作步骤实施：

（1）选择数据采集文件，使所采集数据存储在该文件中（如不需记录，可不用完成此步骤）。

（2）选择坐标数据文件，可进行测站坐标数据及后视坐标数据的调用（如坐标为手动输入，可不用完成此步骤）。

（3）设置测站点及后视点定向（与坐标测量操作一样）。

（4）后视检查（与坐标测量操作一样）。

（5）输入所需的放样坐标，开始放样。

输入放样点坐标有两种方法，一是通过点号调用内存中的坐标值（放样前必须提前完成待放样坐标数据的输入）；二是直接手动输入坐标值。

（6）角度差调为零。完成放样点坐标的输入后按回车键，仪器屏幕上会显示角度差，水平转动全站仪直至屏幕上的角度差为 $0°00'00''$，这时仪器视线方向与待测点与测站点连线方向一致。

（7）视线上立棱镜，测距，根据距离差，在视线方向前后移动棱镜，所测距离差为零时，可在立镜处标记待

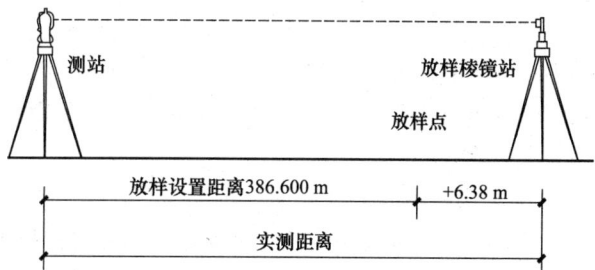

图 4-28　全站仪坐标放样

测点位置，如图 4-28 所示。在放样过程中必须注意：在测距定点过程中必须保证全站仪不能有水平转动，即角度差始终为 $0°00'00''$。

4.4.4　全站仪后方交会测量

在实际测量中，由于现场地形的限制，可能会出现两个已知坐标点不能通视的情况，这时可用全站仪的后方交会功能进行测量。全站仪后方交会测量与前面所介绍的坐标测量最大的区别是：坐标测量时，仪器架设在已知坐标点上，而后方交会测量时，仪器架设位置根据现场情况随意选定，如图 4-29 所示。在后方交会测量中，通过任意位置架设仪器并整平后，观测已知点可计算得到仪器架设点的坐标，接下来便可继续完成后续的测量工作（与前面所介绍的坐标放样方法相同）。后方交会测量主要用于已知点不通视的情形，具体操作步骤可查阅相关型号全站仪的操作说明。

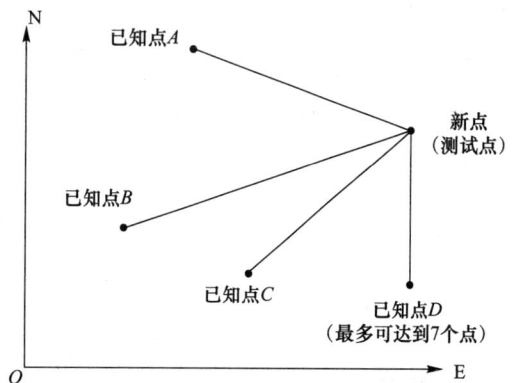

图 4-29　全站仪后方交会测量

4.4.5 小三角测量

小三角测量是指在小范围内布设边长较短的三角网的测量。其是平面控制测量的主要方法之一。在观测所有三角形的内角及测量1～2条必要的边长之后，根据起始边的已知坐标方位角和起始点的坐标，即可求出所有三角点的坐标。小三角测量的内容主要是测角工作，而测距工作极少，甚至可以没有。它适用于山区或丘陵地区的平面控制。

1. 小三角网的形式

根据测区的范围和地形条件，以及已有控制点的情况，小三角网可布置成三角锁[图 4-30(a)]、中点多边形[图 4-30(b)]、大地四边形[图 4-30(c)]和线形锁[图 4-30(d)]。

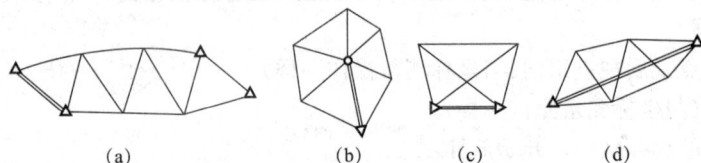

图 4-30 小三角网的形式

(a)三角锁；(b)中点多边形；(c)大地四边形；(d)线形锁

小三角网中直接测量的边称为基线(baseline)。三角锁一般在两端都布设一条基线；线形锁则是两端附合在高级点上的小三角锁，故不需设置基线。起始边附合在高级点上的小三角网也不需要设置基线。

2. 小三角测量的外业

(1)选点。选点时既要考虑到各级小三角测量的技术要求，又要考虑到测图和用图方面的要求。一般应注意以下几点：

1)三角形应接近等边三角形，在困难地区内角也不应大于120°或小于30°；

2)三角形的边长应符合规范的规定；

3)三角点应选择在地势较高、视野开阔、便于测图和加密、便于观测和保存点位的地方，相邻点间应通视良好；

4)基线应选择在地势平坦且无障碍、便于丈量的地方，使用测距仪时还应避开发热体和电磁场的干扰。

三角点选定后应埋设标志，可根据需要采用大木桩或混凝土标石，三角点选定后，应编号命名绘制点之记。观测时可用三根竹竿吊挂一大垂球，为便于观测，可在悬挂线上加设照准用的竹筒，也可用三根铁丝竖立一标杆作为照准标志(图 4-31)。

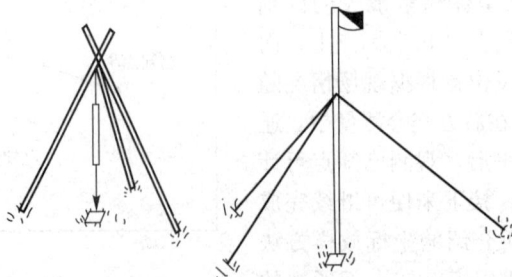

图 4-31 照准标志

（2）角度观测。观测前应检校好仪器。观测一般采用方向观测法，观测方法详见项目二。

（3）基线测量。基线是计算三角形边长的起算数据，要求保证必要的精度。起始边应优先采用光电测距仪观测，观测前测距仪应经过检定。观测所得斜距应加气象、加常数、乘常数等改正，然后换算成平距。当用钢尺测量基线时，应按项目三中精密短距测量的方法进行。钢尺应经过检定，可用单尺进行往返测量或双尺同向测量。

（4）起始边定向。与高级网联测的小三角网，可根据高级点的坐标，用坐标反算得出的高级点间的坐标方位角和所测的连接角，推算出起始边的坐标方位角。对于独立的小三角网，可直接测定起始边的真方位角或磁方位角进行定向。

3. 小三角测量的内业计算

小三角测量的内业计算的内容包括观测角的近似平差和三角点的坐标计算两次。近似平差的特点，就是对部分几何条件所产生的闭合差分别进行处理，使观测值之间的矛盾能得到较合理的解决。以单三角锁为例，其应满足的几何条件：一是三角形内角之和应等于180°，称为图形条件；二是从一条基线开始经一系列三角形推算至另一条基线应等于该基线的已知值，称为基线条件。三角锁平差的任务就是改正角度观测值，使其满足这两个条件，然后再根据平差改正后的角度计算边长和坐标。

4.4.6 GPS测量

GPS在工程测量中的使用得越来越普遍，常见的品牌有天宝、莱卡、华测、南方、中海达等。下面以华测X90 RTK为例，介绍仪器的基本操作步骤。

使用华测X90 RTK测量之前，需完成的测量前准备工作包括：架设基准站，建立新任务→配置坐标系统→保存任务，设置基准站（包括安装、手簿设置），设置移动站（包括安装、手簿设置），点校正，测量。下面按照以上顺序依次介绍操作方法。

1. 架设基准站

如图4-32所示，选择地势空旷的高处架设仪器。

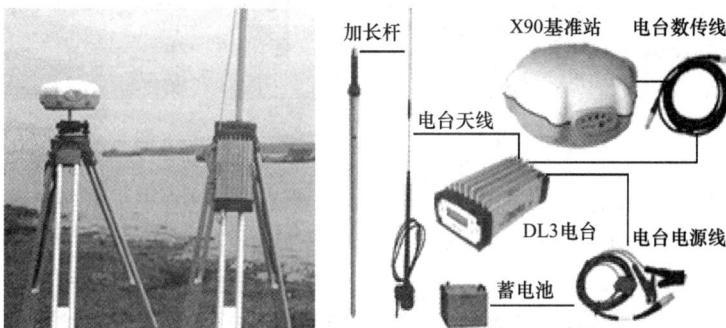

图4-32 架设基准站

基准站的架设包括电台天线的安装，电台天线、基准站接收机、DL3电台、蓄电池之间的电缆连线。架设基准站时应注意以下事项：

（1）基准站应当选择视野开阔的地方，这样有利于卫星信号的接收。

（2）基准站应架设在地势较高的地方，以利于UHF无线信号的传送，如移动站距离较远，还需要增设电台天线加长杆。

（3）电台电源线与蓄电池的正、负极连接正确。

如图4-33所示，当基准站启动之后，将电台和基准站主机连接，电台通过无线电天线发射差分数据。一般情况下，电台应设置一秒发射一次，即电台的红灯一秒闪一次，电台的电压一秒变化一次，每次工作时根据以上现象判断一下电台工作是否正常。

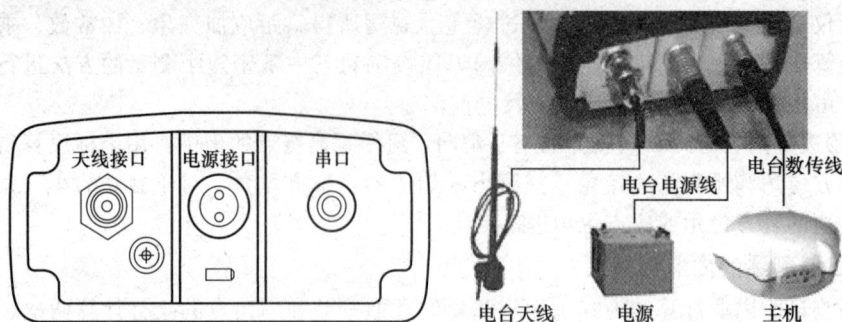

图 4-33　电台接口连接

2. 建立新任务

(1)新建任务。打开测量手簿运行手簿测地通软件，如图 4-34 所示，选择"文件"→"新建任务"命令，输入任务名称，选择坐标系统(根据项目已知点坐标系统选择，目前我国采用的坐标系统为 CGCS2000，即 2000 年国家大地坐标系)，其他为附加信息，可留空。

(2)坐标系管理。如图 4-35 所示，选择"配置"→"坐标系管理"选项。

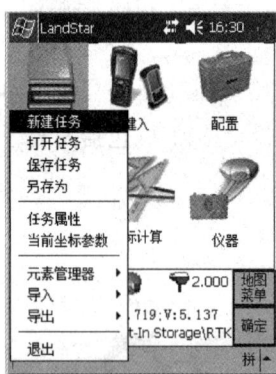

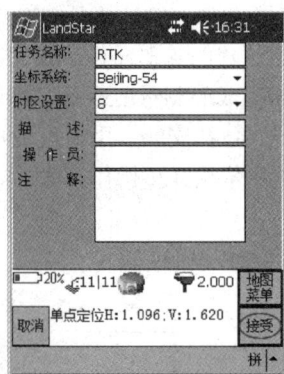

图 4-34　新建任务　　　　　图 4-35　坐标系管理

　　根据项目已知点的实际情况，进行坐标系统的设置。选择已有坐标系统进行编辑(主要是修改中央子午线，如标准的 1954 年北京坐标系一定要输入和将要进行点校正的已知点相符的中央子午线)，或新建坐标系统，输入当地已知点所用的椭球参数及当地坐标的相关参数，而"基准转换""水平平差""垂直平差"各项都选择"无"；当进行完点校正后，校正参数会自动添加到"水平平差"和"垂直平差"；如果已有转换参数可在"基准转换"中输入七参数或三参数，但不提倡。当设置好后，单击"确定"按钮，即会替代当前任务里的参数，这样测量的结果就为经过转换的。如果新建一个任务，则不需要重新作点校正，它会自动套用上一个任务的参数，到下一个测区新建任务后直接作点校正即可，选择"保存"命令会自动替代当前任务参数。

(3)保存任务。如图 4-36 所示，选择"文件"→"保存任务"命令。注意：新建任务后一定要保存任务，否则新建下一个任务后会丢失当前任务的测量数据，在"位置"下拉列表中最好选择"主内存"选项。

3. 设置基准站

(1)基准站选项。如图 4-37 所示，选择"配置"→"基准站选项"选项。

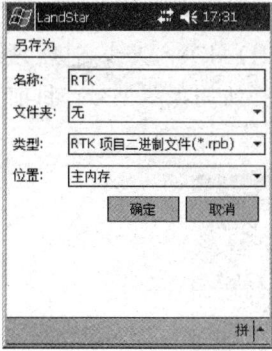

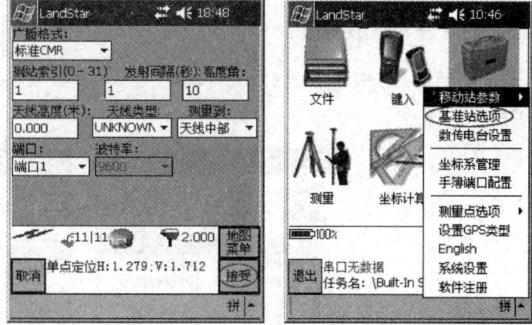

图 4-36　保存任务　　　　　　　　　　　　图 4-37　基准站选项

　　广播格式：一般默认为标准 CMR(当然也可以设为 RTCA 或 RTCM)；一般测站索引(可输 1～99 等)和发射间隔默认即可；高度角：限制默认为 10°，用户可根据当时、当地的收星情况适当地改动；天线高度：实测的斜高；天线类型：选择当时所用天线(A100 或 A300)；测量到：选择测量仪器高所到位置，一般为"天线中部"。

　　注：因为 CMR 具有较高的数据压缩比率，所以建议用户选择 CMR；如果选择 RTD，则应选用 RTCA；如果想选用 RTCM，发射间隔应设置为 2 秒。

　　(2)启动基准站接收机。如图 4-38 所示，选择"测量"→"启动基准站接收机"选项(若没有与接收机连接，则为灰色，不可用)。

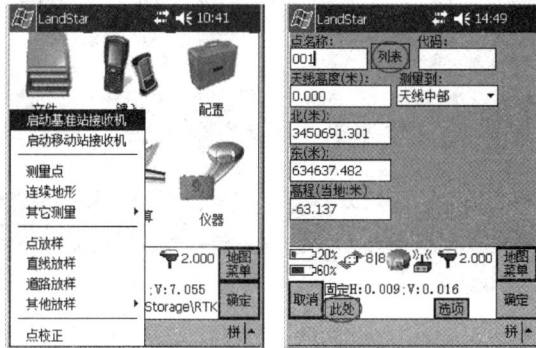

图 4-38　启动基准站接收机

　　输入点名称后选此处用单点定位的值来启动基准站接收机，也可从列表中选择已输入的已知点来启动(一般来说，在一个工作区第一次工作时用单点定位来启动，然后进行点校正；下一次工作时用上次工作点校正求得转换参数，仪器需要架设在已知点，用此点的已知接收机坐标启动基准站接收机)。以单点定位启动为例，选择此处后再确定，在弹出的对话框中确定，即保存启动基准站接收机的所有设置到主机(在基准站没有移动的情况下，下次工作时直接开启基准站即可正常工作，但移动基准站后一定要重新设置基准站，如果基准站被设为自启动，此时已无效，需要重新设置自启动或复位基准站主机)。

　　基准站接收机启动成功后，显示"成功设置了基站！"，否则显示"设置基站不成功！"，这时需要重新启动基准站接收机(一般来说，用已知点启动时，如果输入的已知点和单点定位相差很大，会出现此情况，原因一般为设置中央子午线或所用坐标错误)。

4. 设置移动站

　　(1)移动站选项。如图 4-39 所示，选择"配置"→"移动站参数"→"移动站选项"选项(广播格式：RTMC）。

需要注意的是，广播格式一定要与基准站一致（广播格式：RTMC）；天线高度：通常为对中杆的长度（2 m）；测量到：通常为"天线底部"；天线类型：选择所用天线型号，目前有 A100 和 A300 两种天线。

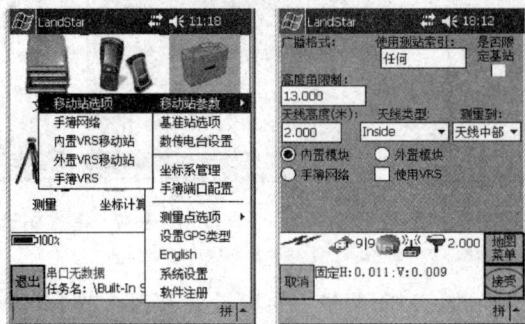

图 4-39 移动站选项

（2）启动移动站接收机（图 4-40）。如果无线电和卫星接收正常，移动站开始初始化。软件的显示顺序为：串口无数据→正在搜星→单点定位→浮动→固定。固定后方可开始测量工作，否则测量精度较低。

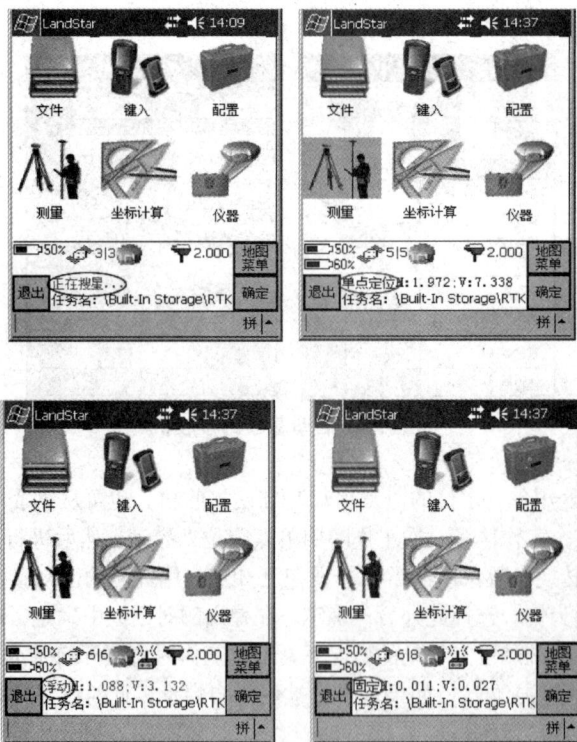

图 4-40 启动移动站接收机

5. 点校正

如图 4-41 所示，选择"测量"→"点校正"选项。

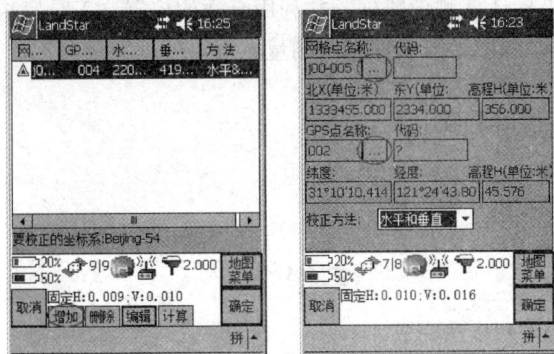

图 4-41　点校正

单击"增加"按钮。网格点名称：选择之前输入的"当地平面坐标"；GPS点名称：选择输入的或实地测出相对已知点的 WGS84 坐标(GPS 的测量结果就是 WGS84 坐标，但当地坐标是通过手簿软件获得的)；校正方法：一般选择"水平和垂直"。设置完成后单击"确定"按钮。用几个点进行校正就用同样的方法"增加"几次，最后选择"计算"命令，即把点校正后所得的参数应用于当前任务，点校正的目的就是求 WGS84 坐标到当地坐标的转换参数。

6. 测量

当显示固定后，就可以进行测量了。如图 4-42 所示，选择"测量"→"测量点"选项，输入点名称，选择"测量"命令后，该点位信息即被存储。

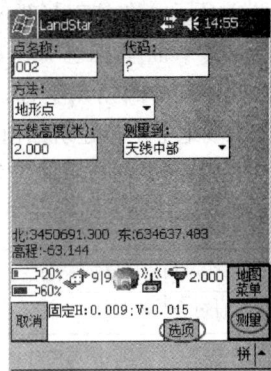

图 4-42　测量点

水平点的平面位置测量项目技能训练引导文

一、情境描述

坐标测量是确定点的平面位置。在建筑施工中，施工单位进场时首先要向甲方获取已知点坐标，如甲方提供的已知点距离施工现场较远或不便施工放样，则需要由施工测量人员在现场布置控制点，并根据甲方提供的已知点完成控制点平面坐标引测。坐标点引测方法常采用导线测量(也可用全站仪的坐标测量进行近似导线测量)，如距离较远也常采用 GPS 引测(方便省时)。

二、培养目标

(1)知识目标。

1)理解平面坐标的含义。

2)清楚坐标方位角的作用。

3)掌握坐标反算及坐标正算方法。

(2)技能目标。

1)能熟练运用经纬仪、钢尺测量角度、距离并计算地面点的平面坐标。

2)能使用全站仪进行坐标测量及坐标放样。

3)能熟练根据点的坐标计算测设数据，并利用合适的仪器、工具完成点的放样工作。

4)能熟练运用办公软件及 CAD 软件编制测量方案，处理测量数据。

(3)素质目标。

1)养成踏实、严谨的工作作风。

2)养成爱护测量仪器、工具的良好习惯。

3)养成事后检查、校正的工作习惯。

三、工作过程

本情境的学习依照工作六步法完成。

1. 点的平面位置测量资讯

(1)点的平面位置测量任务背景。如图 4-43 所示，在施工场地有 A、B 两已知点，其平面坐标已知。在施工阶段，要根据建筑物四角点坐标，利用全站仪在施工场地上定出建筑四角点的位置。

(2)点的平面位置测量任务单(表 4-11)。

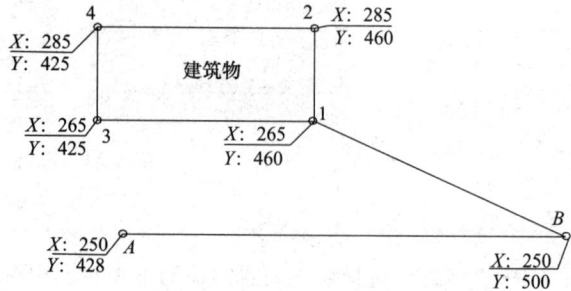

图 4-43 建筑角点定位

表 4-11 点的平面位置测量任务单

名称	点的平面位置测量
工作对象	地面点及平面坐标
工作内容	1. 平面坐标测定，如图 4-44 所示。(1)导线布置：待测点的个数与小组人数相同，各组自行在测量现场选择已知点，标定待测点，要求所测点布置成附合导线或闭合导线；(2)外业测量，测定相邻两点的水平距离及水平夹角；(3)内业计算待测点的坐标。 2. 平面坐标测设，如图 4-45 所示。在测量现场自行选择已知点，假定待测点坐标，利用全站仪坐标放样程序完成点位测设
工作要求	在实际施工测量工作中，须采用满足现场条件及精度要求的方法来完成定点工作。在距离测定时，距离相对误差为 $K \leqslant 1/2\,000$，在角度测定时，角度闭合差 $f_\beta \leqslant \pm 60'' \sqrt{n}$，导线全长相对闭合差 $K \leqslant 1/2\,000$
任务要求	编制点位测量的具体操作方案，设计数据的记录计算表格，明确数据的计算及校核方法，现场施测，检测测量结果，提交测量成果报告
工作思路	清楚点位测量的要求，了解现场实际情况，根据资讯所获取的信息制定点位测量的具体操作方案，根据方案有序实施，最后检查并整理成果报告

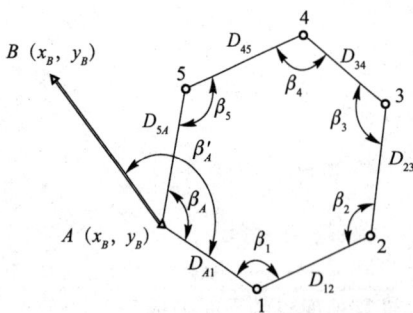

图 4-44 平面坐标测定路线图(闭合导线)

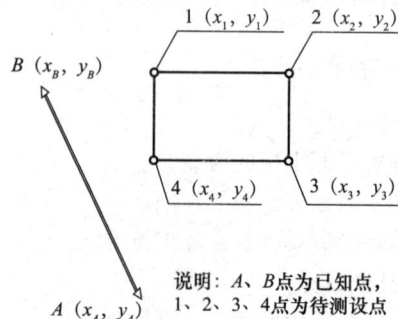

图 4-45 平面坐标测设图

说明：A、B 点为已知点，1、2、3、4 点为待测设点

(3)点的平面位置测量咨询单。

1)地面点的平面位置关系包括＿＿＿＿＿＿＿＿＿＿＿＿和＿＿＿＿＿＿＿＿＿＿＿＿＿。

2)工程测量中两点连线的方向用＿＿＿＿＿＿＿＿表示，它的参考方向是＿＿＿＿＿＿＿。

3)两点连线正、反坐标方位角的关系：＿＿＿＿＿＿＿＿＿＿＿＿＿＿＿＿＿＿＿＿＿＿＿。

4)笛卡儿平面直角坐标系与工程测量平面直角坐标系间的异同：＿＿＿＿＿＿＿＿＿＿＿＿＿

＿＿＿

＿＿＿

5)写出坐标正算与坐标反算的计算思路(在下面空白处结合图形推导)。

2. 点的平面位置测量计划(编制测量方案)

(1)点的平面位置测定方案。

1)确定导线形式，布置待测点，绘制导线略图(在下面空白处用铅笔画出现场布置的路线图)。

2)点的平面位置测定内容及施测方法和步骤(结合测量内容说明测量方法及校核方法)。

(2)点的平面位置测设内容及施测方法和步骤(结合测量内容说明测量方法及校核方法)。

3. 点的平面位置测量决策

(1)点的平面位置测量方案决策单(表4-12)。

表 4-12　点的平面位置测量方案决策单

方案决策				
序号	方案内容	方案优点	方案缺点	备注
一	点的平面位置测定			
1	测量路线布置			
2	测量方法及程序			
3	校核方法			
二	点的平面位置测设			
1	测设数据计算			
2	测设操作步骤			

论证：

组长签字：	教师签字：	日期：

（2）点的平面位置测量工具仪器单（表 4-13）。

表 4-13　点的平面位置测量工具仪器单

序号	仪器名称	型号	数量	备注
1				
2				
3				
4				

4. 点的平面位置测量实施

点的平面位置测量实施单见表 4-14。

表 4-14　点的平面位置测量实施单

序号	任务	主要步骤要点（按方案梳理填写）
1	测定	
2		
3		
4		
5	测设	
6		
7		

组长签字：	教师签字：	日期：

5. 点的平面位置测量检查

点的平面位置测量检查单见表 4-15。

表 4-15　点的平面位置测量检查单

序号	检测项目	检测具体内容	检测结果	备注
一	点的平面位置测定			
1	测站校核	各测站距离及角度较差是否满足要求		每测站检查完成后才开始下一测站的测量工作
2	计算校核	数据的计算是否有错		
二	点的平面位置测设			
1	计算校核	测设数据计算过程及结果是否正确		
2	测设结果校核	放样点的实测坐标与设计点的已知坐标的偏差		
评价：				

组长签字：　　　　　　　　　　教师签字：　　　　　　　　　　日期：

6. 点的平面位置测量评价

(1)点的平面位置测量成果评价单(表 4-16)。

表 4-16　点的平面位置测量成果评价单

序号	检测项目	检测结果	评分标准	分值
1	测量现场整洁		测量仪器摆放规整，仪器打开后盖子关好，放回箱中前所有制动打开，现场不留垃圾(满分 10 分)	
2	测量仪器摆放规整，无损坏		按要求借、还仪器，并按要求归放至实训室指定位置，仪器完好无损(满分 20 分)	
3	小组测量成果		测量成果按时提交，内容完整，格式编排满足要求，测量精度满足要求(满分 50 分)	
4	小组互评		简介本组测量方案、测量成果、测量中遇到的问题、体会，表述清晰、生动(满分 20 分)	
5			总分	
总结(测量过程中存在的问题，提出改进措施)：				

组长签字：　　　　　　　　　　教师签字：　　　　　　　　　　日期：

(2)点的平面位置测量学生自评表(表4-17)。

表4-17　点的平面位置测量学生自评表

任务名称	点的平面位置测量				
问题	评价				
	极不满意	不满意	一般	满意	非常满意
	5	10	15	18	20
1. 我清楚本项目的测量内容及思路					
2. 我能够积极主动地查阅资料					
3. 我能够对我的组员提出解决问题的答案做出贡献					
4. 我与组员共同完成任务					
5. 我能够将自己查阅的资料分享给他人					
项目总分					
对该教学内容及方法的意见和建议：					

注：1. 请根据自己在小组完成任务过程中的表现和贡献对自己进行评价，并在相应栏目内画"√"；
　　2. 若对任务的设置，教师引导任务完成的方式、方法有好的建议或意见，请填写在"对该教学内容及方法的意见和建议"栏中。

(3)点的平面位置测量教师评价表(表4-18)。

表4-18　点的平面位置测量教师评价表

项目名称	点的平面位置测量			
学生姓名	技能检测	积极参与小组任务	能按时完成任务	总分
	30	50	20	

注：根据学生在小组完成项目过程中的表现和贡献对其进行评价。

(4)点的平面位置测量任务评价总表(表4-19)。

表4-19　点的平面位置测量任务评价总表

姓名	学号	组别	成果评价(0.5)	学生自评(0.1)	教师评价(0.2)	考勤(0.2)	总分

注：考勤满分100分，请假1节扣5分，迟到或早退1次扣5分，旷课1节扣10分，旷课4学时本任务没有考勤分。

(5)点的平面位置测量上交成果表(表4-20)。

表4-20 点的平面位置测量上交成果表

任务名称		点的平面位置测量		
个人成果		完成时间	要求	编写、整理人
名称	编号			
全站仪点的平面位置测量认识	4.1	资讯	以测量的数据为案例,总结点的平面位置测量(坐标测量及放样)的使用方法和步骤	个人
点的平面位置测量方案	4.2	计划、决策	按点的平面位置测量方案的步骤要求编写,要求有图表及简要的文字叙述	
点的平面位置测量项目总结	4.3	实施	字数不少于500字,内容包括:个人参与完成的工作、对点的平面位置测量项目的认识理解及个人经验	
点的平面位置测量个人自评表、教师评价表、点的平面位置测量任务评价总表	4.4、4.5、4.6	评价	个人自评需按实打分,教师评价及任务总评价由老师完成,个人自己整理	
小组成果		完成时间	要求	编写、整理人
名称	编号			
点的平面位置测量任务书	4.1	资讯	任务书采用"点的平面位置测量任务单",另需附上本组任务图	任务组长
点的平面位置测量方案决策单	4.2	计划、决策	按点的平面位置测量方案决策单的标准进行评价,填写好决策单	小组常任组长
点的平面位置测量方案	4.3		按点的平面位置测量方案要求完成	任务组长
点的平面位置测量实施单	4.4		按点的平面位置测量实施单的格式,依照测量方案简要写出完成任务的主要步骤	任务组长
点的平面位置测量成果报告	4.5	实施	包括外业获得的测量数据及内业处理后的最终成果,以图表的形式提交	任务组长及技术负责人
点的平面位置测量检查单	4.6		依照点的平面位置测量检查单对测量成果作检查、评价	任务组长
点的平面位置测量成果评价单	4.7	评价	按点的平面位置测量成果评价单填写	任务组长
点的平面位置测量汇报	4.8		汇报内容不少于500字,内容包括:小组方案简介、测量成果展示、任务完成后的心得体会	本任务组长及下一任务组长
注:个人成果在教材上完成,小组成果采用电子版提交。				

水平点的平面位置测量工作过程核心知识梳理

教学情境	点的平面位置测量		
工作过程	资讯		
教学方法	引导文法、讨论法、讲授法	学时	8
相关核心知识	1. 点定位的总体思路 高差 → 高程 → 点的竖向位置 → 点的空间位置 水平距离 → 平面直角坐标系中的坐标 → 点的平面位置 → 点的空间位置 水平角度 → 平面直角坐标系中的坐标		

1. 点定位的总体思路

2. 两点间平面位置关系

(1)坐标关系：坐标增量 ΔX、ΔY，$\Delta X_{A1}=X_1-X_A$，$\Delta Y_{A1}=Y_1-Y_A$。

(2)位置关系：两点间距离及两点连线在直角坐标系中的方向。

(3)直线的方向：坐标方位角 α。

(4)直线定向：用坐标方位角表示，两点连线正、反坐标方位角关系：$\alpha_{AB}=\alpha_{BA}\pm180°$。

3. 两点间平面位置关系推坐标增量

$$\Delta x=D\times\cos\alpha, \quad \Delta y=D\times\sin\alpha$$

4. 坐标方位角的计算

(1)由两坐标增量计算：

$$\alpha=\arctan\Delta y/\Delta x$$

(2)由夹角及前坐标方位角推算：

$$\alpha_{前}=\alpha_{后}+\beta_{左}-180°$$

5. 夹角及距离的推算

$$\beta_{左}=\alpha_{前}-\alpha_{后}+180°, \quad D=\sqrt{\Delta X^2+\Delta Y^2}$$

注：当计算的角度为负时，则加上 360°。

6. 全站仪认识

(1)测站点：仪器架设对中的点就是测站点。

(2)后视点：另外一个已知点，仪器根据测站点及后视点来确定北方向(X 方向)。

(3)放样点：根据图纸获取某点坐标，不知道其现场位置，需通过测量将其坐标对应的位置在现场标定出来的点就是放样点。

(4)全站仪坐标与图纸坐标的对应关系：N(北坐标)—X，E(东坐标)—Y，Z(天顶方向坐标)—H。

(5)测站点和后视点须满足的条件：两个点的现场位置和坐标已知，且两点通视。

教学情境	点的平面位置测量		
工作过程	计划、决策		
教学方法	引导文法、讨论法、案例法、讲授法	学时	4

<table>
<tr><td rowspan="1">相关核心知识</td><td>

1. 点的平面位置测量内容

点的平面位置测定（坐标测量）及点平面位置测设（坐标放样）。

(1)点的平面位置测定：

1)外业测量：用经纬仪或全站仪测量水平夹角 β，利用钢尺或全站仪测量水平距离。

2)内业计算（坐标正算）：根据已知坐标、测量角度及距离，利用坐标正算公式计算待测点坐标。

(2)点的平面位置测设：

1)内业计算（坐标反算）：用坐标反算公式计算水平夹角及水平距离。

2)外业测量：利用经纬仪角度测量定方向，利用钢尺测设距离。

（如用全站仪的坐标测量或坐标放样程序，仪器可自动完成坐标正算与坐标反算）。

2. 坐标测量路线校核

当待测点为单个点时，可直接利用前面的坐标测定的方法完成，当待测点为多个点时，为了避免误差累积，提高测量的精度，需要将待测点与已知点布设成一定路线形式，以便进行路线校核。这样的测量即平面控制测量。工程中常采用的平面控制测量为导线测量。导线测量的思路如下： 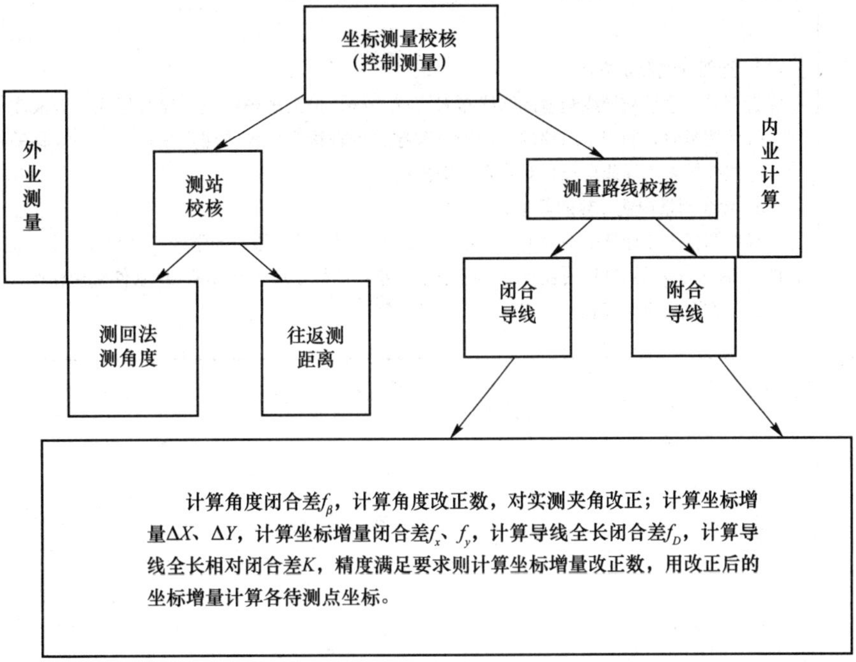

</td></tr>
</table>

坐标测量校核（控制测量）

外业测量 → 测站校核 → 测回法测角度、往返测距离

测量路线校核 → 闭合导线、附合导线

内业计算

计算角度闭合差 f_β，计算角度改正数，对实测夹角改正；计算坐标增量 ΔX、ΔY，计算坐标增量闭合差 f_x、f_y，计算导线全长闭合差 f_D，计算导线全长相对闭合差 K，精度满足要求则计算坐标增量改正数，用改正后的坐标增量计算各待测点坐标。

教学情境	点的平面位置测量		
工作过程	检查、评价		
教学方法	引导文法、讨论法、讲授法	学时	4
相关核心知识	1. 点的平面位置测定校核及成果整理思路 2. 近似导线测量方法 近似导线测量与导线测量的路线布置方式一样，根据现场情况，导线形式布置成闭合导线或附合导线。外业测量时，利用全站仪的坐标测量程序，可直接测出各待测点坐标，测站校核采用盘左盘右法校核，路线校核采用导线全长相对闭合差来校核。 3. 导线测量内业计算的其他方法 导线测量内业计算中手算的工作量大，计算过程容易出错，初学者不易掌握。实际测量中常采用平差软件（如南方平差易）进行内业计算。除采用平差软件外，还可借助 CAD 软件采用作图法平差，与其他方法相比，作图法简单直观。		

项目 5　基础施工测量

任务 5.1　基础施工测量前准备工作

建筑施工测量是在建筑施工阶段，测量人员按照设计的要求对建筑的平面位置和竖向位置进行测设并标记在施工现场，作为各项施工工作定位依据。施工测量的内容主要包括建筑物定位、细部轴线放样、基础施工测量和主体施工测量等。在进行施工测量前，应做好以下准备工作。

5.1.1　熟悉设计图纸

设计图纸是施工测量的主要依据，测设前应充分熟悉各种有关的设计图纸，了解施工建筑物与相邻地物的相互关系及建筑物本身的内部尺寸关系，准确无误地获取测设工作中所需要的各种定位数据。下面介绍与测设工作紧密相关的设计图纸。

1. 建筑总平面图

如图 5-1 所示，建筑总平面图给出了建筑场地上所有建筑物和道路的平面位置及其主要点的坐标，标出了相邻建筑物之间的尺寸关系，注明了各栋建筑物室内地坪高程，是测设建筑物总体位置和高程的重要依据。根据建筑总平面图，测量人员可获取待施工建筑物的角点坐标，并以其作为建筑物平面定位的依据。

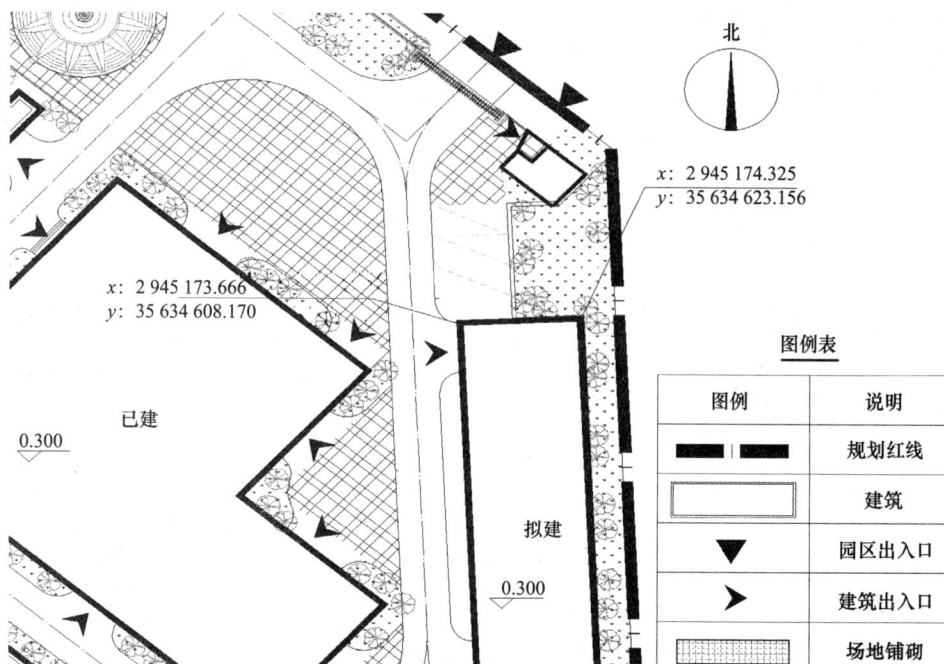

图 5-1　建筑总平面图(局部)

2. 建筑平面图

建筑平面图标明了建筑物首层、标准层等各楼层的总尺寸，以及楼层内部各轴线之间的尺寸关系，如图 5-2 所示，它是测设建筑物细部轴线的依据。

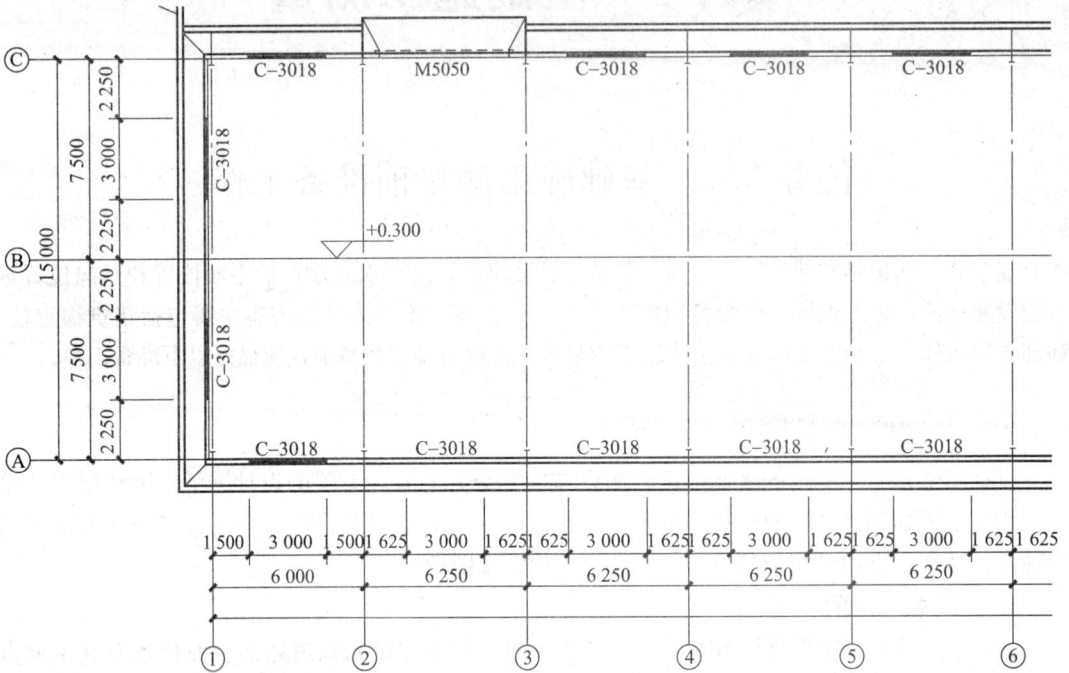

图 5-2 建筑首层平面图(局部)

3. 基础平面图及基础详图

如图 5-3 和图 5-4 所示，基础平面图及基础详图标明了基础形式、基础平面布置、基础中心或中线的位置、基础边线与定位轴线之间的尺寸关系、基础横断面的形状和大小及基础不同部位的设计标高等，它们是测设基槽(坑)开挖边线和开挖深度的依据，也是基础定位及细部放样的依据。

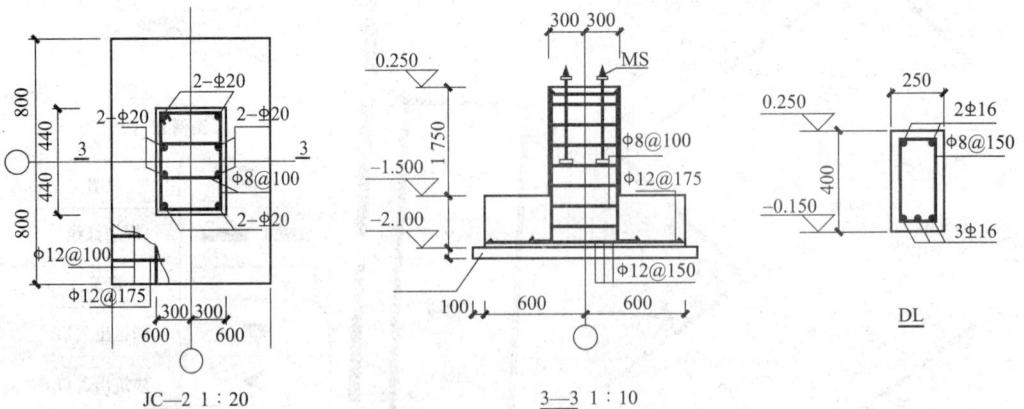

图 5-3 基础详图

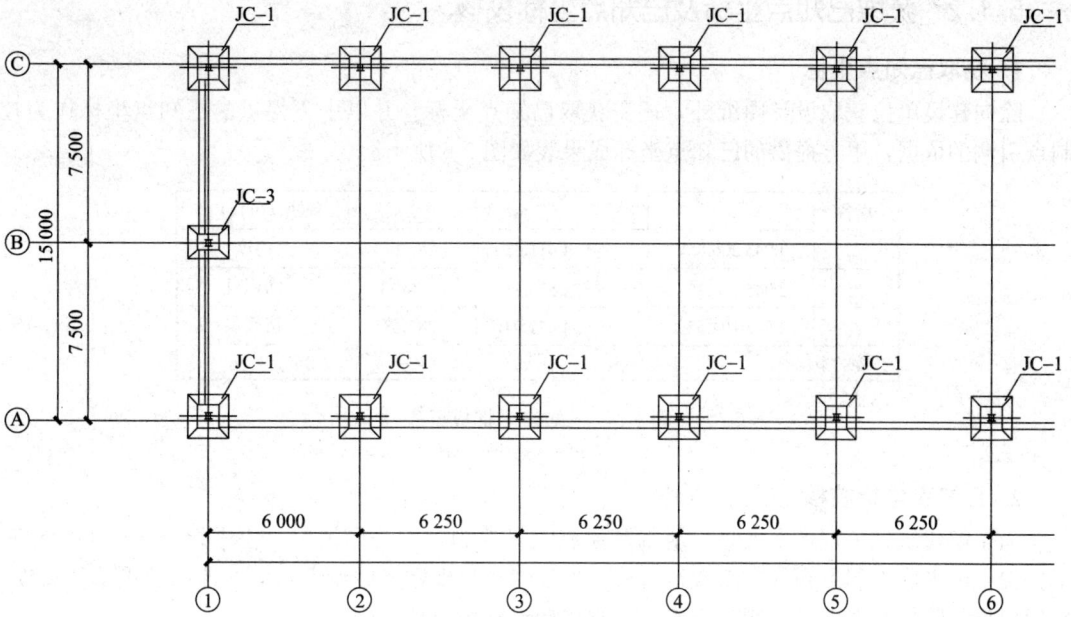

图 5-4　基础平面图(局部)

4. 立面图和剖面图

如图 5-5 所示，立面图和剖面图标明了室内地坪、门窗、楼梯平台、楼板、屋面及屋架等的设计高程，这些高程通常是以建筑±0.000 标高为起算点的相对高程，它是测设建筑物各部位高程的依据。

在熟悉图纸的过程中，应仔细核对各种图纸上相同部位的尺寸是否一致，同一图纸上总尺寸与各有关部位尺寸之和是否一致，如发现问题，应及时向建设单位反馈，由建设单位联系设计单位复核明确。

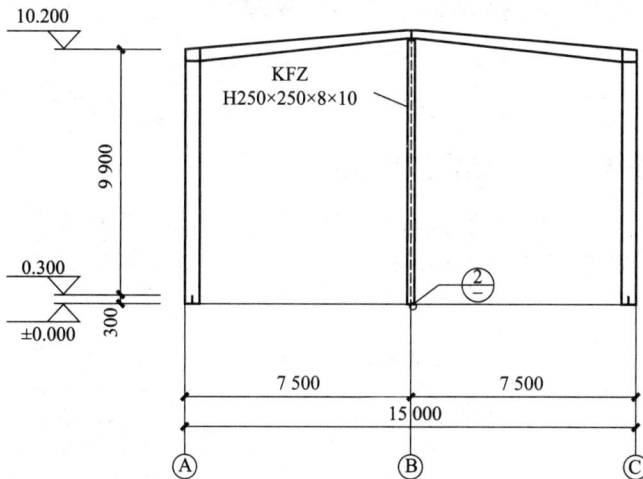

图 5-5　立面图和剖面图

5.1.2 获取已知点坐标及已知点坐标校核

1. 获取已知点坐标

除向建设单位获取设计图纸外，还需获取已知点坐标，并以甲方提供的已知点坐标作为控制点引测的依据，甲方提供的已知点坐标成果表如图 5-6 所示。

点名	X	Y	Z	备注（位置）
Z_1	2 945 205.857	35 634 611.82	1 285.174	大门边
Z_2	2 945 156.303	35 634 520.58	1 284.31	厂房门口
Z_3	2 945 104.529	35 634 479.94	1 287.481	厂房楼顶
西安80坐标系				

图 5-6　已知点坐标成果表

2. 已知点坐标校核

为了解建筑施工现场上地物、地貌及原有测量控制点的分布情况，应进行现场踏勘，并对甲方提供的平面控制点和水准点进行检核，如发现已知坐标点偏差大，应立即向建设单位反馈，然后根据实际情况考虑后续测设方案。已知坐标点现场交点及校核如图 5-7 所示。

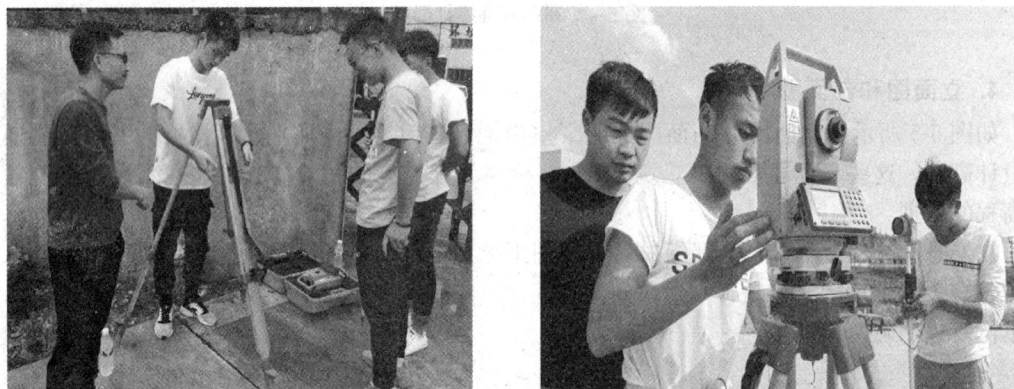

图 5-7　已知坐标点现场交点及校核

5.1.3 确定测量方案、准备放样数据

在熟悉设计图纸、掌握施工计划和施工进度的基础上，结合现场条件和实际情况，在满足《工程测量规范》(GB 50026—2007)及建筑物施工放样的主要技术要求(表 5-1)的前提下，拟定测设方案。

表 5-1　建筑物施工放样的主要技术要求

建筑物结构特征	测距相对中误差	测角中误差/(″)	测站高差中误差/mm	施工水平面高程中误差/mm	竖向传递轴线点中误差/mm
金属结构、装配式钢筋混凝土结构、建筑物高度 100～120 m 或跨度 30～36 m	1/20 000	5	1	6	4

建筑物结构特征	测距相对中误差	测角中误差/(″)	测站高差中误差/mm	施工水平面高程中误差/mm	竖向传递轴线点中误差/mm
15层房屋、建筑物高度60～100 m或跨度18～30 m	1/10 000	10	2	5	3
5～15层房屋、建筑物高度15～60 m或跨度6～18 m	1/5 000	20	2.5	4	2.5
6层房屋、建筑物高度15 m或跨度6 m以下	1/3 000	30	3	3	2
木结构、工业管线或公路铁路专用线	1/2 000	30	5		
土工竖向整平	1/1 000	45	10		

　　测量方案包括测量内容、测量方法、测量步骤、采用的仪器工具、精度要求、人员及时间安排等。

　　在每次现场测量之前，应根据设计图纸和测量控制点的分布情况，准备好相应的放样数据并对数据进行检核，需要时还可绘制出放样略图，将放样数据标注在略图上，使现场放样时更方便、快速，并减少出错的可能。

　　施工测量的基本准则如下：

　　(1)遵守国家法令、政策和规范，明确为工程施工服务；

　　(2)遵守先整体后局部和高精度控制低精度的工作程序；

　　(3)要有严格的审核制度；

　　(4)建立一切定位、放线工作要经自检、互检合格后，方可申请主管部门验收的工作制度。

任务 5.2　控制点引测及建筑定位测量

　　建筑定位就是根据建筑规划总图中建筑角点的坐标，将建筑角点及各基础定位轴线测设于施工现场。在进行建筑定位前，需要根据建设单位提供的已知坐标点向施工场地引测控制点，以便实施后续的建筑角点定位等施工放样工作。

5.2.1　控制点引测

　　控制点引测的实质就是点位测定，按控制测量方法实施，点的高程引测方法参见项目1，点的平面坐标引测详见项目4。大体实施分为以下两步。

1. 现场布置控制点

　　根据施工现场特点，选择土质较好、不受施工影响的位置标记点位，施工现场临时控制点标记如图5-8所示。控制点的个数不应少于3个，以方便相互校核，且点于点之间应相互通视。施工现场控制点布置如图5-9所示。

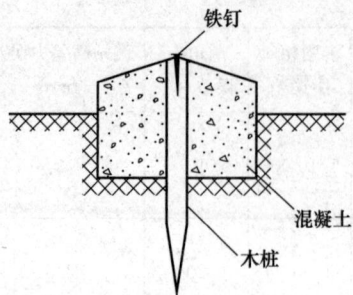

图 5-8　施工现场临时控制点标记

铁钉

混凝土

木桩

2. 控制点引测

完成控制点位布设后按水准测量及导线测量的方法进行控制测量，确定现场所布置点位的坐标。如引测距离较远，可用 GPS 引测以减小引测工作量（三维坐标一次引测完成），同时测量的精度也可得到保证。

5.2.2　建筑定位

1. 基础平面图坐标纠图

根据建筑总平面图，可得到待施工建筑的角点坐标。要开始基础施工放样，必须以基础平面图为依据，获取待放样点的坐标数据。为了能从基础平面图中获取图中任一位置点的平面坐标，需要向甲方获取电子版基础平面图（DWG 格式），并以角点坐标（总平面图中标注的）为依据进行坐标纠图。未进行坐标纠图前的基础平面图如图 5-10 所示。

坐标纠图前的基础平面图即设计提供的电子版图纸，图上建筑角点在 AutoCAD 中查询的坐标与建筑总平面图中的坐标肯定

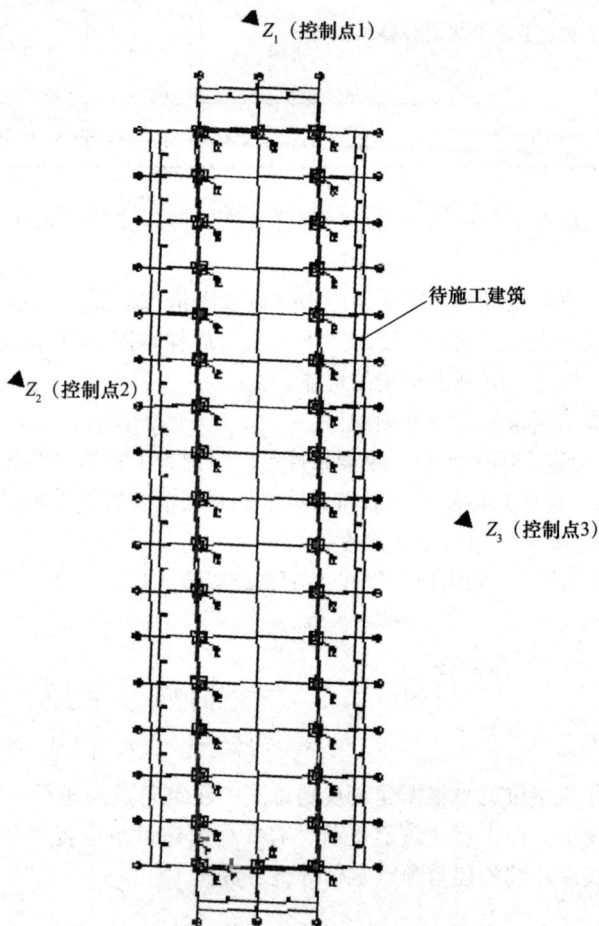

Z_1（控制点1）

待施工建筑

Z_2（控制点2）

Z_3（控制点3）

图 5-9　施工现场控制点布置

不一致。坐标纠图的目的就是要使图中角点在 AutoCAD 中查询的坐标与总图标注的对应角点坐标能完全一致对应，那样，便可从图中查询出任一位置的放样坐标。坐标纠图一般包括以下四步：

（1）图纸整体缩小。因建筑基础平面图一般以 mm 为单位，而测量坐标以 m 为单位，为了使单位统一为 m，故需将图纸缩小 1 000 倍，利用 AutoCAD 中的缩放命令完成。

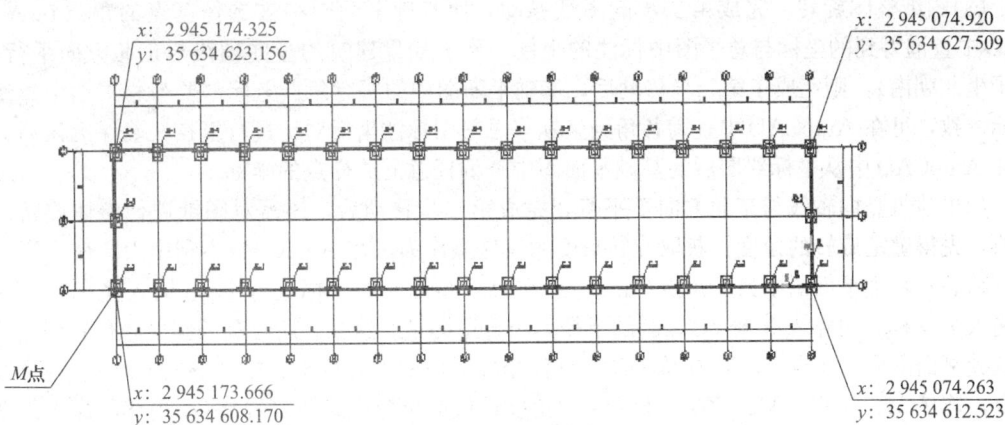

图 5-10　未进行坐标纠图前的基础平面图(角点坐标根据建筑总平图标注)

　　(2)图纸整体移动。图纸整体移动的目的是使基础平面图中某一角点的 AutoCAD 查询坐标与总平图标注坐标统一，利用 AutoCAD 中的移动命令完成。具体操作方法：在 AutoCAD 中输入移动命令(move)，选中整张基础平面图，以建筑某一角点(一般选左下角)为基点；基点选择好后，AutoCAD 命令行提示输入第二点，这时输入该角点的总平图标注坐标值，如图 5-11 所示。值得注意的是：AutoCAD 中的坐标系为笛卡儿坐标系，其坐标的 X、Y 与测量坐标系的 X、Y 恰好相反，故在 AutoCAD 中输入坐标时，要先输入 Y 坐标，再输入 X 坐标。

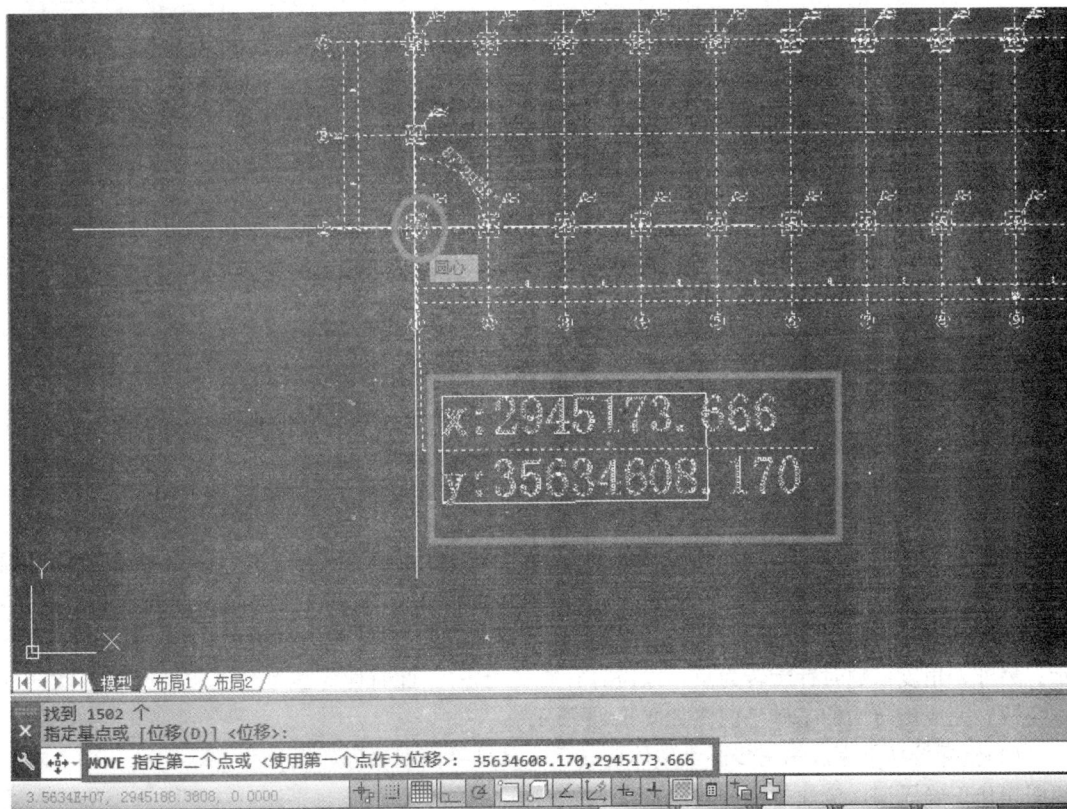

图 5-11　坐标输入确定移动第二点

（3）图纸整体旋转。完成第二步的图纸移动，使基础平面图中被选作基点的角点在 Auto-
CAD 中查询得到的坐标与总平图中标注的坐标一致。如果建筑的竖向轴线与正北方向平行（即
房子坐北朝南），则完成了第二步移动后，基础平面图中的所有角点坐标都要与总平图中标注的
坐标一致，可在 AutoCAD 中查询各角点坐标与总平图标注坐标对比进行复核，确保无误后，便
可在 AutoCAD 中从坐标纠图后的基础平面图中查询任意需放样点的坐标。

如果建筑竖向轴线与正北方向不平行，完成第二步移动后，还需对图纸进行整体旋转。旋
转前，先得确定旋转的角度，获取旋转角度的具体操作为：在 AutoCAD 中利用画圆命令画一个
圆，圆心以基础平面图中另一角点（如 N 点）在总平图标注的坐标进行定位（输入坐标时，注意
先输入 Y 坐标，再输入 X 坐标），圆的半径大小合适即可。这样，所绘制的圆中心位置（F 点）便
是基础平面图另一角点（N 点）在总平图中标注坐标对应的准确位置。在 AutoCAD 中利用绘直线
命令，连接 M、N 点，M、F 点，然后利用角度标注命令标注出两直线夹角（注意：标注角度前
需在标注样式中将角度格式设成度分秒格式），如图 5-12 所示。

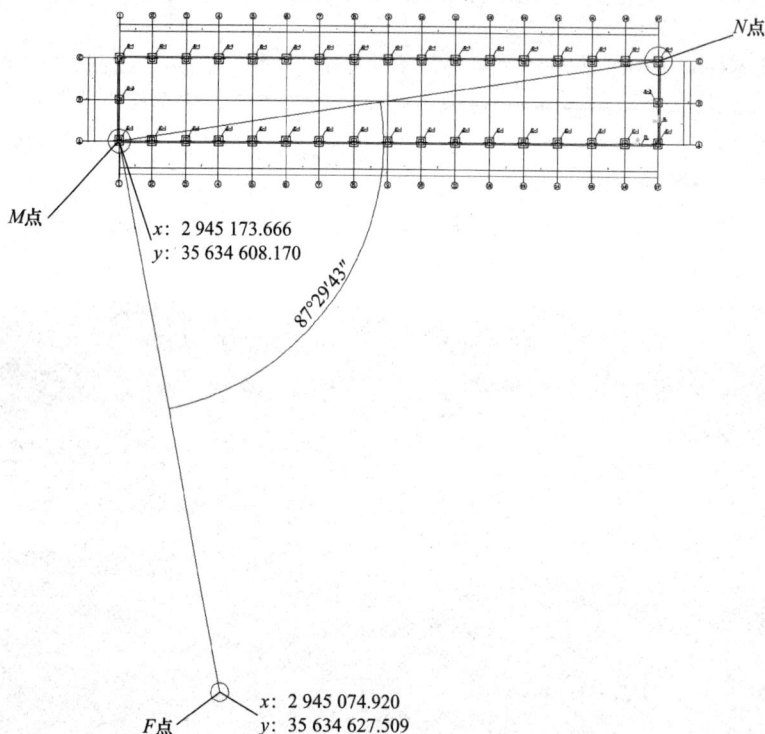

图 5-12　确定旋转角度

旋转的目的就是使已移动的角点（M 点）不动，另一角点（N 点）与 F 点重合，这一目标可用
AutoCAD 的旋转命令完成。具体操作步骤为：在 AutoCAD 中输入旋转命令，全选基础平面图，
选 M 点为基点，输入旋转角度 87 d29′43″（注意：在 AutoCAD 中输入角度时，"度"用字母"d"表
示；另外，角度以顺时针旋转为负，以逆时针旋转为正），此时便完成了整图旋转，坐标纠图基
本完成。完成旋转后的基础平面图如图 5-13 所示。

（4）坐标校核。完成第三步图纸整体旋转后，基础平面图坐标纠图操作基本完成。为了确保
纠图操作正确无误，应通过查询各角点在 AutoCAD 中的坐标值与总平图对应的角点坐标进行对
比、校核，正常情况是，查询坐标与总图坐标应完全一致。如果有偏差，应分析查找偏差原因，
重新按前面的步骤操作。

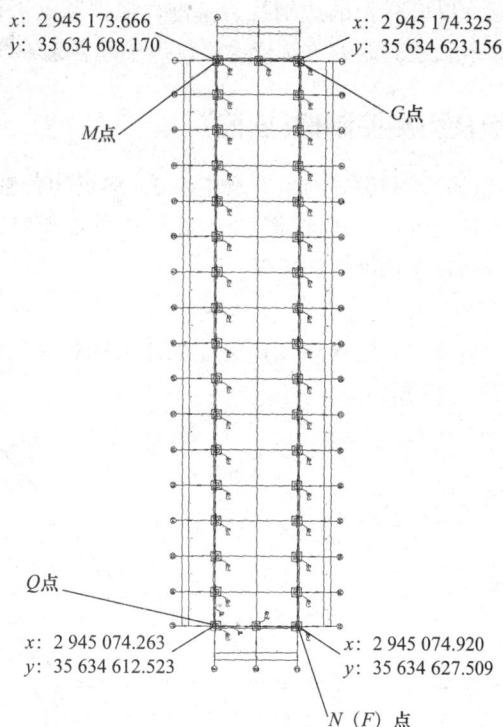

x: 2 945 173.666　　　　　　　x: 2 945 174.325
y: 35 634 608.170　　　　　　　y: 35 634 623.156

M点　　　　　　　　　　　　　G点

Q点

x: 2 945 074.263　　　　　　　x: 2 945 074.920
y: 35 634 612.523　　　　　　　y: 35 634 627.509

N（F）点

图 5-13　坐标纠图后的基础平面图

2. 测设建筑角点

基础开挖前，首先需将建筑角点测设于实地上。建筑角点定位按以下方法实施：

在图 5-13 中，M、N、G、Q 为建筑角点。根据前面已引测的施工现场控制点 Z_1、Z_2（图 5-9），以 Z_1 点为测站点，以 Z_2 点为后视点，利用全站仪坐标放样方法，输入各角点的坐标，可将 M、N、G、Q 四角点测设在实地上。

3. 测设建筑轴线

建筑角点测设完成后，一般用经纬仪（或全站仪）定线方法，在已标记的一角点上安置仪器，后视另一端角点，锁上水平制动，竖向转动望远镜，可指挥标记人员在两角点连线上每隔 10 m 左右标记一点，然后利用石灰（或粉刷用瓷粉）沿标记撒灰线，这样即可完成建筑 4 条边轴线的定位及标记，如图 5-14 所示。

图 5-14　轴线测设标记

完成 4 条边轴线测设后，以已标记的边轴线为基准，根据基础平面图中轴线的间距，用钢尺垂直于已测设的边轴线量取轴线间距的方法依次测设出中间各条轴线。

5.2.3　设置龙门板及引测控制桩(护桩)

因为施工时要开挖基坑(槽)，测设好的角桩及中心桩(建筑物各轴线的交点)要被挖掉。所以，在挖基坑(槽)前要将各轴线延长到基坑(槽)外，在施工的建筑物或构筑物外围，建立龙门板或控制桩，作为挖基坑(槽)后恢复轴线的依据。

1. 龙门板设置

龙门板也称线板，在建筑施工时沿房屋四周钉立的木桩叫作龙门桩。龙门板通常距离外墙基槽边缘 1.0～1.5 m，如图 5-15 所示。

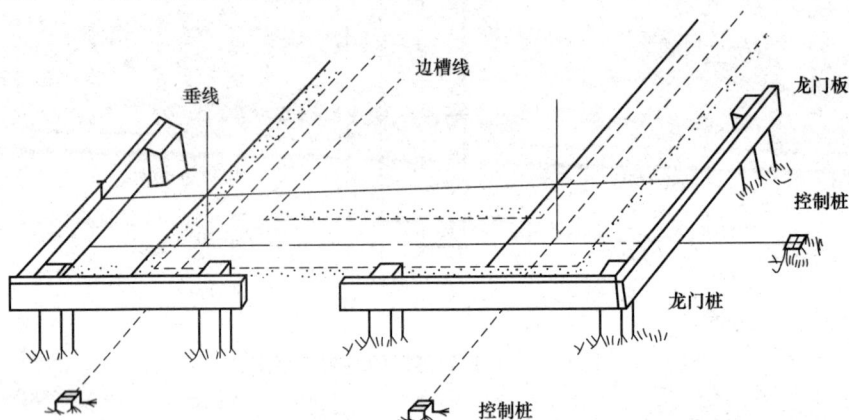

图 5-15　龙门板

2. 引测控制桩

龙门板使用方便，但占地大，影响交通，故在机械化施工时一般只设置控制桩。在建筑物施工时，沿房屋四周在建筑物轴线方向上设置的桩叫作轴线控制桩。控制桩一般设置在边线以外，不受施工干扰并便于引测和保存桩位的地方，如图 5-16 所示。

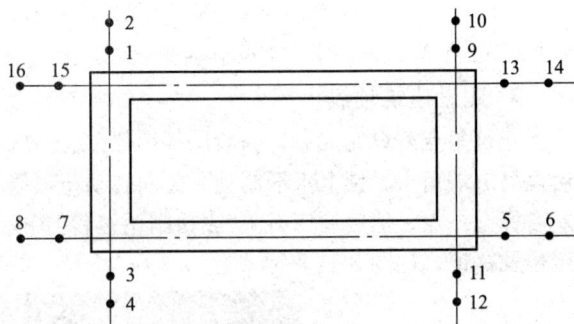

图 5-16　控制桩

5.2.4　建立施工平面直角坐标系

根据前面所述，利用 AutoCAD 完成基础平面图的坐标纠图后，便可利用 AutoCAD 坐标查询获取图中任意待放样点的平面坐标，然后利用全站仪的坐标放样程序完成点的放样测量。这里的放线施测方法有以下两个方面问题：

(1)测量前需在 AutoCAD 中先查询放样坐标，测量前准备工作量大；

(2)用全站仪极坐标放样法测设点位效率较低。

为了免去测量前的坐标查询工作，提高定点效率，在建筑施工测量中，常建立施工平面直角坐标系进行施工测量，下面介绍其具体实施方法。

1. 建立施工平面直角坐标系

如图 5-12 所示，施工平面直角坐标系一般以基础平面图左下角建筑角点 M 点为坐标原点，以横向第一条轴线为 Y 坐标轴(一般为Ⓐ轴线),以竖向第一条轴线为 X 轴(一般为①轴线)。

在这个施工平面直角坐标系中,因坐标轴与建筑轴线满足平行或垂直关系,根据基础平面图中标注的轴线间距,便可快速得到图中各点的施工坐标,这样可省去在 AutoCAD 图纸中查询放样坐标的工作。例如,左下角轴线角点 M 点为坐标原点,则 M 点的施工坐标为(0,0)。

2. 转换现场控制点的施工坐标

如图 5-9 所示,控制点 Z_1、Z_2、Z_3 在建立的施工平面直角坐标系中的施工坐标可采用坐标转换计算得到,也可利用 AutoCAD 作图法获取各控制点至施工坐标轴的垂直距离得到。控制点完成施工坐标转换后,需根据转换前后的坐标,通过坐标反算,校核坐标转换前后的控制点间水平距离与夹角是否一致。如有偏差,则需要检查分析原因并调整。

3. 利用施工坐标进行放样

完成施工平面直角坐标系建立及控制点施工坐标转换后,便可利用施工坐标进行现场放样。在建立的施工平面直角坐标系中,因坐标轴与建筑轴线间满足平行或垂直关线,可看出每条轴线的坐标具有一个特点:平行于 X 轴的轴线,轴线上的 Y 坐标为一定值,平行于 Y 轴的轴线,轴线上的 X 坐标为一定值。

根据轴线的某一坐标值为定值这一特点,测设某条轴线时,则不必先获取轴线上两点的 X 与 Y 坐标值,再采用全站仪坐标放样程序进行测设(这种极坐标定点需先定方向,再定距离,测设效率低),可直接利用全站仪坐标测量程序测量立棱镜点的坐标值,然后将测设轴线的坐标定值(若轴线平行于 Y 坐标轴,则轴线的 X 坐标为定值)与全站仪观测的对应坐标值进行对比,根据二者的差值,指挥立棱镜人员移动棱镜,直至二者完全一致,然后便可在立棱镜点做标记,则该标记点为轴线上的点。

任务 5.3 基坑(槽)开挖测量

5.3.1 放基坑(槽)开挖边线

完成建筑定位后,就可以放基坑(槽)开挖边线,它是基坑(槽)开挖的依据。测放基坑(槽)开挖边线的方法是:以前面测设的轴线为依据,根据基坑(槽)宽度计算出其坑(槽)顶边线至轴线的距离,然后撒灰线标记出基坑(槽)开挖范围,如图 5-17 所示。

基坑(槽)宽度以基础详图为依据,同时,根据施工规范考虑工作面及放坡计算。如图 5-18 所示,先按基础详图给出的设计尺寸计算基坑(槽)的开挖上口宽度 $2L$。

图 5-17 基坑(槽)开挖边线测设

$$L = A + nh \qquad (5\text{-}1)$$

式中　A——基坑(槽)底宽度,可查基础剖面图获取基础底宽,再加上两侧工作面宽得到,工作面宽度根据施工规范考虑;

　　　h——基坑(槽)深度;

　　　n——边坡坡度的分母(放坡坡度根据土质,查施工规范确定)。

根据计算结果，在地面上以前面测设的轴线为基准往两边各量出 L，拉线并撒上白灰，即开挖基坑(槽)边线。如果基础有偏心，则需要根据基础平面图标注的偏心尺寸计算清楚测设轴线至两侧开挖基坑(槽)边线的距离。

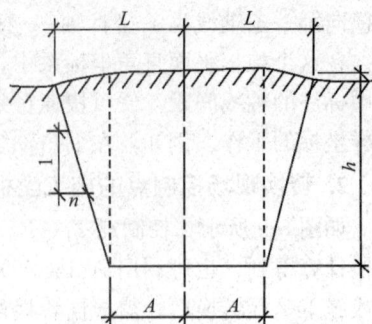

图 5-18　基坑(槽)宽度

5.3.2　定基坑(槽)开挖深度

完成基坑(槽)开挖边线定位后确定开挖的平面位置。机械开挖前，还必须清楚每个基坑(槽)开挖的深度。开挖深度需由基坑(槽)原地貌标高(自然标高)及基础垫层底标高(设计高程)计算确定。如图 5-19 所示，为了控制基坑(槽)开挖深度，当基坑(槽)挖到接近基坑(槽)底设计高程时，应在基坑(槽)壁上测设水平桩(或用自喷漆标记)，使水平桩的上表面离基坑(槽)底设计高程为某一数值(如 0.5 m，以方便后续量测)，用以控制开挖深度，也可作为基坑(槽)底清理和打基础垫层时控制标高的依据。一般在基坑(槽)各拐角处、深度变化处和基坑(槽)壁上每隔 3~4 m 测设一个水平桩，然后拉上白线，线下 0.5 m(根据测设的控制标高定)即基坑(槽)底设计高程。

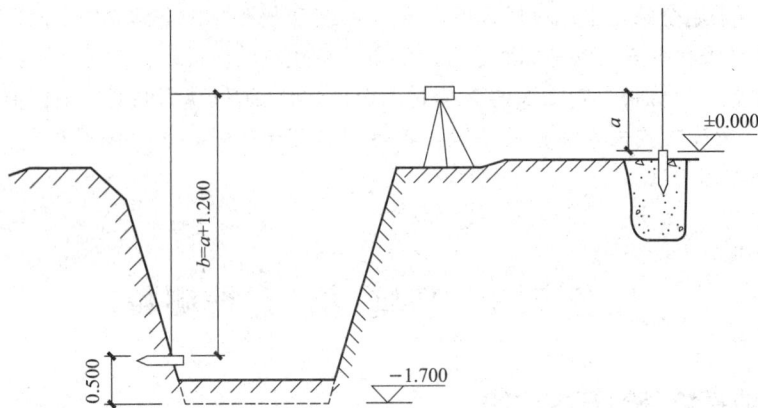

图 5-19　基坑(槽)水平桩测设

测设水平桩时，以施工现场引测的高程控制点为已知高程点，用水准仪进行测设，小型建筑物也可用连通水管法(工地上俗称水平管)进行测设。水平桩上的高程误差应在 ±10 mm 以内。

例如，设已知高程为 ±0.000，基坑(槽)底设计标高为 −1.7 m，水平控制桩高于基坑(槽)底 0.50 m，即水平桩高程为 −1.2 m，用水准仪后视已知高程点上的水准尺，读数 $a=1.286$ m，则水平桩上标尺的应有读数为

$$0+1.286-(-1.2)=2.486(\text{m})$$

测设时，沿基坑(槽)壁立水准尺，观测者指挥立尺人员上下移动水准尺，当读数为 2.486 m 时，沿尺底水平将标记木桩打进基坑(槽)壁(或在喷漆标记处划一横线)，然后检核该控制桩的标高，如超限便进行调整，直至误差在规定范围以内。

后续复核基坑(槽)开挖深度及垫层浇筑顶面标高是否与设计相符，可用钢尺量取基坑(槽)壁标高控制桩至坑底及混凝土浇筑完成面实测高差与设计高差对比判定，如图 5-20 所示。

如果基础坑(槽)采用机械开挖，且开挖方量不大，开挖速度较快，为了适时复核开挖深度，可在施工现场安置水准仪，边挖边测，随时指挥挖土机械调整挖土深度，控制基坑(槽)底的标高略高于设计标高(一般为 10 cm，留给人工清土)。

图 5-20　基坑(槽)开挖深度复核

5.3.3　基坑(槽)验槽测量

当基坑(槽)开挖完成后，在基础垫层浇筑前，需进行验槽工作。验槽主要是复核基坑(槽)开挖的平面位置、几何尺寸、竖向标高及地质情况是否满足设计与施工的要求。如图 5-21 和图 5-22 所示，在验槽前，需要以建筑定位时在基坑(槽)边标记的轴线控制桩为依据，将基础定位轴线投测并标记在开挖后的基坑(槽)底，作为基坑(槽)平面位置复核的依据，基坑(槽)底标高复核可依据前面测设于基坑(槽)壁的水平控制桩完成。

图 5-21　轴线投测前对轴线控制桩间距复核　　图 5-22　轴线投测并复核开挖尺寸是否满足要求

5.3.4　基坑(槽)开挖测量报验

为了确保施工测量中不出现错误，且测量精度满足工程测量规范要求，在施工测量工作中，除测量人员自己要进行步步校核外，每完成一次测量工作都需报监理单位进行验线，并形成相关验线记录资料。

建筑定位及基坑(槽)开挖测量完成后，需要将测量放线情况，按测量报验资料格式要求填写，并报监理单位现场复核验线无误后签字，形成基坑(槽)开挖验线资料。

基坑(槽)开挖验线资料包括基础开挖定位放线报验单及基础开挖放线记录,施工测量放线报验单及基础开挖放线记录见表 5-2 和表 5-3。

表 5-2　施工测量放线报验单

工程名称:×××××××××项目　　　　　　　　　　　　　　　　　　编号:

致:　　__×××__　(监理单位) 　　我单位已完成了　__×××××××××项目基础开挖测量__ 工作,现报上该工程报验申请表,请予审查和验收。 　　附件:1.基础开挖放线记录(一份) 　　　　　　　　　　　　　　　　　　承包单位(章):_____ 　　　　　　　　　　　　　　　　　　项目经理:_____ 　　　　　　　　　　　　　　　　　　日　　期:_____
审查意见: 　　　　　　　　　　　　　　　　　　项目监理机构:_____ 　　　　　　　　　　　　　　　　　　总/专业监理工程师:_____ 　　　　　　　　　　　　　　　　　　日　　期:_____

表 5-3　基础开挖放线记录

编号:

工程名称	×××××××××项目		日期	年　　月　　日
放线部位	独立基础		放线内容	轴线、基础开挖边线 测设±0.000 高程(1 284.000 m)
放线依据: 　1. 控制点 Z_1(2 945 205.857,35 634 611.820,1 285.174)、Z_2(2 945 156.303,35 634 520.580,1 284.310)。 　2.±0.000 高程:1 284.000 m。 　3.基础平面布置图(结施 02)。 　4.工程测量规范(GB 50026—2007)。 　5.项目测量方案。				
放线简图: 　见附图(1 页)				
检查意见: 　1. 柱轴线、基础开挖边线位置准确无误。 　2.±0.000 高程(1 284.000 m),误差在±3 mm 以内。 　3.经检查,本次测量符合测量规范及设计图纸要求,同意进行下道工序施工。				

签字栏	建设(监理)单位	施工(测量)单位		
		专业技术负责人	专业质检员	施测人

基础开挖放线记录中的放线简图一般用 AutoCAD 绘制好并打印后附在基础开挖放线记录后面，如图 5-23 所示。

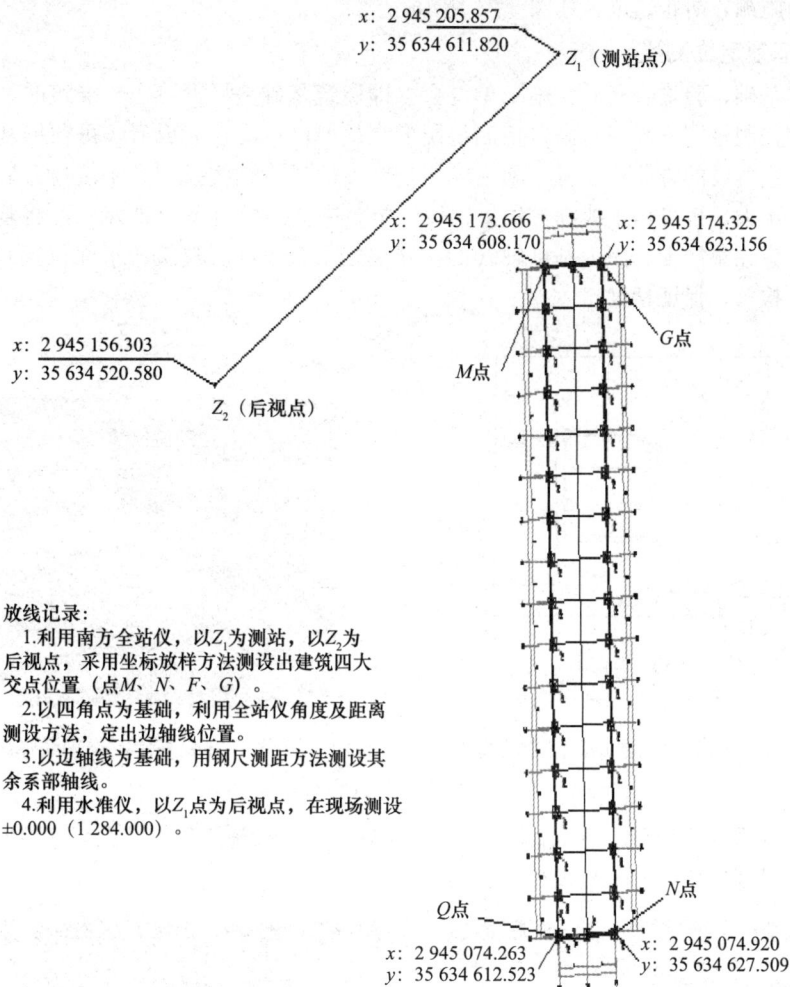

x: 2 945 205.857
y: 35 634 611.820
Z_1（测站点）

x: 2 945 173.666
y: 35 634 608.170

x: 2 945 174.325
y: 35 634 623.156

x: 2 945 156.303
y: 35 634 520.580

Z_2（后视点）

G点

M点

放线记录：
1. 利用南方全站仪，以Z_1为测站，以Z_2为后视点，采用坐标放样方法测设出建筑四大交点位置（点M、N、F、G）。
2. 以四角点为基础，利用全站仪角度及距离测设方法，定出边轴线位置。
3. 以边轴线为基础，用钢尺测距方法测设其余系部轴线。
4. 利用水准仪，以Z_1点为后视点，在现场测设±0.000（1 284.000）。

Q点

N点

x: 2 945 074.263
y: 35 634 612.523

x: 2 945 074.920
y: 35 634 627.509

基础开挖放线记录

图 5-23 基础开挖放线记录中的放线简图

任务 5.4　基础定位测量

5.4.1　基础边线测量

基坑（槽）开挖完成后，根据基础形式，有三种情况：一是直接打垫层，然后施工独立基础，这时要求在垫层上测设基础的定位轴线及基础外轮廓边界线；二是在基坑（槽）底部机械打孔或人工挖桩，做桩基础，这时要求在基坑（槽）底测设各条轴线和桩孔的定位线，桩做完后，还要测设桩承台的定位线；三是既有桩基也有独基时的测量工作是前两种情况的结合。

测设轴线时，有时为了通视和量距方便，不直接测设轴线，而是测设距轴线一定距离（一般

0.5 m 的整数)且与轴线平行的控制线，这时一定要在现场标注清楚控制线与轴线的距离，以免用错。另外，一些基础桩、梁、柱、墙的中线不一定与建筑轴线重合，而是偏移某个尺寸，因此要认真按图施测，防止出错，如图 5-24 所示。

1. 独立基础定位测量

对于独立基础，验槽合格后，施工单位会立即浇筑基础垫层混凝土，浇筑时，需要根据前面测设的高程控制桩用钢尺测量高差控制垫层的浇筑厚度。浇筑完成后，可根据基坑(槽)开挖时在基坑(槽)边测设的轴线控制桩，利用经纬仪或全站仪将轴线投测到基坑(槽)底垫层上，如基坑(槽)尺寸不大，也可用吊线锤方法将轴线引至垫层上。如图 5-25 所示，可将基础轴线和边线直接用墨线弹在垫层上。因为基础轴线的位置决定了整个高层建筑的平面位置和尺寸，所以施测时要严格检核，保证精度。

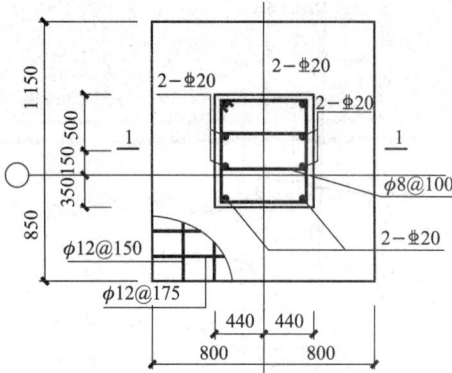

图 5-24　横向居中竖向有偏心的基础

图 5-25　基础定位轴线弹线

如图 5-26 和图 5-27 所示，基础定位轴线测设好后，模板施工班组及钢筋班组便可依据垫层上弹出的定位轴线定位基础模板及柱(墙)插筋。

图 5-26　基础模板定位

图 5-27　柱(墙)插筋定位

2. 桩基础施工定位

如果在基坑(槽)下做桩基，首先根据桩中心坐标，利用全站仪或 RTK 测设孔桩中心位置，用短钢筋或木桩标记并撒上灰线，然后进行孔桩开挖，如图 5-28 所示。若是人工成孔，开挖第一节(一般为 1 m)完成并浇筑护壁及锁口后，为了校核孔桩开挖位置及孔桩开挖垂直度，需要在孔桩锁口上测设并用墨线标记孔桩定位轴线，如图 5-29 所示。

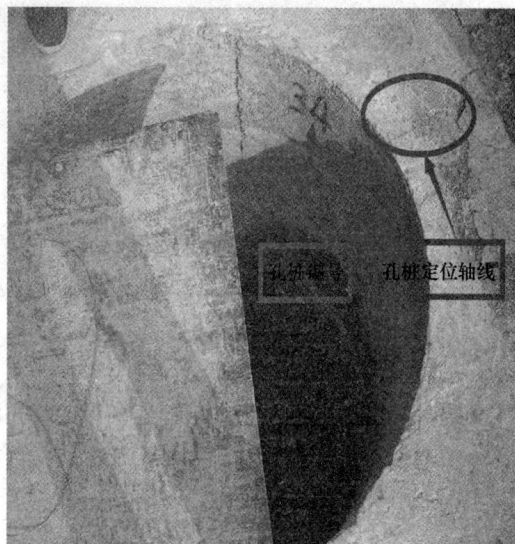

| 图 5-28　孔桩中心定位 | 图 5-29　在孔桩锁口上测设标记孔桩定位轴线 |

5.4.2　基础标高控制

基础标高控制包括基底标高控制及基顶标高控制。

1. 基底标高控制

基底标高也即垫层的顶标高，所以控制好垫层的浇筑厚度是确保基底标高的关键。实际施工中，基底标高一般可从基础施工图中查出。但在实际工程中，基底标高主要根据现场地质确定，因为一般设计都要求基底嵌入持力层一定深度，即设计图纸对基底标高的确定有两种情况，一是在设计图纸的基础详图中直接标注基底标高；二是不直接标注基底标高，而是根据地勘报告给出参考基底标高，实际施工时需开挖至设计要求持力层并满足一定的嵌岩深度（一般为 500 mm），所以，基底标高的确定需要根据具体项目设计图纸要求而定。设计图纸中基底标高表示方法及基础持力层说明如图 5-30 和图 5-31 所示，图 5-30 中，ZJ 表示桩基，CT 表示承台。

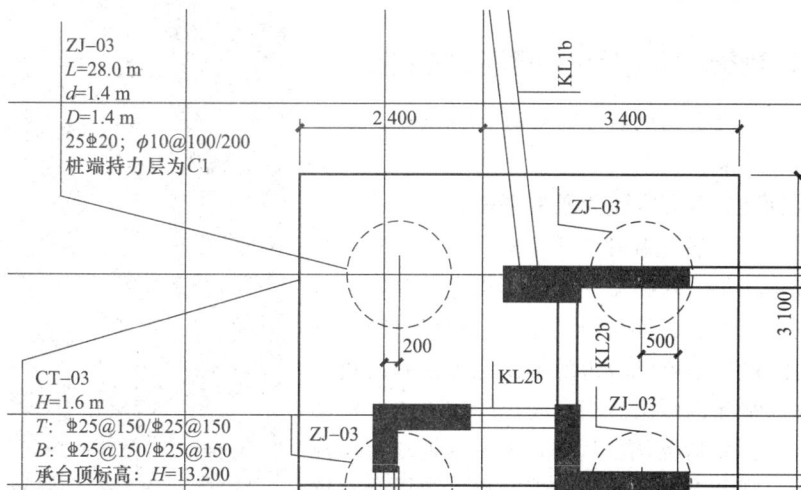

图 5-30　基底标高表示（基础平面图局部）

2. 本工程基础设计等级为甲级，基础形式为钢筋混凝土扩展基础以及桩基，桩基均为人工挖孔灌注桩；

±0.000相对应的绝对标高为259.150 m，本测基准标高H=±0.000 m（259.150 m）。

3. 本图中所有基础持力层为：

中厚层紫顺白云岩，地基承载力特征值fa= 2000 kPa；

若基坑开挖至设计标高后持力层出现差异，需会同勘察、设计等部门重新确定基础坐梁。

基础进入持力层应≥500 mm。

图 5-31　基础持力层说明（设计说明局部）

2. 基顶标高控制

基顶标高控制主要是控制基础混凝土浇筑的厚度。对于独立基础，一般在基础的柱插筋上测设比基顶标高高出 50 cm 的标高，用油漆或有色胶带做上标记；若是桩基础，一般在孔桩护壁上测设并用油漆标记，如图 5-32 所示。

图 5-32　孔桩标高控制

浇筑混凝土时，工人用钢尺从标记顶部往下量测至混凝土面的高差，来检查混凝土浇筑的顶标高是否与设计相符。

5.4.3　基础梁、承台及柱墙插筋定位测量

当基础混凝土浇筑完成后，需要进行基础梁、承台及柱墙插筋定位测量。

1. 基础梁定位（基础类型为独立基础）

如图 5-33 所示，独立基础浇筑完成后，接下来进行基础上部柱模板定位、基础梁开挖及模板定位测量。这项测量工作的施测方法：可利用经纬仪（或全站仪）以基坑（槽）开挖时测设在基坑（槽）边的轴线定位控制桩进行投测，根据现场情况也可用控制点间拉线的方法并借助吊线锤进行投点。如基坑（槽）开挖时测设的轴线定位控制桩已被破坏，则可根据现场已知控制点，利用全站仪坐标放样方法重新测设柱及基础梁轴线。

图 5-33　基础梁开挖及模板支设现场

如图 5-34 所示，除基础上部柱及基础梁平面定位外，还需要进行基础梁及基础回填平整竖向控制。竖向控制施测方法：利用水准仪，采用水准仪高程测设的方法，以现场高程控制点为后视点，以合适的距离在现场测设较基础梁顶高 0.5 m 的控制标高，并将标高位置用红色油漆标记在柱钢筋上（或现场打入标记用的短钢筋），基础梁混凝土浇筑或基础回填时，可在标高控制标记间拉细线，用钢尺以细线为基准向下量高差进行控制检查。

图 5-34　基础梁及基础回填竖向控制标高抄测

2. 承台、基础梁及柱墙插筋定位（基础为桩基础）

如图 5-35 所示，若基础为桩基础，孔桩浇筑并检测合格后，接下来进行桩基承台及基础梁施工。在该阶段施工时，测量人员需测设承台及基础梁定位轴线作为承台模板、基础梁模板（一般常采用砖胎模板）及柱墙插筋定位依据。基础梁及承台开挖并浇筑完垫层后，便可开始基础梁及承台定位轴线的测设。

图 5-35　桩基承台及基础梁砖胎模板施工

基础梁及承台定位轴线的具体施测方法：根据此前完成坐标纠图后的基础平面图，利用 AutoCAD 坐标查询方法，获取待测设的各条定位轴线上任意两点的平面坐标（两点位置尽量靠在基础梁两端，这样定位较准确），然后利用全站仪坐标放样方法测设各条轴线，并在垫层上弹墨线标记。也可采用前面介绍的施工坐标进行更便捷的测量。测量现场如图 5-36 所示。

完成基础梁（承台）砖胎模板砌筑及基础梁（承台）钢筋安装后，进行地下室（或一层）柱墙插筋定位测量。

柱墙插筋定位测量施测方法：根据坐标纠图后基础平面图获取测设点坐标，利用全站仪坐

图 5-36　桩基承台及基础梁砖胎模砌筑定位测量

标放样完成现场测设并弹墨线标记。为了便于定位线标记及插筋定位与校核，柱墙定位一般不直接测设柱墙定位轴线，而是测设与定位轴线平行且相距 0.5 m(或 1 m)距离的控制线。现场测量与校核实施如图 5-37 所示。

图 5-37　柱墙插筋定位测量与校核

柱墙插筋定位直接影响柱墙构件的平面位置，钢筋班组完成柱墙插筋定位安装后，测量人员还需要根据控制线，用钢尺拉距离校核柱墙插筋的位置是否与设计相符。如发现问题，应及时通知钢筋班组调整。

任务 5.5　视野拓展

5.5.1　场平土石方施工测量

在建筑基础开挖施工前，一般需要先进行场地平整施工，场地平整施工中，测量人员需要进行开挖控制测量及土石方计算测量。下面结合案例介绍场平土石施工测量的内容及方法。

1. 原地貌标高数据测量

场平挖填施工前，施工单位测量人员需要同甲方、监理及跟踪审计单位相关人员一起采集项目原地貌标高。测量得到的原地貌标高数据作为项目场平工程量的起算数据，必须保证数据采集的完整性（覆盖项目所有位置，必要时可将采集范围扩宽）及准确性（平面位置及高程）。

原地貌标高数据采集方法：采用全站仪数据采集程序，建立数据储存文件夹（一般以当天日期命名，便于查找），完成全站仪测站设置、后视定向及后视检查后，跑杆人员在仪器视线范围内场地上每隔 5 m 左右距离立镜一次，观测人员开始瞄准测存观测点数据。当仪器视线范围内场地标高数据采集完后，仪器转站到合适位置进行其余区域的标高数据采集。如图 5-38 所示，原地貌标高数据采集也可用 RTK 完成（不用转点，测量速度更快）。如图 5-39 所示，**数据采集完成后，需要导出数据并打印出来，请参加人员对测量数据进行签认。**

图 5-38　RTK 原地貌标高数据采集

上场区 E3 的原始数据

1	363 359. 734	2 946 092. 609	1 274. 599	48	363 382. 209	2 946 091. 759	1 273. 590
2	363 366. 022	2 946 095. 670	1 274. 014	49	363 404. 126	2 946 102. 875	1 271. 010
3	363 370. 278	2 946 082. 869	1 274. 504	50	363 377. 508	2 946 087. 150	1 274. 202
4	363 374. 507	2 946 077. 210	1 274. 321	51	363 399. 860	2 946 100. 261	1 271. 082
5	363 381. 078	2 946 072. 129	1 274. 117	52	363 378. 567	2 946 081. 826	1 274. 015
6	363 388. 296	2 946 068. 533	1 273. 820	53	363 400. 578	2 946 105. 822	1 270. 293
7	363 396. 303	2 946 064. 351	1 273. 746	54	363 385. 647	2 946 081. 905	1 273. 225
8	363 402. 467	2 946 061. 999	1 273. 562	55	363 394. 766	2 946 102. 672	1 270. 180
9	363 406. 286	2 946 068. 031	1 273. 200	56	363 391. 955	2 946 082. 460	1 273. 204
10	363 372. 061	2 946 101. 555	1 272. 389	57	363 397. 820	2 946 107. 832	1 269. 448
11	363 399. 641	2 946 072. 907	1 273. 334	58	363 394. 784	2 946 089. 761	1 272. 776
12	363 374. 818	2 946 103. 216	1 271. 970	59	363 392. 097	2 946 104. 018	1 269. 941
13	363 390. 659	2 946 078. 057	1 273. 589	60	363 397. 259	2 946 094. 771	1 271. 791
14	363 376. 851	2 946 102. 925	1 271. 990	61	363 393. 643	2 946 111. 489	1 268. 117
15	363 380. 937	2 946 084. 570	1 273. 865	62	363 409. 829	2 946 103. 108	1 269. 831
16	363 381. 184	2 946 103. 236	1 271. 872	63	363 388. 059	2 946 105. 150	1 269. 114
17	363 371. 073	2 946 090. 760	1 274. 129	64	363 413. 461	2 946 099. 148	1 269. 515
18	363 383. 773	2 946 104. 567	1 271. 702	65	363 390. 582	2 946 113. 524	1 267. 793
19	363 385. 300	2 946 103. 189	1 271. 713	66	363 413. 232	2 946 104. 072	1 269. 302
20	363 369. 023	2 946 078. 349	1 274. 591	67	363 385. 012	2 946 106. 823	1 268. 401
21	363 388. 996	2 946 102. 482	1 271. 828	68	363 409. 261	2 946 105. 698	1 269. 249
22	363 366. 055	2 946 074. 334	1 274. 763	69	363 380. 242	2 946 105. 219	1 269. 885
23	363 391. 802	2 946 102. 252	1 271. 560	70	363 409. 243	2 946 105. 689	1 269. 052
24	363 387. 327	2 946 095. 982	1 273. 109	71	363 381. 082	2 946 108. 639	1 268. 432
25	363 394. 536	2 946 102. 124	1 270. 621	72	363 405. 168	2 946 106. 493	1 268. 562
26	363 393. 101	2 946 093. 301	1 273. 274	73	363 374. 464	2 946 104. 989	1 270. 360
27	363 396. 500	2 946 101. 473	1 271. 034	74	363 402. 872	2 946 108. 537	1 268. 065
28	363 402. 834	2 946 087. 862	1 272. 627	75	363 376. 850	2 946 113. 594	1 267. 894
29	363 397. 680	2 946 100. 481	1 271. 650	76	363 399. 327	2 946 111. 077	1 266. 975
30	363 410. 359	2 946 084. 775	1 272. 107	77	363 384. 411	2 946 116. 186	1 266. 698
31	363 397. 675	2 946 100. 467	1 271. 711	78	363 396. 486	2 946 113. 259	1 266. 353
32	363 417. 738	2 946 080. 913	1 272. 193	79	363 382. 026	2 946 119. 626	1 264. 954
33	363 399. 781	2 946 099. 395	1 271. 490	80	363 392. 917	2 946 115. 332	1 265. 586
34	363 422. 854	2 946 088. 586	1 271. 713	81	363 395. 670	2 946 117. 424	1 265. 057
35	363 394. 248	2 946 098. 488	1 272. 354	82	363 390. 757	2 946 116. 638	1 265. 257
36	363 414. 159	2 946 096. 329	1 271. 672	83	363 398. 036	2 946 115. 672	1 266. 318
37	363 387. 804	2 946 096. 823	1 273. 062	84	363 391. 451	2 946 118. 118	1 264. 886
38	363 420. 155	2 946 098. 461	1 271. 321	85	363 400. 971	2 946 112. 851	1 267. 237
39	363 420. 169	2 946 098. 222	1 271. 275	86	363 385. 922	2 946 113. 899	1 265. 993
40	363 385. 971	2 946 098. 477	1 272. 475	87	363 404. 632	2 946 110. 389	1 267. 845
41	363 416. 517	2 946 097. 715	1 271. 306	88	363 386. 737	2 946 109. 210	1 266. 965
42	363 382. 936	2 946 100. 815	1 272. 202	89	363 408. 692	2 946 106. 839	1 269. 051

业主单位签字：　　　　　　　　　　监理单位签字：　　　　　　　　　　施工单位签字：

图 5-39　原地貌标高数据签认

2. 场平开挖边线测量

完成原地貌标高数据采集后，需要根据建设单位提供的场平施工图纸进行开挖边线测量。开挖边线测量方法：如图5-40和图5-41所示，根据场平施工图纸获取开挖边线角点平面坐标，利用全站仪坐标放样程序(或RTK放样)测设各角点坐标并做标记。

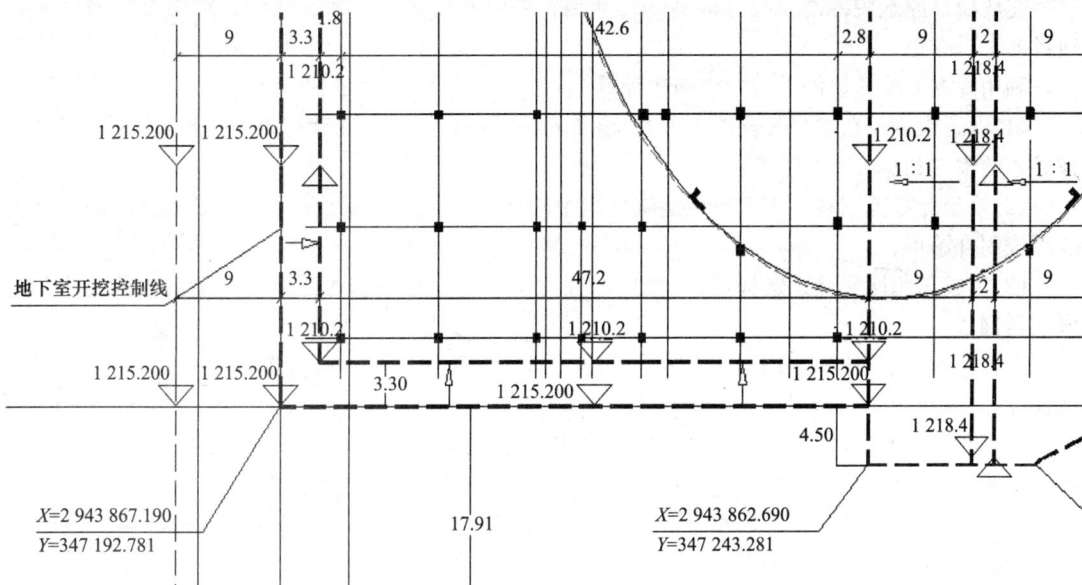

图5-40　场平施工图纸(局部)

除放开挖边线外，在开挖过程中还需要适时根据场平开挖标高控制开挖深度，开挖深度控制方法：一般采用全站仪或RTK直接测量开挖后场地的实际高程，根据实测高程与设计高程对比判断是否已开挖到设计位置。

3. 场平开挖后收方测量

如图5-42所示，当按照场平施工图纸的要求完成整个场区开挖后，请建设单位、监理单位、设计单位及跟踪审计一起到现场验收收方测量，实测开挖后的场地标高。开挖后的收方测量与开挖前的原地貌标高数据采集方法一样。收方测量时，应将开挖坡顶线及坡脚线采集完整，坡顶线作为项目开挖范围边线。

图5-41　场平开挖边线测量标记

图5-42　场平施工完成后现场

若开挖场地有不同的土质，如表层为种植土，下部为岩石，根据项目结算的需要(土方与石方的挖运单价不一样)，还需要分别计算项目的土方开挖量与石方开挖量。为了计算出土方工程量，在表土全部开挖完成后，需要进行表土收方测量，也即现场实测岩石表面标高数据。

4. 土石方工程量计算

完成项目原地貌标高及收方标高的实测后，便可利用南方 CASS 软件，采用方格网法计算项目的土石方量。

利用南方 CASS 软件采用方格网法计算土石方工程量的步骤如下：

(1)展高程点。在 CASS 软件中进入"绘图处理"界面，选择"展高程点"命令，按空格键，选择导入的收方数据(DAT 格式)。

(2)绘制计算范围线。用多段线连接展点中的开挖边界线，最后输入字母 C 闭合，确保范围线围成闭合图形。

(3)生成三角网文件。选择"等高线"→"建立 DTM"命令，选择图中封闭范围数据文件，生成三角网。

选择"等高线"→"三角网存取"→"写入文件"命令保存文件，再框选整个范围，按回车键，则保存完毕，保存后删除收方三角网。

(4)用方格网法计算方量。选择"工程应用"→"方格网计算土方量"命令，选择图中封闭范围线，在弹出的对话框中，在高程点数据文件处选取原地貌标高数据存储位置，设计面在三角网文件处选择前面保存的收方数据三角网，方格宽度一般设置为 5 m，然后单击"确定"按钮，CASS 软件便自动完成方量计算及方格网计算成果图，如图 5-43 所示。

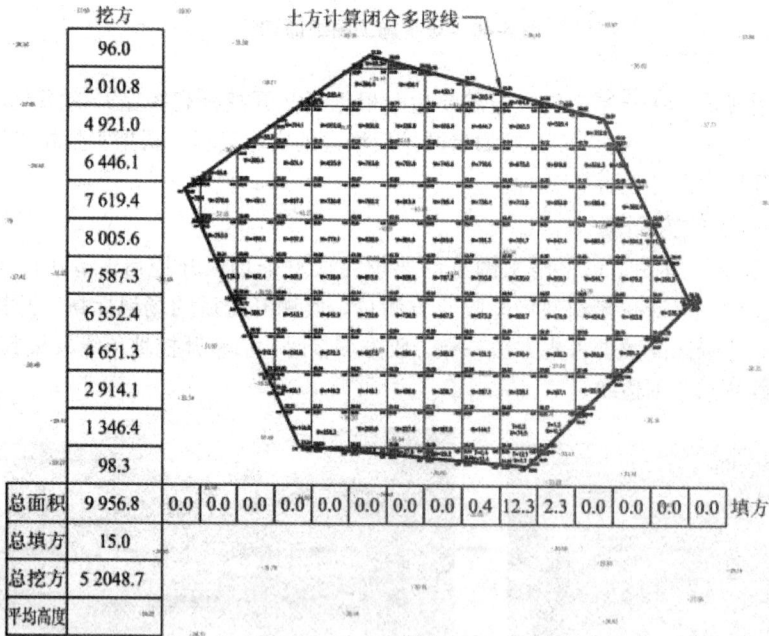

图 5-43　方格网计算成果图

图 5-44 所示为方格网计算成果图中的局部方格网。图中左起第一个方格中，$W=14.1$ 表示该方格为挖方，挖方量为 14.1 m^3，左上角角点的 1 230.11 表示该角点原地貌标高，1 229.20 为该角点开挖后实测标高，0.91 为该角点开挖深度[1 230.11－1 229.20＝0.91(m)]。方格四角点均为挖方(原地貌标高高于收方实测标高)时，该方格的挖方量计算公式为方格面积×四角点

开挖深度平均值。如第一个方格的挖方量 $V = 5 \times 5 \times (0.91 + 0.54 + 0.59 + 0.23)/4 = 14.188$（m³）（该图中方格边长为 5 m）。

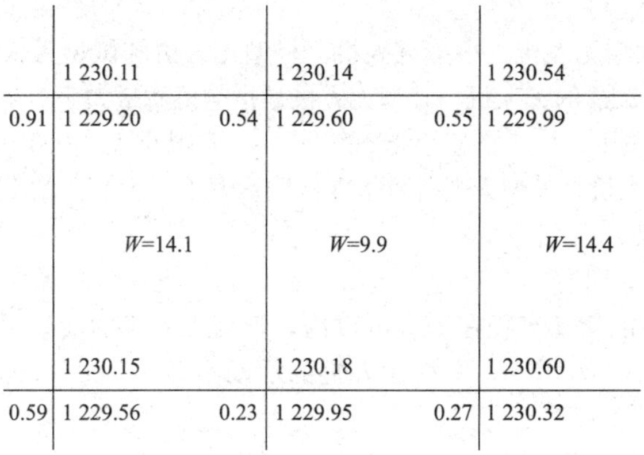

	1 230.11		1 230.14		1 230.54
0.91	1 229.20	0.54	1 229.60	0.55	1 229.99
	$W=14.1$		$W=9.9$		$W=14.4$
	1 230.15		1 230.18		1 230.60
0.59	1 229.56	0.23	1 229.95	0.27	1 230.32

图 5-44　方格网

5.5.2　无人机倾斜摄影测量

5.5.2.1　认识无人机倾斜摄影测量

1. 无人机倾斜摄影测量原理

倾斜摄影测量技术是国际测绘遥感领域近年发展起来的一项高新技术，以大范围、高精度、高清晰的方式全面感知复杂场景，通过高效的数据采集设备及专业的数据处理流程生成的数据成果直观地反映物体的外观、位置、高度等属性，为真实效果和测绘级精度提供保证，同时有效提升模型的生产效率。三维建模在测绘行业、城市规划行业、旅游业，甚至电商业等行业中的应用越来越广泛。

倾斜摄影技术，通过在同一飞行平台上搭载多台传感器(目前常用的是五镜头相机)。同时从垂直、倾斜等不同角度采集影像，获取地面物体更为完整准确的信息。垂直地面角度拍摄获取的是垂直向下的一组影像，称为正片；镜头朝向与地面成一定夹角拍摄获取的四组影像分别指向东、南、西、北，称为斜片。

通过倾斜摄影建立的建筑物表面模型相比垂直影像有着显著的优点，因为它能提供更好的视角去观察建筑物侧面，这一特点正好满足了建筑物表面纹理生成的需要。同一区域拍摄的垂直影像可被用来生成三维城市模型或对生成的三维城市模型进行改善。利用建模软件对照片建模，这里的照片不仅是通过无人机航拍的倾斜摄影数据，还可以是以单反甚至手机以一定重叠度环拍而来的，这些照片导入建模软件中，通过计算机图形计算，结合 POS 信息进行"空三"处理，生成点云，点云构成格网，格网结合照片生成赋有纹理的三维模型。

2. 无人机分类

无人机的应用领域非常广泛，在尺寸、质量、性能及任务等方面差异也都非常大。根据无人机的多样性，从不同的考量角度，无人机有多种分类方法。

(1)按平台构型分类：无人机可分为固定翼无人机、旋翼无人机、无人飞艇、伞翼无人机、扑翼无人机等。

(2)按用途分类：

1)军用无人机可分为侦察无人机、诱饵无人机、电子对抗无人机、通信中继无人机、无人战斗机以及靶机等。

2)民用无人机可分为巡查/监视无人机、农用无人机、气象无人机、勘探无人机及测绘无人机等。

(3)按尺寸可分为大型无人机、小型无人机、轻型无人机和微型无人机。其中微型无人机是指空机质量小于或等于 7 kg 的无人机;轻型无人机是指空机质量大于 7 kg,但小于或等于 116 kg 的无人机,且全马力平飞中,校正空速小于 100 km/h,升限小于 3 000 m;小型无人机是指空机质量小于 5 700 kg 的无人机;大型无人机是指空机质量大于 5 700 kg 的无人机。

(4)按飞行性能分类:

1)按活动半径分类,可分为超近程无人机、近程无人机、短程无人机、中程无人机和远程无人机。超近程无人机的活动半径在 15 km 以内,近程无人机的活动半径为 15~50 km,短程无人机的活动半径为 50~200 km,中程无人机的活动半径为 200~800 km,远程无人机的活动半径大于 800 km。

2)按速度分类,可分为低速无人机、亚声速无人机、跨声速无人机、超声速无人机和高超声速无人机。低速无人机的速度一般小于 0.4 Ma,亚声速无人机的速度一般为 0.4~0.85 Ma,跨声速无人机的速度一般为 0.85~1.3 Ma,超声速无人机的速度一般为 1.3~5 Ma,高超声速无人机的速度一般大于 5 Ma。

3)按实用升限分类,可分为超低空无人机、低空无人机、中空无人机、高空无人机和超高空无人机。超低空无人机的实用升限一般为 0~100 m;低空无人机的实用升限一般为 100~1 000 m;中空无人机的实用升限一般为 1 000~7 000 m;高空无人机的实用升限一般为 7 000~20 000 m;超高空无人机的实用升限一般大于 20 000 m。

3. 无人机系统的组成

无人机系统(Unmanned Aireraft System,UAS)也称为无人驾驶航空器系统(Remotely Piloted Aircraft System,RPAS),由飞行器、控制站及通信链路三部分组成。其中飞行控制系统、导航系统、动力系统和通信系统处于无人机系统的最核心地位。

(1)飞行器。飞行器是指能在地球大气层内外空间飞行的器械。通常按照飞行环境和工作方式,可将飞行器分为航空器、航天器、空天飞行器、火箭和导弹、巡飞弹型无人机等几大类。航空器是能在大气层内进行可控飞行的飞行器。任何航空器都必须产生大于自身重力的升力,才能升入空中。根据产生升力的原理,航空器可分为轻于空气的航空器和重于空气的航空器两大类。无人机属于重于空气的航空器中的一种。图 5-45 所示为多轴无人飞行平台。

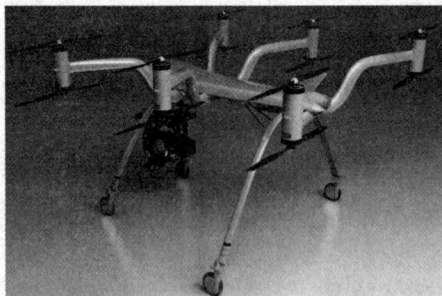

图 5-45　多轴无人飞行平台

(2)控制站。无人机地面站也称为控制站、遥控站或任务规划控制站,在规模较大的无人机系统中可以有若干个控制站,这些功能不同的控制站通过通信设备连接起来,构成无人机地面站系统。控制站有数据链路控制、飞行控制、荷载控制、荷载数据处理四类硬件设备机柜或机箱构成。控制站包含三类不同功能的模块：指挥处理中心模块的功能是制定任务、完成荷载数据的处理和应用，一般间接地实现对无人机的控制和数据接收；无人机控制站模块的功能是飞行操纵、任务荷载控制、数据链路和通信指挥；荷载控制站模块与无人机控制站模块的功能类似，但荷载控制站模块只能控制无人机的机载任务设备，不能控制无人机的飞行。无人机控制站包括显示系统和操纵系统。

1）显示系统。地面控制站内的飞行控制系统席位、任务设备控制席位、数据链管理席位都设有相应分系统的显示装置，因此需要综合规划，确定所显示的内容、方式、范围。显示系统一般显示三类信息：飞行参数综合显示，显示飞行与导航信息、数据链状态信息、设备状态信息、指令信息；告警视觉显示则一般分为提示、注意和警告三个级别；地图导航航迹显示可以实现导航信息显示、航迹绘制及地理信息的显示等功能。

2）操纵系统。无人机操纵系统主要包括起降操纵、飞行控制、任务设备控制和数据链路管理。地面控制站内的飞行控制席位、任务设备控制席位、数据链路管理席位都设有相应分系统的操作装置。

飞行操纵（包括起降操纵和飞行控制）是指通过数据链路对无人机在空中整个飞行过程中的控制。无人机的种类、执行任务的方式，决定了无人机有多种飞行操纵方式。任务设备控制是地面站任务操纵人员通过任务控制单元，发送任务控制指令，控制机载任务设备工作，同时，地面站任务控制单元处理并显示机载任务设备工作状态，供任务操纵人员判读和使用。

（3）通信链路。无人机通信链路主要用于无人机系统传输控制、无载荷通信、载荷通信三部分信息的无线电链路。根据相关资料可以知道，无人机通信链路是指控制和无载荷链路，其主要包括指挥与控制（C&C）、空中交通管制（ATC）、感知和规避（S&A）3种链路。

无人机通信链路可分为机载终端与天线、地面终端与天线两大类。

1）机载终端与天线。无人机系统通信链路机载终端常被称为机载电台，集成于机载设备中。视距内通信的无人机多数安装全向天线，需要进行超视距通信的无人机一般采用自跟踪抛物面卫通天线。

2）地面终端与天线。民用通信链路的地面终端硬件一般会被集成到控制站系统中，称为地面电台，部分地面终端会有独立的显示控制界面。视距内通信链路地面天线采用鞭状天线、八木天线和自跟踪抛物面天线，需要进行超视距通信的控制站还会采用固定卫星通信天线。

5.5.2.2 无人机倾斜摄影测量技术应用

无人机的应用非常广泛，可以用于军事，也可以用于民用和科学研究。在民用领域，无人机已经和即将使用的领域多达40多个，如影视航拍、农业植保、海上监视与救援、环境保护、电力巡线、渔业监管、消防、城市规划与管理、气象探测、交通监测、地图测绘、国土监察等。

1. 倾斜摄影在智慧城市中的应用

智慧的基础是真实，倾斜摄影为智慧城市的应用插上了"真实"的翅膀。具体而言，倾斜摄影在智慧城市中的应用包括分类查询、规划压平与方案对比、规划设计、日照分析、控高分析、摄像头监控、地表开挖、地上地下一体化、淹没分析。

2. 倾斜摄影在智慧旅游中的应用

自然风光的三维建模一直是一个难题，人工建模很难还原出大范围的自然风景，而用地形和影像，则时效性与精细程度往往无法还原风景的美观程度。倾斜摄影技术由于其高分辨率和高真实感，能真实立体地还原自然风景的状况，有利于景区特别是地质遗迹的保护、科普知识的宣传和自然风光的直观展示，从而吸引游客前往观赏。

自然风景的倾斜摄影数据分辨率高、数据量大，对三维GIS平台的支撑能力和稳定性提出了更高的要求。

3. 倾斜摄影在不动产登记中的应用

由于具备快速、高效、成本低廉的特点，无人机与倾斜摄影、三维建模技术组成的"三剑客"极有可能颠覆传统测绘行业，在国土资源、农业、工业等众多领域发挥作用。

倾斜摄影用于不动产登记，通过获取正射影像图，建立三维模型，其辅助外业是指签字调查，在图上进行坐标量测，形成矢量图形，辅助进行修补测等一系列工作，极大程度地提高了不动产登记的效率。

4. 倾斜摄影在城市精细化管理中的应用

在城市精细化管理中，管理到每一栋建筑物的粒度往往是不够的，而是要求能精细到楼房的每一层，甚至每一户房间。这就对三维模型提出了更高的要求，人工建模即便能实现，代价也是巨大的，需要对每一户房间单独建模才行。

倾斜摄影模型加上带有高度信息的分层分户图，可以实现对每个建筑物的每层楼甚至每一户房间的管理，包括查询和各类统计分析，再关联户籍和人口信息库，这样，户籍信息管理就可以与真实世界关联在一起，而不再只是数据库中孤立的信息。

5. 倾斜摄影在应急救援中的应用

应急救援是预防和控制潜在的事故，或在紧急情况发生时，迅速有序地做出应急准备和响应，最大限度地减轻可能产生的事故后果。在做出应急决策时，首要条件是对发生事故的位置的地形地貌有一个全面了解，遥感影像可以满足要求。现场环境情况的变化，对影像数据的获取时间、范围、精度、生产效率及分析应用都提出了极高的要求，而倾斜摄影无论在起飞场地、飞行时间，还是在数据生产效率、数据精度等方面都完全满足应急救援的需求。

例如，在地震救灾中，抗震救灾指挥部除可以利用遥感现势图研判灾害形势外，还多了一个救援利器——震区三维实景图，它通过切换各种视角，实现了对震区各个方位的观测，为制定下一步的救援方案及防止次生灾害的发生提供了极大便利。震区三维实景图就是利用倾斜摄影技术及自动建模技术快速生成三维模型，为救援实施提供了依据。

6. 倾斜摄影测量在土石方量计算中的应用

土石方量计算涉及众多领域，如露天矿开采、土地开发整理、工程建设等。土石方量计算的准确度会对工程的经济效益产生直接影响。传统的土石方量计算有方格网法、三角网法、断面法三种。方格网法一般用于地形起伏变化不大的面状工程中，其计算精度与野外采点密度、质量和方格网大小有很大关系；三角网法用于地形起伏变化较大的面状工程中，其计算精度与野外采点质量有直接关系；断面法一般用于线状工程中，其计算精度与断面测量质量和断面间距有很大关系。用倾斜摄影测量计算土石方量的方法普遍适用于各种地形和工程项目中，其基本计算原理与三角网法相同。其计算精度可靠，计算结果受测量方法和计算方法的影响小。

7. 倾斜摄影测量在 1∶500 地形图中的应用

随着科技的不断发展，测绘技术不断更新，地形图测量方法由传统平板白纸测图、经纬仪测图发展到现在的全站仪、GNSS、数字摄影测量等技术方法，在精度和效率上都有很大提高。近年来，天、空、地一体化测绘技术飞速发展，倾斜摄影就是其中的一种，它推动了地形测量向高科技、立体图形、内业测绘方向革命性地变化。倾斜摄影技术通过成果数据比对分析，可满足 1∶500 地形图相关精度要求。

8. 倾斜摄影测量在高速公路线路设计中的应用

运用倾斜摄影技术生成地面模型和路线三维真实模型后，设计人员可以从任意的角度来浏览观察高速公路建成的景观；可以从行车时驾驶员的角度观察路线——公路全景透视图；

设计人员也可以通过路线透视图发现所设计的路线是否合理，以便及时改正；还可以将Auto-CAD中的地面、路线模型输出到专业渲染、动画制作软件，如3d Max或ADS，经过渲染制作后，即可制作成漂亮的高速公路全景三维透视图或高速公路动态全景三维透视图（高速公路动态仿真模型）。

9. BIM与倾斜摄影结合

BIM作为工程应用的一个重要实例技术，在基础建设应用中发挥着重要的作用，而BIM结合倾斜摄影，又将带来行业思路的转变、成本的降低及效率的提高。其应用在工程建设、国土安全、室内导航、三维城市、市政模拟、资产管理中等。

（1）工程建设：以倾斜摄影获取工程建设地表环境信息，构建真实高精度的地理环境模型，生成实景三维底图，再通过BIM技术构建工程建设精细的工程模型，包括地表施工情况、建设附属设施布置、物料的堆积管理、工程建筑的详细建设进度等。

（2）国土安全：倾斜摄影与BIM结合进行国土安全数据库的构建和信息的填充，倾斜摄影进行底层模型数据的加载，BIM进行精准化数据的分析和构建，国土信息数据逐步地采集和上传，实现信息化管理和同步建设。

（3）室内导航：通过倾斜摄影技术构建真实的建筑外建构面模型，再通过BIM构建建筑物内部房屋结构，结合后期导航系统，实时定位人员精准位置信息，对人员的室内导航提供可视化的指引。

（4）三维城市：城市建筑类型各具特色，如外形尺寸不同，外部颜色、纹理不同等。如果进行"航测＋地面摄影"，后期需要人工做大量贴图；如果用价格高昂的激光雷达扫描，成本太高而且生成的建筑模型都是"空壳"，没有建筑室内信息，同时室内三维建模的工作量也不小，并且无法进行室内空间信息的查询和分析。通过BIM，可以轻易得到建筑的精确高度、外观尺寸及内部空间信息。因此，通过综合BIM和倾斜摄影，先对建筑进行建模，然后将建筑空间信息与其周围地理环境共享，应用到城市三维倾斜摄影分析中，就极大地降低了建筑空间信息的成本。当然前提是建筑应用BIM，现阶段这在我国还很难实现。

（5）市政模拟：通过BIM和倾斜摄影，可以有效地进行楼内和地下管线的三维建模，并可以模拟冬季供暖时的热能传导路线，以检测热能对其附近管线的影响，或当管线出现破裂时，使用疏通引导方案避免人员伤亡及能源浪费。

（6）资产管理：以BIM提供的精细建筑模型为载体，利用倾斜摄影来管理建筑内部资产的位置等信息，可以提高资产管理的自动化水平和准确性。

10. 倾斜摄影在其他领域的应用

倾斜摄影还可以在其他领域开创出多种新的应用。

在电力巡检、移动基站选址等应用中，需要真实的、带有建筑全要素的三维地表信息作为基础底图参考，用传统地形加影像的方式很难达到其精度要求，并且也无法做到全要素覆盖，倾斜摄影模型非常符合这类应用的需要。

在城乡拆迁重建时，也可以利用倾斜摄影建模来完整准确地获取拆迁前各类建筑的真实状况，以作为后续赔偿乃至纠纷发生时的客观依据。

倾斜摄影模型实质上就是带有建筑物等各类地物信息的数字地表模型，完全可以取代传统地形加影像所发挥的作用，且精度更高、时效性更强。例如，露天煤矿的容量统计、推平山头或填平山谷所需要的土石方量计算，都可以基于倾斜摄影模型来完成。甚至还有人尝试利用倾斜模型评估农作物的生长情况，从而预估其产量。

可以预测，随着倾斜摄影技术的进一步发展及其在精度、效率、成本上的优势进一步增强，倾斜摄影技术还将继续开拓出更多新的应用模式。

5.5.2.3 无人机倾斜摄影测量流程

无人机倾斜摄影测量流程包括资料收集、设计方案制定、航空摄影、像控测量、"空三"加密、全自动三维建模、模型修饰、质量检查、成果整理与提交。无人机航摄技术路线如图 5-46 所示。

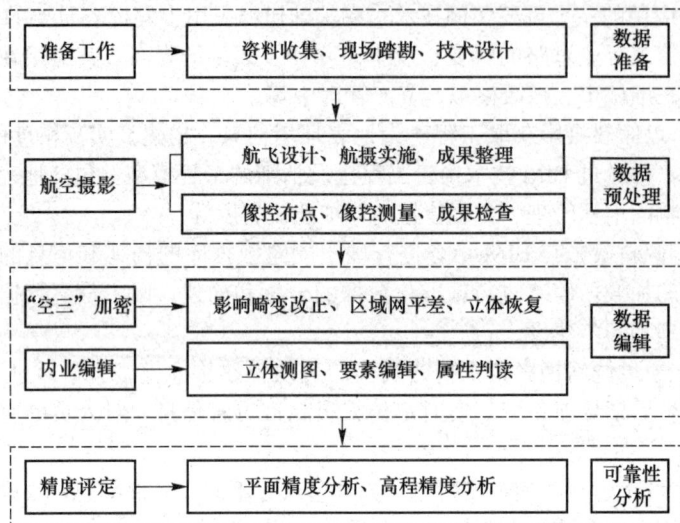

图 5-46　无人机航摄技术路线

1. 准备工作

根据甲方的要求、作业范围，为规范作业、统一技术要求，保证测绘产品质量符合相应的技术标准，根据国家有关规范，收集资料，进行现场踏勘，制定航飞方案，确定采用的无人机类型、相机类型、人员安排等，编制项目技术设计书。

2. 航空摄影

航空摄影实施之前，针对航空摄影的需要，依据航空摄影的合同、航空摄影规范和飞行有关规定，编写航空摄影技术设计。

倾斜摄影的航线采用专用航线设计软件进行设计，其相对航高、地面分辨率及物理像元尺寸满足三角比例关系。航线设计一般采取 30% 的旁向重叠度、66% 的航向重叠度，目前要生产自动化模型，旁向重叠度需要到达 66%，航向重叠度也需要达到 66%。航线设计软件生成一个飞行计划文件，该文件包含无人机的航线坐标及各个相机的曝光点坐标。实际飞行中，各个相机根据对应的曝光点坐标自动进行曝光拍摄。

3. 像控测量

(1)资料的收集和准备。

1)测量设备的准备：GPS 设备一套、对中杆一根、三脚架一个、相机或手机一台、记录纸若干；外出作业时应检查：GPS 设备电池是否充满电、相机电池是否充满电、相机储存卡内存是否足够；作业完成后需要给设备电池充电，导出和备份数据，检查仪器设备。

2)基础控制点资料的收集：根据项目需求，收集必要的等级控制点。如控制点的分布情况不满足 RTK 的测量要求，需要在已有控制点的基础上进行加密。

3)坐标系统的确定：根据项目需求，分析已有资料，确定测区所用的坐标系统、投影方式、高程基准。

4)其他资料的收集：外出作业前应收集测区的地形图、交通图、地名录、天气、地域文化等资料。

（2）像控点布设。为了保障数据成果的精度，对控制点的要求相对提高，每平方千米内控制点的数量应满足规范要求。房屋顶部应相应增加控制点，从而使数据的精度有进一步的提高。特殊地区要相应地增加平高点。

像控点的布点方式：采用航线两端及中间均隔一或两条航线布设平高点的方法。此方法既能保证成图精度，又能减少外业工作量，如图 5-47 所示。

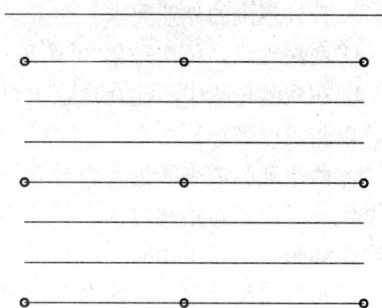

图 5-47　像控点的布点方式

（3）像控点的选点。像控点应该选择在航摄像片上影像清晰、目标明显的像点，如路上的车实线及斑马线的角、目标清晰的道路交角、草地角等。实地选点时，也应考虑侧视相机是否会被遮挡。因实际情况下航摄区域未必都有合适的像控点，为了提高刺点精度，保证成图精度，应在航摄前采用刷油漆的方式提前布置像控点标志。标志可刷成"十"字形或"L"形，如图 5-48 所示。

(a)　　　　　　　　　　　　　(b)

图 5-48　像控点标志

(a)"十"字形布点；(b)"L"形布点

弧形地物、阴影、狭窄沟头、水系、高程急剧变化的斜坡、圆山顶、跟地面有明显高差的房角、围墙角等及航摄后有可能变迁的地方，均不应当作选择目标。

（4）像控点的测量。像控点的测量主要采用"GPS RTK"的方法。

1)坐标系的校正。因为 GPS 测量结果使用的是 WGS-84 坐标系，如项目要求测量成果使用其他坐标系，则需要在观测之前进行坐标系校正，求出 WGS-84 坐标系与目标坐标系之间的转换关系。校正方法如下：

①首先要有至少 5 个目标坐标系的基础控制点坐标数据，其中 4 个用作校正，1 个用于校正后的检验。注意已知点最好分布在整个作业区域的边缘，能控制整个区域，一定要避免已知点的线形分布。

②在电子手簿上输入已知控制点的坐标，并将 GPS 流动站接收机架在已知点上，测得 WGS-84 坐标系的坐标数据。

③根据已知点的已知坐标数据和 WGS-84 坐标系的坐标数据，计算"七参数"，求得两个坐标系之间的转换关系。

④检查水平残差和垂直残差的数值，看其是否满足项目的测量精度要求，残差应不超过 2 cm。检校没问题之后才可以进行下一步作业。

2)野外观测的作业要求：

①两次观测，每次采集 30 个历元，采样间隔为 1 s。

②在观测过程中不应在接收机近旁使用对讲机或手机；雷雨过境时应关机停测，并取下天线，以防雷电破坏。

③两次观测成果需进行野外比对，比对值为两次初始化采集的最后一个历元的空间坐标，较差依照平面较差不超过 5 cm，大地高较差不超过 5 cm 的精度标准执行；不符合要求时，加测一次；如果三次各不相同，则在其他时间段重新观测。

④每日观测结束后，应及时将数据从 GPS 接收机转存到计算机上，以确保观测数据不丢失，并对其进行备份后交由专人保管。

(5)像控点的拍照。对观测处进行至少 5 次拍照，分别为 1 张近照、4 张远照。近照要求摄清天线摆放位置及对中位置或者杆尖落地处，若 1 张不够描述，可拍摄多张。远照的目的是反映刺点处与周边特征地物的相对位置关系，以便于"空三"内业人员刺点。周边重要地物有房屋、道路、花圃、沟渠等。为了描述清楚，远照可拍摄多张。

(6)观测记录。像控点外业观测及拍照完成后，应及时填写记录，画草图，记录刺点处、相关物的邻接关系，并对像控点编号及照片编号进行关联，防止混淆、错乱。仪器高的记录：使用对中杆或三脚架或其他支架设备的，必须记录仪器高。电子手簿中需输入仪器高，从而使测量出的高程即刺点处的高程。记录仪器高时保留小数点后三位小数，必须填写单位。

(7)外业资料与数据的整理。导出 GPS 观测数据并整理坐标数据成果表，表中应注明所用坐标系、投影方式、高程基准；整理控制点照片，为每一个控制点建立一个文件夹，将所拍摄的控制点照片分类，并放入相应的文件夹中，使控制点点号、点位与控制点照片一一对应。

4. 空中三角测量

(1)基本概念。空中三角测量是利用航摄像片与所摄目标之间的空间几何关系，根据少量像片控制点计算待求点的平面位置、高程和像片外方位元素的测量方法。空中三角测量可分为 GPS 辅助空中三角测量和 POS 辅助空中三角测量两类。

1)GPS 辅助空中三角测量：利用安装在无人机和地面基准站上的 GPS 接收机，在航空摄影的同时获取航摄仪曝光时刻摄站的三维坐标，将其视为观测值引入摄影测量区域网平差中，采用统一的数学模型和算法整体确定点位并对其质量进行评定的理论、技术和方法。

2)POS 辅助空中三角测量：将 GPS 和 IMU 组成的定位定姿系统(POS)安装在航摄平台上，获取航摄仪曝光时刻摄站的空间位置和姿态信息，将其视为观测值引入摄影测量区域网平差中，采用统一的数学模型和算法整体确定点位并对其质量进行评定的理论、技术和方法。

(2)基本作业过程标。空中三角测量的作业过程主要包括准备工作、内定向、相对定向、绝对定向和区域网平差计算、区域网接边、质量检查、成果整理与提交。进行区域网平差计算时，对于 POS 辅助空中三角测量和 GPS 辅助空中三角角测量，需要摄站点坐标、像片外方位元素进行联合平差。

(3)主要作业方法。

1)解析空中三角测量。解析空中三角测量指的是用摄影测量解析法确定区域内所有影像的外方位元素及待定点的地面坐标。解析空中三角测量按数学模型可分为航带法、独立模型法和光束法。航带法处理的对象是一条航带的模型；独立模型法将各单元模型视为刚体；光束法是以一幅影像所组成的一束光线作为平差的基本单元，以中心投影的共线方程作为平差的基础方程。光束法是最严密的一种平差方法，能最方便地顾及影像系统误差的影响，便于引入非摄影测量附加观测值。

2)GPS辅助空中三角测量。GPS辅助空中三角测量的作业过程大体上可分为四个阶段，即现行航空摄影系统改造及偏心测定、带 GPS 信号接收机的航空摄影、解求 GPS 摄站坐标、GPS 摄站坐标与摄影测量数据的联合平差。

3)POS辅助空中三角测量。将 POS 和航摄仪集成在一起，通过 GPS 获取航摄仪的位置参数及(IMU)测定航摄仪的姿态参数经 IMU、DGPS 数据的联合后处理，可直接获得测图所需要的每张像片的 6 个外方位元素。

航摄仪、GPS 天线和 IMU 三者之间的空间坐标系通过坐标变换来统一，并通过数据更新频率不低于机载接收机的地面基准站，以相对 GPS 动态定位方式来同步观测 GPS 卫星信号，最后利用后处理软件解算每张影像在曝光瞬间的外方位元素。

在空中三角测量前，先对原始影像进行预处理，对原始影像进行色彩、亮度和对比度的调整和匀色处理。匀色处理应缩小影像间的色调差异，使色调均匀、反差适中、层次分明，保持地物色彩不失真，不应有匀色处理的痕迹。

(4)"空三"建模。倾斜摄影空中三角测量由于摄影倾角大，影像变形严重；分辨率变化大，尺度无法统一；重叠数多，需要多视处理等特点，有异于常规数码航空摄影测量中的空中三角测量方式。常规的"空三"加密软件一般都不能实施，需要多视角航空摄影测量空中三角测量专业软件进行数据处理。

空中三角测量采用 ContextCapture Center、DatMatrix 等软件，对相机参数、影像数据、POS 数据进行多视角影像特征点密集匹配，并以此进行区域网的自由网多视影像联合约束平差解算，建立空间尺度可以适度自由变形的立体模型，完成相对定向；将外业测定的像片控制点成果在内业环境中进行转刺，利用这些点对已有区域网模型进行约束平差解算，将区域网纳入精确的大地坐标系统中，完成绝对定向。ContextCapture Center"空三"建模流程如图 5-49 所示。

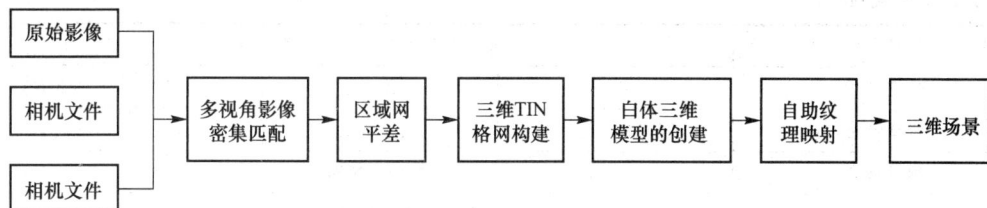

图 5-49　ContextCapture Center"空三"建模流程

5. 全自动三维建模与模型修饰

全自动三维建模采用多机多节点并行运算的 ContextCapture Center 软件进行。将空中三角测量的成果数据直接提交生成三维 TIN 格网构建、白体三维模型创建、自助纹理映射和三维场景构建。模型修饰原则上只对水域空缺或模型漏洞进行修补，采用 Smart3D 软件对水面或补飞数据进行约束干预后重新生成模型，使模型不存在漏洞。生成的模型应满足以下要求：

(1)三维模型是根据倾斜影像匹配确定体块构模而成，地形、建筑物等模型一体化表示的航空影像表现。建筑物三维体块模型应完整，位置准确，具有现实性，与获取的航空影像表现一致。

(2)三维模型应精准反映房屋屋顶及外轮廓的基本特征。在 200 m 视点高度下浏览模型，模型应没有明显的拉伸变形或纹理漏洞。当所在区域建筑物较为密集，或建筑物较高而相互遮挡时，则无法获取遮挡部分建筑物的侧视纹理，相应的模型无法表现其全部的细节，允许出现些许拉伸变形。

(3)三维模型的高度与平面尺寸应与实际保持一致的比例。

6. 立体测图

传统航测从一个垂直角度获取影像，再结合外业调绘补测来获取地形地貌。随着无人机技术、倾斜摄影技术及三维实景建模技术的发展，目前可利用倾斜三维进行高精度的裸眼三维测图。裸眼三维是在实景三维上进行采集，可以直接在墙面上采集，采集出的建筑直接就是去掉屋檐的建筑，省掉了大部分的外业工作量。裸眼三维的精度取决于三维模型的好坏、实景三维必须恢复的比较精细程度。目前，裸眼三维测图软件有清华山维 EPS、航天远景 MapMatrix3D、南方 iData3D、DP-modeler 等。

5.5.3 施工测量方案编制范例

建筑施工测量方案是以建筑施工全过程的测量工作为对象，在施工测量开始前，由测量人员编制的施工测量技术指导文件。

施工测量方案内容包括编制依据，工程概况，施工测量内容及主要测量方法，采用的测量仪器、工具等内容。下面介绍某项目施工测量方案范例。

<h2 style="text-align:center">××××××项目施工测量方案</h2>

1. 编制依据

(1)《工程测量规范》(GB 50026—2007)；

(2)项目设计施工图；

(3)甲方提供的控制点；

(4)项目施工组织设计等。

2. 工程概况

项目名称	××××××××××××		
建设单位	××××××××	设计单位	××××××××
监理单位	××××××××	施工单位	××××××××
项目地点	××××××××		
总建筑面积/m²	22 000	地上面积/m²	14 000
		地下面积/m²	8 000
结构体系	框支剪力墙结构	建筑高度/m	96
建筑层数	地下 2 层，地上 30 层	基础形式	独立基础及桩基础

3. 测量准备工作

3.1 施工现场准备

向甲方获取控制点，进行控制点复核及施工现场控制点引测。

3.2 测量仪器准备

根据本工程的规模特点选用满足精度要求的测量仪器、工具。仪器进场前，先送到专业法定检测部门检验合格，确保仪器测量精度满足要求。使用时严格遵照《工程测量规范》(GB 50026—2007)的要求操作、保管及维护。拟投入本项目的测量仪器、工具见下表。

测量仪器配备清单

序号	测量仪器名称	型号规格	单位	数量
1	自动安平水准仪		台	1

序号	测量仪器名称	型号规格	单位	数量
2	激光铅垂仪		台	1
3	全站仪	南方 NTS-350	台	1
4	钢尺	50 m	把	1
		5 m	把	3
5	对讲机		对	2
6	塔尺	5 m	把	2

3.3 技术准备

3.3.1 施测组织

(1)项目部成立测量小组,根据甲方提供的工程测量成果进行复核及控制点引测,并对施测组全体人员进行详细的图纸交底及方案交底,明确分工。

(2)测量人员及组成:本项目配备测量负责人1名、测量技术员2名。测量人员、验线人员持证上岗,人员固定,不随便更换,如有特殊需要必须由现场技术负责人同意后负责调换,以保证工程正常施工。

3.3.2 技术要求

(1)测量前,测量人员必须熟悉图纸,了解设计意图,熟悉测量规范,充分掌握轴线、尺寸、标高和现场条件,对各设计图纸的有关尺寸及测设数据应仔细校对,必要时将图纸上的主要尺寸摘抄于施测记录本上,以便随时查找使用。

(2)测量前,测量人员必须到现场踏勘,全面了解现场情况,复核测量控制点及水准点,保证测设工作的正常进行。

(3)测量人员必须按照施工进度计划要求、施测方案、测设方法、测设数据计算和绘制测设草图,以此来保证工程各部位按图施工。

3.3.3 施测原则

(1)明确一切为工程服务,按图施工,质量第一的宗旨。

(2)遵守"先整体后局部"的工作程序,先确定平面控制网,后以平面控制网为依据,进行各细部轴线的定位放线。

(3)必须严格审核测量原始依据的正确性,坚持"现场测量放线"与"内业测量计算"工作步步校核的工作方法,且定位工作必须执行自检、互检合格后再报检的工作制度。

4. 施工测量内容及主要测量方法

4.1 坐标及高程引入

4.1.1 坐标点、水准点引测依据

甲方提供的控制点测量坐标见下表。

控制点测量坐标表

点号	纵坐标(X)	横坐标(Y)	高程(Z)
Z_1	2 945 205.857	35 634 611.820	1 285.174
Z_2	2 945 156.303	35 634 520.580	1 284.310
Z_3	2 945 104.529	35 634 479.94	1 287.480

4.1.2 平面控制网布设原则

施工平面控制点引测遵循先整体后局部，高精度控制低精度的原则，根据项目设计总平面图及施工平面布置图布设平面控制网，选点应选在通视条件良好、安全、易保护的地方，并用红油漆做好测量标记。

4.1.3 引测坐标点、水准点

因甲方提供的 3 个控制点在项目施工场地内，且分布合理，故本项目不用进行控制点引测。

4.2 测量控制方法

4.2.1 轴线控制方法

基础部位主要采用"轴线控制桩外控法"，主体结构主要采用"内控铅垂法"。

4.2.2 高程传递方法

基础部位主要采取全站仪三角高程测量，主体结构采用"钢尺垂直传递法"。

4.2.3 轴线及高程点放样程序

(1)基础施工阶段测量程序如下图所示。

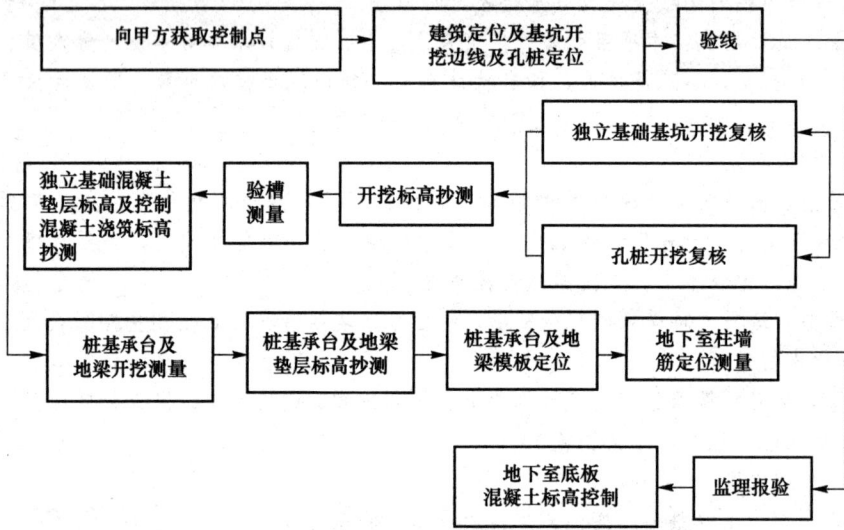

向甲方获取控制点 → 建筑定位及基坑开挖边线及孔桩定位 → 验线 → 独立基础基坑开挖复核 → 孔桩开挖复核 → 开挖标高抄测 → 验槽测量 → 独立基础混凝土垫层标高及控制混凝土浇筑标高抄测 → 桩基承台及地梁开挖测量 → 桩基承台及地梁垫层标高抄测 → 桩基承台及地梁模板定位 → 地下室柱墙筋定位测量 → 监理报验 → 地下室底板混凝土标高控制

(2)地下结构工程施工阶段测量如下图所示。

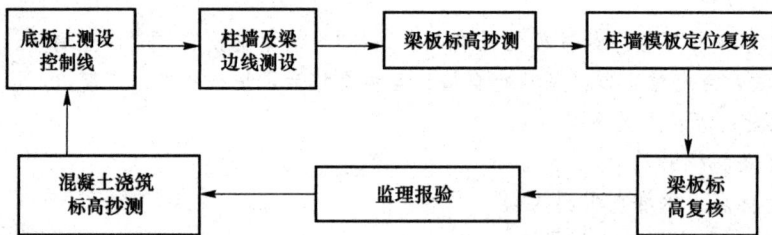

底板上测设控制线 → 柱墙及梁边线测设 → 梁板标高抄测 → 柱墙模板定位复核 → 梁板标高复核 → 监理报验 → 混凝土浇筑标高抄测

(3)主体结构施工阶段测量如下图所示。

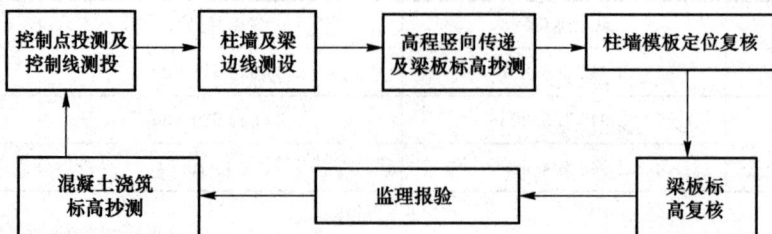

控制点投测及控制线测投 → 柱墙及梁边线测设 → 高程竖向传递及梁板标高抄测 → 柱墙模板定位复核 → 梁板标高复核 → 监理报验 → 混凝土浇筑标高抄测

4.3 基础测量

4.3.1 轴线投测

(1)独立基础基坑开挖：开挖前根据控制桩放出坑边上口线，在挖出工作面后，先钉出距离坑边1m的控制桩，以此控制坑的开挖尺寸，基坑开挖完成后，在验槽前，根据轴线控制桩将轴线重新投测到坑底，校核坑底开挖尺是否满足设计要求。

(2)桩基础成孔定位：根据控制点，采用全站仪坐标放样方法测设出各孔桩中心点，并打入短钢筋标记。待第一节控制护壁浇筑完成后，在锁口上再次测设控制轴线，校核孔桩位置，并控制开挖垂直度。

(3)独立基础垫层混凝土浇筑后，根据轴线控制桩将轴线重新投测到垫层面上，在垫层上弹出十字控制墨线以及基础边线，作为基础模板定位的依据。

(4)孔桩承台及基础梁定位：根据控制点，采用全站仪坐标放样方法测设定位轴线，控制开挖平面位置及模板位置。

(5)地下室底板垫层浇筑完成后，在垫层上采用全站仪坐标放样方法测设各柱墙定位轴线控制线（轴线偏移为0.5m或1m），作为柱墙插筋定位依据。

4.3.2 标高控制

(1)高程控制点的联测校核：在向基坑内引测标高时，首先联测高程控制网点，以判断场区内水准点是否被碰动，经联测确认无误后，方可向基坑内引测所需的标高。

(2)标高的抄测：为保证竖向控制的精度要求，对每层所需的标高基准点，必须正确测设，在同一平面层上所引测的高程点不得少于3个，并作相互校核，校核后3点的偏差不得超过3mm，取平均值作为该平面施工中标高的基准点，基准点应标在边坡立面位置上，所标部位应先用水泥砂浆抹成一个竖平面，在该竖平面上测设施工用基准标高点，用红色三角作标志，并标明绝对高程和相对标高，以便于施工中使用。

(3)为了控制基坑的开挖深度，当基坑快挖到坑底设计标高时，隔合适的距离，用水准仪在坑壁上测设一些水平木桩，使木桩的上表面距离坑底的标高为一整数高差（一般为0.5m）。为施工时方便，一般在坑壁各拐角处和坑壁每隔3~4m均测设一水平桩。必要时可沿水平桩上表面挂线检查坑底标高。

(4)孔桩开挖时，在第一节护壁内侧抄测控制标高，作为孔桩孔底标高计算依据，并以此控制孔桩混凝土浇筑高度。

(5)基础及地下室施工时，根据高程控制桩控制垫层标高和混凝土浇筑厚度；地下室墙、柱搭设满堂架时，用水准仪在架子钢管上抄测楼面1m标高，根据1m标高线控制梁板模板竖向位置。

4.4 主体结构测量放线

4.4.1 楼层主控轴线传递控制

(1)首层控制线及内控点布设：根据本项目建筑平面特点，平行于建筑纵、横轴线两方向各布置两条控制线，共4个控制点。利用全站仪坐标放样方法测设控制点及控制线，在控制点上钉水泥钉，并用红色油漆进行标记，作为向上传递轴线的内控点。后续施工的所有上层结构板均在同一位置预留250mm×250mm的放线孔，作为依次向上传递轴线的窗口，放线孔周围要高出混凝土楼板面10~20mm（防止养护时向下流水），放线孔竖向不得有钢筋和架杆通过。

(2)用激光铅垂仪投测控制点：在首层控制点上架设激光铅垂仪，调置仪器对中、整平后启动电源，使激光铅垂仪发射出可见的红色光束，投射到上层预留孔的接收靶上，查看红色光斑点最小中心点，此点即作为上层的一个控制点，其余控制点可用同样的方法向上传递。完成控制点投测后，在作业层上，将全站仪安置于其中一控制点上，后视相邻的控制点进行直线定线，并用墨线弹出4条控制线。

(3)柱墙及梁的边线弹线：根据控制线，用钢尺垂直拉取距离测设建筑柱墙及梁的边线，并弹线标记，作为结构构件模板定位依据。

4.4.2　楼层标高传递控制

(1)高程控制网的布置：本工程高程控制网采用水准法建立，现场共设置3个±0.000水准点(绝对高程为1 218.400 m)，分别设在现场周围的围墙和永久的建筑物上。

(2)标高传递：基础施工(即±0.000以下)利用塔尺将标高传入基础坑内，且基坑四周不低于四点(每一个方向不低于一点)校核后方可引测其他控制标高点，必须两点以上后视且两后视点标高差在3 mm之内。

主体上部结构施工时，采用钢尺直接丈量垂直高差传递高程。首层施工完成后，在建筑物的四周墙柱外侧均匀布置3个点，做出明显标记，作为向上传递的基准点，这3个点必须上下通视，以结构无突出点为宜。以这几个基准点向上拉尺到施工面上以确定各楼层施工标高。在施工面上首先应闭合检查3点标高的误差，当相对标高差小于3 mm时，取其平均值作为该层标高的后视读数，并在满堂架钢管上抄测该层＋1 m标高线。

(3)因为钢尺长度有限，所以向上传递高程时采取接力传递的方法，传递时应在钢尺的下方悬挂配重(要求轻重适宜)以保持钢尺垂直。

(4)每层标高允许误差3 mm，全层标高允许误差为15 mm，施工时严格按照规范要求控制，尽量减少误差。

4.5　砖砌体及装饰装修施工测量

(1)砌体施工时，将地面清扫干净，并用清水冲洗出各层框架施工时测设的控制线，以此控制线为基准，用钢尺垂直拉取距离测设各砖砌墙体边线。墙体边线测设后，需要校核测设的各墙体间距与设计间距是否相符，允许误差在5 mm内。

(2)装饰装修施工时，在各层室内墙面测设＋0.5 m标高控制线，并弹线标记。标高控制线要求交圈闭合，误差在限差范围内。据此标高控制线控制楼地面施工高度及门窗安装竖向位置。

4.6　测量注意事项

(1)仪器限差符合同级别仪器限差要求。

(2)全站仪坐标放样时，一定要在后视检查无误后进行，且每次放样后都要进行相对校核(如检查控制点水平距离、相交的控制线间夹角关系)。

(3)标高抄测后，都要采用相对校核方法进行检查。如在完成楼层＋1.0 m标高抄测后，用钢尺检查抄测标高至楼面的高差是否为1 m；梁板底模板支设完成后，量取混凝土楼面至梁板模板的高差是否与楼层净高一致。

4.7　细部放样的要求

(1)用于细部测量的控制点必须经过检验。

(2)细部测量坚持由整体到局部的原则。

(3)方向控制尽量使用距离较长的点。

(4)所有结构控制线必须清楚明确。

5. 施工测量质量标准

工程测量应以中误差作为衡量测绘精度的标准，以二倍误差作为极限误差。为保证误差在允许限差内，各种控制测量必须按《工程测量规范》(GB 50026—2007)执行，按规范进行操作，各项限差必须达到下表所示要求。

测距相对中误差	测角中误差/(″)	测站高差中误差/mm	施工水平面高程中误差/mm	竖向传递轴线点中误差/mm
1/10 000	10	2	5	3

测量精度达到国家规范的规定：层间竖向测量偏差不超过±3 mm，全高不超过 $3H/10\,000$，且不大于±15 mm。

6. 测量复核及资料整理

6.1 验线工作应遵守的基本原则

(1)验线工作要主动；

(2)验线的依据要原始、正确、有效；

(3)验线用的仪器和钢尺必须按有关规定进行检校；

(4)仪器的精度应符合规范要求；

(5)必须独立验线，验线工作应尽量与放线工作不相关；

(6)验线部位要选择关键环节与最弱点位。

6.2 验线成果与放线成果的误差处理

(1)两者之差若小于限差，可评为优良。

(2)两者之差若略小于或等于限差，可评为合格。

(3)两者之差若超过限差，原则上不予验收，尤其是要害部位，若是次要部位，可令其作返工处理。

6.3 验线处理等级

(1)建筑红线与房屋定位线，由甲方申请市规划局测绘验线。

(2)基础验线首层±0.000线由项目技术主管报请甲方监理公司验线。

(3)控制网的线，每一层的竖向投测点与标高测点的控制及每一流水段的测量放线，由项目工程技术主管质检及测量负责人一同验线确认后，填好预检单，资料存档。

(4)外业记录采用统一格式，装订成册，回到内业及时整理并填写有关表格，并由不同人员对原始记录及有关表格进行复核，对于特殊测量要有技术总结和相关说明。

7. 施工管理措施

7.1 测量放线的基本要求

(1)测量的工作贯穿于整个施工过程，在施工中起主导作用，是保证工程质量和工程进度的基本工作之一。

(2)遵守先整体后局部、高精度控制低精度的工作程序。

(3)严格审核原始依据(设计图纸、测量起始点位、数据等)的正确性，坚持测量作业与计算工作步步有校核的工作方法。

(4)在测量精度满足工作需要的前提下，力争做到省工、省时、省费用。

(5)执行一切定位放线工作在经自检、互检合格后，方可申请主管技术部门预检及质检人员验线的工作制度。

7.2 保证质量措施

(1)为了保证测量工作的精度，应绘制放样简图，以便现场放样。

(2)对仪器及其他用具定时进行检验，以避免仪器误差造成的施工放样误差。

(3)每次测角都应精确对中，并采用正倒镜取中数。

(4)高程传递水准仪应尽量架设在两点的中间，以消除视准轴不平行于水准轴的误差。

(5)使用仪器时在阳光下观测应用雨伞遮盖，防止气泡偏离造成误差，雨天施测时要有防雨措施。

(6)每个测角、丈量、测水准点都应施测两遍以上，以便校准。

(7)每次均应作为原始记录登记，以便能及时查找。

7.3 安全技术措施

(1)轴线投测到边轴时，应将轴线偏离边轴1 m以外，以防止高空坠落，保证人员及仪器安全。

(2)每次架设仪器，都应将螺旋调至松紧适度，以防止仪器脱落下滑。

(3)较长距离搬运时，应将仪器装箱后再进行重新架设。

(4)轴线引测预留洞口(250 mm×250 mm预留)，除引测时均要用木板盖严密，以防止落物打击伤人或踩空，并设安全警示牌。

(5)向上引测时，要对工地工人进行宣传，不要从洞口向下张望，以防止落物打中。

(6)外控引测投点时要注意临边防护、脚手架支撑是否安全可靠。

(7)遵守现场安全施工规程。

8. 仪器保养和使用制度

(1)仪器实行专人负责制，建立仪器管理台账，由专人保管、填写。

(2)所有仪器必须每年鉴定一次，并经常进行自检。

(3)仪器必须置于专业仪器柜内，仪器柜必须干燥、无尘土。

(4)仪器现场使用时，司仪人员不得离开仪器。在使用过程中应防暴晒、防雨淋，正确使用仪器，严格按照仪器的操作规程使用。

9. 沉降观测

沉降观测详见沉降观测方案(此处略)。

基础施工测量项目技能训练引导文

一、情境描述

施工企业在基础施工阶段，根据项目施工图纸及现场测量条件，编制基础施工测量方案，并根据测量方案实施现场测量及校核工作。

二、培养目标

(1)知识目标。

1)清楚基础施工测量的内容及要求。

2)清楚各项基础施工测量工作的程序及方法。

(2)技能目标。

1)能从基础施工图纸中获取测量数据。

2)能根据施工图纸及施工条件制定测量方案，计算相关测量数据。

3)能熟练运用合适的测量方法进行实地放线及标高抄测。

4)能熟练运用办公软件及CAD软件编制测量方案，处理测量数据。

(3)素质目标。

1)养成踏实、严谨的工作作风。

2)养成爱护测量仪器、工具的良好习惯。

3)养成事后检查、校正的工作习惯。

三、工作过程

本情境的学习与高程测量相同，依照工作六步法完成。

1. 基础施工测量资讯

(1)基础施工测量任务背景。如图5-50所

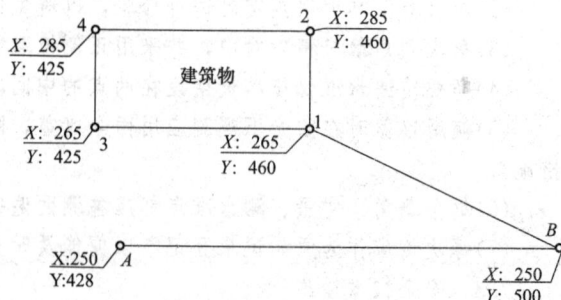

图5-50　建筑定位测量

示，在施工场地中有 A、B 两已知坐标点，测量人员根据基础平面定位图获得建筑物四角点坐标，在施工场地上完成建筑物定位，并根据基础施工图及施工方案完成基础施工中的各项测量工作。

(2)基础施工测量任务单(表 5-4)。

表 5-4　基础施工测量任务单

名称	基础施工测量
工作对象	控制点及基础施工图
工作内容	根据教师提供的基础施工图纸(图 5-51 和图 5-52 所示)编制基础施工测量方案，在方案中明确建筑物定位测量、基坑(槽)开挖边线、测设轴线控制桩、桩基放线及承台放线方法，并根据施工方案完成现场放线
工作要求	基础施工测量是建筑工程施工测量中非常重要的一项工作，在实际工作中，必须采用满足现场条件及精度要求的方法来完成点位的测设工作。测量精度要求详见表 5-1
任务要求	编制基础施工测量的方案，完成基础平面图坐标校正、施工平面直角坐标系的建立及相关测设数据的获取，现场施测，检测测量结果，提交测量成果报告
工作思路	清楚基础施工测量的内容及要求，在现场了解实际情况，根据资讯所获取的信息，制定基础施工测量方案，然后在测量实训场地完成建筑定位、轴线控制桩等内容的施测及校核，最后整理项目测量成果，编写成果报告

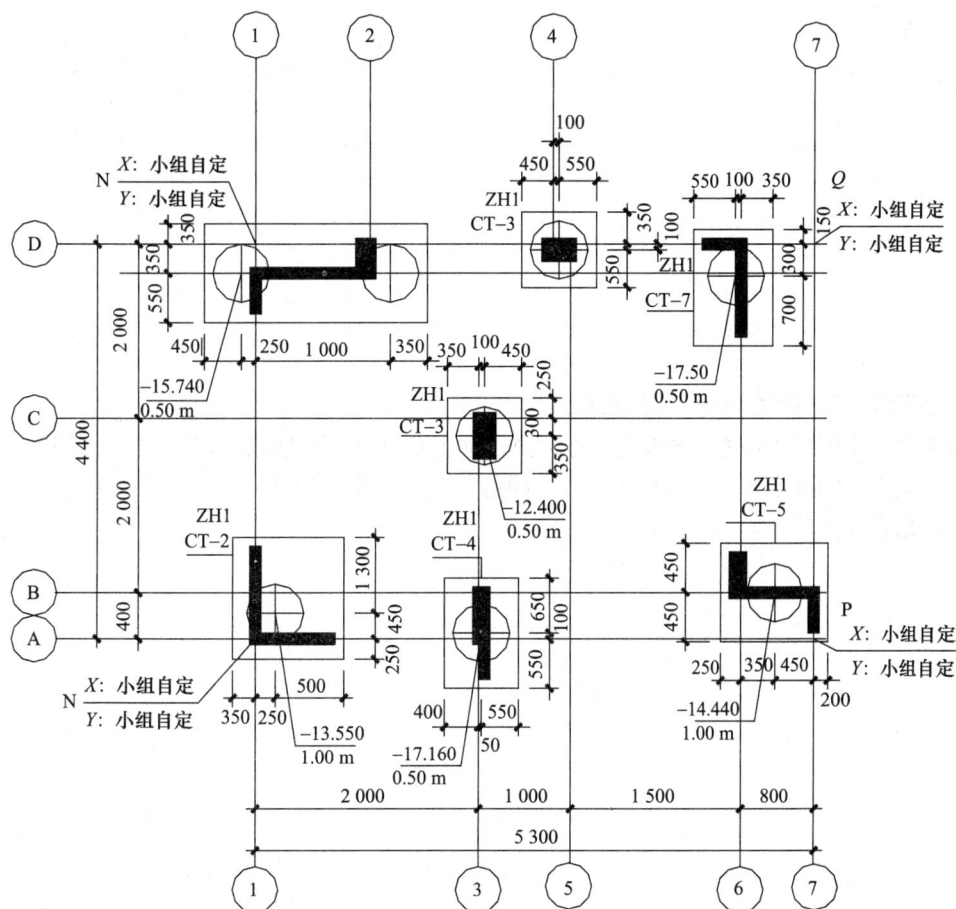

图 5-51　基础施工平面图

桩型号
承台号

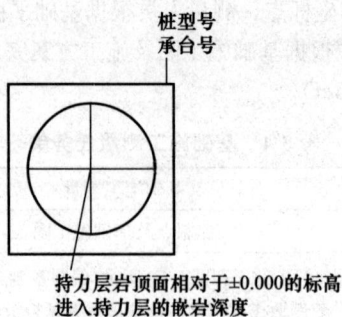

持力层岩顶面相对于±0.000的标高
进入持力层的嵌岩深度

图 5-52　基础施工图图例

(3)基础施工测量咨询单。

1)基础施工测量的作用：_____。

2)建筑定位的依据：_____。

3)简述建筑独立基础测量的内容及程序(在下面空白处画流程图)。

2. 基础施工测量计划(编制测量方案)

根据教师提供的基础施工图及已知控制点，利用 CAD 软件完成基础平面图坐标纠图、施工平面直角坐标系的建立，并参照 5.5.2 节中的施工测量方案编制格式，结合项目特点编制有针对性的基础施工测量方案。

3. 基础施工测量决策

(1)基础施工测量方案决策单(表 5-5)。

表 5-5 基础施工测量方案决策单

方案决策				
序号	方案内容	方案优点	方案缺点	备注
一	平面定位			
1	建筑定位测量			
2	基础开挖定位			
3	基础模板定位			
二	竖向定位			
1	基础开挖深度控制			
2	基础混凝土浇筑高度控制			
论证:				
组长签字:	教师签字:			日期:

(2)基础施工测量工具仪器单(表 5-6)。

表 5-6 基础施工测量工具仪器单

序号	仪器名称	型号	数量	备注
1				
2				
3				
4				

4. 基础施工测量实施

基础施工测量实施单见表 5-7。

表 5-7 基础施工测量实施单

序号	任务	主要步骤要点(按方案梳理填写)
1	平面定位	
2		
3		
4		
5	竖向定位	
6		
7		
组长签字:	教师签字:	日期:

5. 基础施工测量检查

基础施工测量检查单见表 5-8。

表 5-8　基础施工测量检查单

序号	检测项目	检测具体内容	检测结果	备注
一	建筑定位及轴线控制线			
1	距离校核	(1)测设的建筑角点间距离与设计距离的偏差		
		(2)轴线间距与设计间距的偏差		
2	角度校核	测设的两相交轴线的水平夹角与设计夹角的偏差		
二	基础标高抄测			
1	相对校核	抄测标高与已知标高点间实测高差与理论高差的偏差		
2	绝对校核	抄测标高的实测标高与设计标高的偏差		
评价:				
组长签字:		教师签字:	日期:	

6. 基础施工测量评价

(1)基础施工测量成果评价单(表 5-9)。

表 5-9　基础施工测量成果评价单

序号	检测项目	检测结果	评分标准	分值
1	测量现场整洁		测量仪器摆放规整,仪器打开后盖子关好,放回箱中前所有制动打开,现场不留垃圾(满分 10 分)	
2	测量仪器摆放规整,无损坏		按要求借、还仪器,并按要求归放至实训室指定位置,仪器完好无损(满分 20 分)	
3	小组测量成果		测量成果按时提交,内容完整,格式编排满足要求,测量精度满足要求(满分 50 分)	
4	小组互评		简介本组测量方案、测量成果、测量中遇到的问题、体会,表述清晰、生动(满分 20 分)	
5	总分			
总结(测量过程中存在的问题,提出改进措施):				
组长签字:		教师签字:	日期:	

（2）基础施工测量学生自评表（表 5-10）。

表 5-10 基础施工测量学生自评表

任务名称	基础施工测量				
问题	评价				
	极不满意	不满意	一般	满意	非常满意
	5	10	15	18	20
1. 我清楚本项目的测量内容及思路					
2. 我能够积极主动地查阅资料					
3. 我能够对我的组员提出解决问题的答案做出贡献					
4. 我与组员共同完成任务					
5. 我能够将自己查阅的资料分享给他人					
项目总分					
对该教学内容及方法的意见和建议：					

注：1. 请根据自己在小组完成任务过程中的表现和贡献对自己进行评价，并在相应栏目内画"√"；

2. 若对任务的设置，教师引导任务完成的方式、方法有好的建议或意见，请填写在"对该教学内容及方法的意见和建议"栏中。

（3）基础施工测量教师评价表（表 5-11）。

表 5-11 基础施工测量教师评价表

项目名称	基础施工测量			
学生姓名	技能检测	积极参与小组任务	能按时完成任务	总分
	30	50	20	

注：根据学生在小组完成项目过程中的表现和贡献对其进行评价。

（4）基础施工测量任务评价总表（表 5-12）。

表 5-12 基础施工测量任务评价总表

姓名	学号	组别	成果评价(0.5)	学生自评(0.1)	教师评价(0.2)	考勤(0.2)	总分

注：考勤满分 100 分，请假 1 节扣 5 分，迟到或早退 1 次扣 5 分，旷课 1 节扣 10 分，旷课 4 学时本任务没有考勤分。

(5)基础施工测量上交成果表(表5-13)。

表 5-13 基础施工测量上交成果表

任务名称		基础施工测量		
个人成果		完成时间	要求	编写、整理人
名称	编号			
基础施工测量认识	5.1	资讯	以项目施工图纸为对象,总结基础施工测量的内容	个人
基础施工测量方案	5.2	计划、决策	按基础施工测量方案的步骤和要求编写,要求有图表及简要的文字叙述	
基础施工测量项目总结	5.3	实施	字数不少于500字,内容包括:个人参与完成的工作,对基础施工测量项目的认识、理解及个人经验	
基础施工测量个人自评表、教师评价表、基础施工测量任务评价总表	5.4、5.5、5.6	评价	个人自评需按实打分,教师评价及任务总评价由老师完成,个人自己整理	
小组成果		完成时间	要求	编写、整理人
名称	编号			
基础施工测量任务书	5.1	资讯	任务书采用"基础施工任务单",另需附上本组任务图	任务组长
基础施工测量方案决策单	5.2	计划、决策	按基础施工测量方案决策单的标准进行评价,填写好决策单	小组常任组长
基础施工测量方案	5.3		按基础施工测量方案要求完成	任务组长
基础施工测量实施单	5.4		按基础施工测量实施单的格式,依照测量方案简要写出完成任务的主要步骤	任务组长
基础施工测量成果报告	5.5	实施	包括基础施工测量方案(含基础施工测量数据处理)及现场放线实施图片	任务组长及技术负责人
基础施工测量检查单	5.6		依照基础施工测量检查单对测量成果作检查、评价	任务组长
基础施工测量成果评价单	5.7	评价	按基础施工测量成果评价单填写	任务组长
基础施工测量汇报	5.8		汇报内容不少于500字,内容包括:小组方案简介、测量成果展示、任务完成后的心得体会	本任务组长及下一任务组长

注:个人成果在教材上完成,小组成果采用电子版提交。

基础施工测量工作过程核心知识梳理

教学情境	基础施工测量		
工作过程	资讯		
教学方法	引导文法、讨论法、讲授法	学时	8
相关核心知识	1. 基础施工测量依据 (1)甲方提供控制点(测量已知坐标点)。 (2)建筑总平面图(获取建筑角点坐标)。 (3)基础施工平面图及基础详图(获取施工测设数据)。 (4)相关工程测量规范。 (5)基础施工测量方案。 2. 基础施工测量内容		

```
┌──────────┐         ┌──────────┐
│ 基础施工   │────────▶│ 基础施工   │
│ 内容      │         │ 测量内容   │
└──────────┘         └──────────┘
     │                     │
     ▼                     ▼
┌──────────┐         ┌────────────────┐
│基坑(槽)开挖│───────▶│建筑定位、定开挖边 │
│          │         │线、控制开挖深度   │
└──────────┘         └────────────────┘
     │                     │
     ▼                     ▼
┌──────────┐         ┌──────────┐
│ 孔桩开挖   │────────▶│ 孔桩定位线 │
└──────────┘         └──────────┘
     │                     │
     ▼                     ▼
┌──────────┐         ┌──────────┐
│ 验槽(验孔) │────────▶│ 验槽轴线投测│
└──────────┘         └──────────┘
     │                     │
     ▼                     ▼
┌──────────┐         ┌──────────────────┐
│柱下独基施工 │───────▶│独基模板定位及柱插筋定位│
│(孔桩施工) │         │(孔桩混凝土浇筑厚度控制)│
└──────────┘         └──────────────────┘
     │                     │
     ▼                     ▼
┌──────────┐         ┌──────────────────────┐
│ 基础梁、   │────────▶│承台及基础梁开挖定位、模板定位、柱│
│ 承台施工   │         │墙插筋定位及基础混凝土浇筑标高控制│
└──────────┘         └──────────────────────┘
```

3. 基础施工测量前准备工作
(1)在 CAD 软件中对电子版基础施工平面图进行坐标纠正(获取基础测设坐标数据)。
(2)建立施工平面直角坐标系(便于获取测量坐标数据,提高测设定点效率)。

教学情境	基础施工测量		
工作过程	计划、决策		
教学方法	引导文法、讨论法、讲授法	学时	4

<table>
<tr><td rowspan="2">相关核心知识</td><td colspan="3">

1. 基础施工测量程序

```
┌──────────────┐     ┌──────────────┐     ┌────────┐
│ 向甲方获取控制点 │ ──▶ │ 建筑定位及基坑开 │ ──▶ │  验线  │
│              │     │ 挖边线及孔桩定位 │     │        │
└──────────────┘     └──────────────┘     └────────┘
                                                         │
                                          ┌──────────────────┐
                                          │ 独立基础基坑开挖复核 │ ◀──
                                          └──────────────────┘
┌──────────┐   ┌──────┐   ┌────────────┐
│ 独立基础混凝土 │   │ 验槽 │   │ 开挖标高抄测 │ ◀──
│ 垫层标高及控制 │ ◀ │ 测量 │ ◀ └────────────┘
│ 混凝土浇筑标高 │   └──────┘
│ 抄测        │                ┌──────────────┐
└──────────┘                  │ 孔桩开挖复核   │ ◀──
    │                          └──────────────┘

┌──────────┐   ┌──────────┐   ┌──────────┐   ┌──────────┐
│ 桩基承台及地 │   │ 桩基承台及地 │   │ 桩基承台及地 │   │ 地下室柱墙 │
│ 梁开挖测量  │ ▶ │ 梁垫层标高抄测 │ ▶ │ 梁模板定位  │ ▶ │ 筋定位测量 │
└──────────┘   └──────────┘   └──────────┘   └──────────┘
                                                         │
                               ┌──────────────┐   ┌──────────┐
                               │ 地下室底板     │   │ 监理报验  │ ◀──
                               │ 混凝土标高控制  │ ◀ └──────────┘
                               └──────────────┘
```

2. 基础施工测量原则
先整体后局部、先控制后碎部。
3. 基础施工测量要求
保证精度，满足施工进度要求。
</td></tr>
</table>

项目6 主体施工测量

任务 6.1 认识主体施工测量

当基础施工完成后，开始基础以上部位的施工测量。随着施工楼层的升高，建筑物主轴线的投测变得最为重要，因为它是各层柱、墙及梁板定位和结构垂直度控制的依据。随着高层建筑物设计高度的增加，施工中对竖向偏差的控制要求越来越高，轴线竖向投测的精度和方法必须与其适应，以保证工程质量。

根据《工程测量规范》(GB 50026—2007)的规定，建筑物施工放样、轴线投测和标高传递的偏差不应超过表 6-1 所示的规定。

表 6-1 建筑物施工放样、轴线投测和标高传递的允许偏差

项目	内容		允许偏差/mm
基础桩位放样	单排桩或群桩中的边桩		±10
	群桩		±20
各施工层上放线	外廓主轴线长度 L/m	$L \leqslant 30$	±5
		$30 < L \leqslant 60$	±10
		$60 < L \leqslant 90$	±15
		$30 < L$	±20
	细部轴线		±2
	承重墙、梁、柱边线		±3
	非承重墙边线		±3
	门窗洞口线		±3
轴线竖向投测	每层		3
	总高 H/m	$H \leqslant 30$	5
		$30 < H \leqslant 60$	10
		$60 < H \leqslant 90$	15
		$90 < H \leqslant 120$	20
		$120 < H \leqslant 150$	25
		$150 < H$	30
标高竖向传递	每层		±3
	总高 H/m	$H \leqslant 30$	±5
		$30 < H \leqslant 60$	±10
		$60 < H \leqslant 90$	±15
		$90 < H \leqslant 120$	±20
		$120 < H \leqslant 150$	±25
		$150 < H$	±30

高层建筑竖向及标高施工偏差限差见表 6-2（H 为建筑总高度）。

表 6-2　高层建筑竖向施工及标高偏差限差　　　　　　　mm

结构类型	竖向施工偏差限差		标高偏差限差	
	每层	全高	每层	全高
现浇混凝土	8	$H/1\ 000$（最大 30）	±10	±30
装配式框架	5	$H/1\ 000$（最大 20）	±5	±30
大模板施工	5	$H/1\ 000$（最大 30）	±10	±30
滑模施工	5	$H/1\ 000$（最大 50）	±10	±30

为了保证总的竖向施工误差不超限，层间垂直度测量偏差不应超过 3 mm，建筑全高垂直度测量偏差不应超过 $3H/10\ 000$。

任务 6.2　主体结构平面定位

6.2.1　首层平面定位

完成基础施工后，开始首层（若有地下室，包括地下室）施工定位。主体结构平面定位的内容包括各层柱、墙及梁边线测设。

按照先整体后局部、先控制后碎部的测量原则，首层柱、墙及梁边线测设一般按以下步骤实施。

1. 布置控制线及控制点

项目 5 已介绍基础施工定位的总体方法是：先测设建筑外侧 4 条边轴线作为控制线，然后根据控制线用钢尺测设轴线间的水平距离完成其余各轴线测设。

因基础施工完成后，各基础上埋有柱、墙插筋，如果按基础定位的方法，则主轴线会被插筋遮挡，不方便弹线标记及观测。为了解决这一问题，底层控制线不直接以建筑轴线为控制线，而是根据柱、墙平面布置图，布置几条与建筑轴线平行的辅助轴线作为控制线，控制线与某一邻近的建筑轴线的间距一般设为一整数值（如 1 m），如图 6-1 所示（图中未标记的线为建筑轴线）。控制线的条数根据建筑的平面形状及尺寸确定，至少两条（纵、横方向各一条），且一般布置在靠建筑中间部位。这样，后续用钢尺测设建筑柱、墙及梁边线时不至于测设距离过长。为了确保后续柱、墙及梁边线测设精度，钢尺测设距离不大于 10 m，当超过该尺寸时，就要考虑增加控制线。用来测设控制线的点称为控制点（一般一条控制线在靠控制线两端各布设一个控制点，如图 6-1 中的控制点 1 与控制点 2）。

2. 控制点及控制线测设

（1）控制点测设。控制点测设一般采用全站仪坐标放样程序实施。测设前需要先在基础平面图（已完成坐标纠图中）绘制出控制线及控制点，通过 CAD 软件坐标查询获取控制点的坐标值。

（2）控制线测设。完成控制点测设后，采用直线定线方法完成控制线测设。具体施测方法为：将全站仪安置于控制线的一个控制点上，后视该控制线的另一控制点，锁上水平制动，竖向转动望远镜，在仪器视线方向每隔 3 m 左右标记一点，然后用墨斗沿标记的点弹墨线，这样便完成一条控制线的测设，如图 6-2 所示。

注意：为了校核测设的控制点及控制线，待控制线测设完成后，还需要检查控制点之间的距离及两个方向的控制线是否垂直。当误差满足要求时方能进行后面的测量工作。

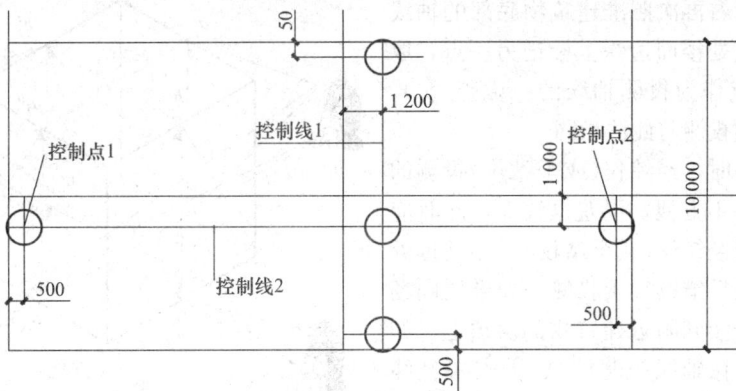

图 6-1　控制线及控制点布置图

3. 柱、墙及梁边线测设

控制线测设完成后，便可根据所施工楼层的结构施工图(包括柱墙配筋平面图及梁配筋平面图)计算各构件边线距与之平行的控制线间距，利用钢尺测设水平距离的方法，沿垂直于控制线的方向水平拉取相应间距并用红铅笔做标记，每条边线标记两个点，沿两点连线方向弹墨线便得到构件的一条边线。按此方法完成首层所有构件边线的测设，如图 6-3 所示。

图 6-2　首层地面垫层上测设控制线

图 6-3　柱、墙边线测设

6.2.2　二层以上楼层平面定位

当一层框架混凝土浇筑完成，开始二层框架施工时，二层框架的柱、墙及梁构件的平面定位方法与一层平面定位方法一样，即先测设控制点并弹控制线，再根据控制线用钢尺测设水平距离定柱、墙及梁边线。但二层以上楼层与一层不同的是：楼层竖向位置升高了，观测视线受已施工主体遮挡，不便用全站仪坐标放样方法测设控制点。解决二层以上楼层控制线测设的工作称为轴线竖向投测(实际上是控制线投测)。轴线竖向投测也是二层以上楼层平面定位的关键。下面介绍几种常见的投测方法。

6.2.2.1　外控法

如图 6-4 所示，当施工场地比较宽阔时，可使用外控法进行轴线竖向投测，在预先测设置好的轴线控制桩(如 B_1 点)上安置经纬仪(或全站仪)，严格对中、整平，盘左照准建筑物底部的轴线标记(如 b_1)，锁上仪器水平制动，向上转动望远镜，用其竖丝指挥在施工层楼面边缘上标记一点，然后盘右再次照准建筑物底部的轴线标记，同法在该处楼面边缘上标记另一点，取两点连线的中点作为投测轴线的一端点(b_2)，其他轴线端点的投测与此法相同。

当楼层较高时，经纬仪（或全站仪）投测的仰角较大，操作不方便，误差也较大，此时应将轴线控制桩用经纬仪（或全站仪）引测到远处稳固的地方，然后继续往上投测。如果周围场地有限，也可引测到附近建筑物的房顶上。如图 6-5 所示，先在轴线控制桩 A_1 上安置经纬仪，照准建筑物底部的轴线标记，将轴线投测到楼面上 a_{10} 点处，然后在 a_{10} 点上安置经纬仪，照准 A_1 点，将轴线投测到附近建筑物屋面上

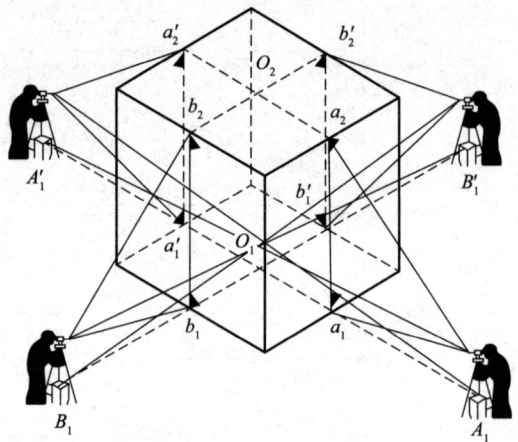

图 6-4　外控法投测

A_2 点处，后续就可在 A_2 点安置经纬仪，完成上部更高楼层的轴线投测。注意：上述投测工作均应采用盘左、盘右取中法进行，以减少投测误差。

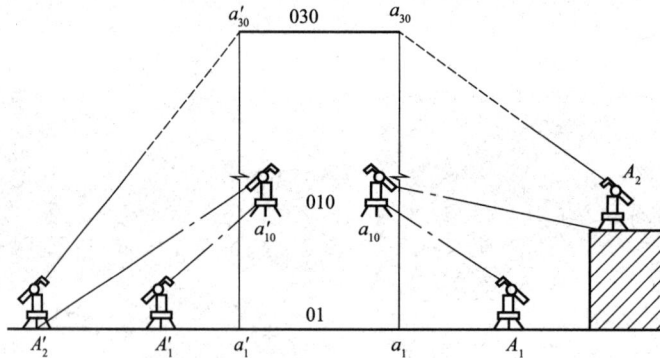

图 6-5　减小投测角的投测方法

所有主轴线投测完成后，应进行角度和距离的检验，合格后再以此为依据测设柱、墙及梁边线。

为了保证投测的质量，仪器必须经过严格的检验和校正，投测宜选择在阴天、早晨及无风的时候进行，以尽量减少日照及风力带来的不利影响。

6.2.2.2　吊线坠法

当周围建筑物密集，施工场地窄小，无法在建筑物以外的轴线上安置经纬仪时，可采用吊线坠法进行轴线竖向投测。该法与一般的吊线坠法的原理是一样的，只是线坠的质量更大，吊线（细钢丝）的强度更高。另外，为了减少风力的影响，应将吊线坠的位置放在建筑物内部。

如图 6-6 所示，首先在首层地面上埋设轴线点的固定标志，轴线点之间应构成矩形或十字形等，作为整个高层建筑的轴线控制网。各标志上方的每层楼板都预留孔洞，供吊线坠通过。投测时，在施工层楼面上的预留孔上安置挂有吊线坠的十字架，慢慢移动十字架，当吊坠尖静止地对准地面固定标志时，十字架的中心就是应投测的点，同理测设其他轴线点。

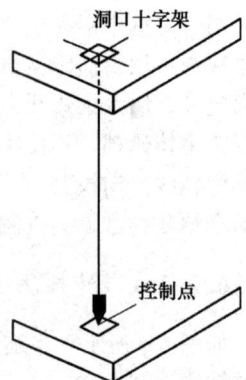

图 6-6　吊线坠法投测

使用吊线坠法进行轴线竖向投测，经济、简单、直观，但费时、费力，精度相对偏低，一般用于低层或多层建筑投测。

6.2.2.3 垂准仪法

垂准仪法就是利用能提供铅直向上(或向下)视线的专用测量仪器——激光垂准仪(也称激光铅垂仪)进行轴线竖向投测。垂准仪法具有占地小、精度高、速度快的优点，在高层建筑施工中得到广泛的应用。

1. 垂准仪法步骤要点

(1)首层控制点标记及放线孔留设。使用垂准仪法时需要事先在建筑底层设置轴线控制网，建立稳固的轴线控制点标志，在控制点上方每层楼板都预留 30 cm×30 cm 的放线孔，供视线通过，如图 6-7 所示。

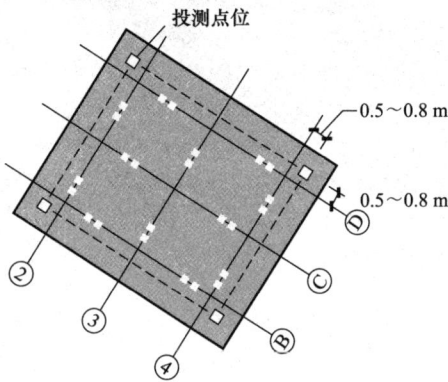

图 6-7 首层控制点标记及放线孔留设

(2)控制点投测。如图 6-8 所示，将激光垂准仪安置在首层地面的控制点标志上，严格对中、整平，当仪器水平转动一周时，若视线一直指向一点，说明视线方向处于铅直状态，可以向上投测。

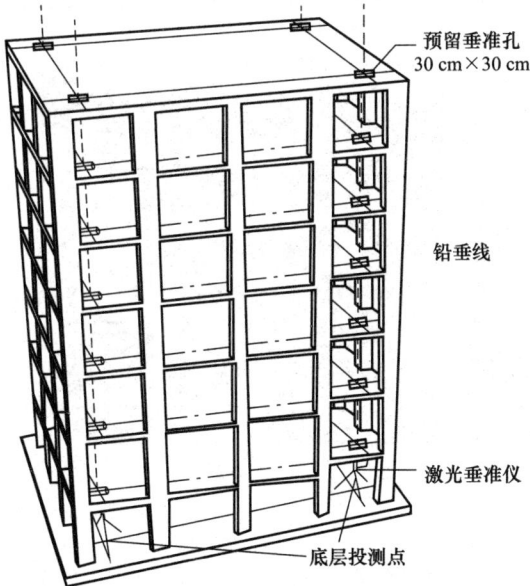

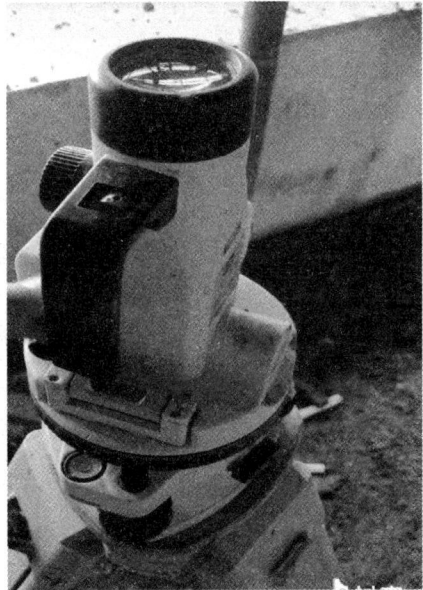

图 6-8 控制点投测

如图 6-9 所示，投测时，视线通过楼板上预留的放线孔，将轴线点投测到施工层楼板的激光接收靶上定点，并用墨线过激光点在混凝土楼面上弹两条相交的墨线。取掉激光接收靶，在放线孔上盖一合适木板，沿前面弹在混凝土楼面上的墨线再次弹线，这样，木板上墨线相交点即控制点。

图 6-9　激光接收靶弹线定点

因为投测时仪器安置在施工层下面，所以在施测过程中要注意对仪器和人员采取保护措施，防止被落物击伤。

(3)控制线测设。如图 6-10 所示，按照上一步的方法完成所有控制点的投测后，根据已投测到施工层的控制点，利用经纬仪(或全站仪)直线定线方法测设出控制线。在施工楼面一控制点上安置经纬仪(或全站仪)并对中、整平，后视控制线上的另一控制点，锁上水平制动，竖向转动望远镜，每隔 3 m 左右在视线上用红铅笔标记一点，然后用墨线弹出控制线。按此方法完成全部控制线的测设。为了确保控制点投测精度，须检查测设控制点的水平距离及控制线间夹角偏差是否满足精度要求。

图 6-10　控制线测设

2. 垂准仪的使用

图 6-11 所示为南方 ML401 激光垂准仪。其在光学垂准系统的基础上添加了激光二极管，可

以同时给出上下同轴的两束激光铅垂线，并与望远镜视准轴同心、同轴、同焦。当望远镜瞄准目标时，在目标处会出现一个红色光斑，可以通过目镜观察到，激光器同时通过下对点系统发射激光束，利用激光束照射到地面的光斑进行激光对中操作。

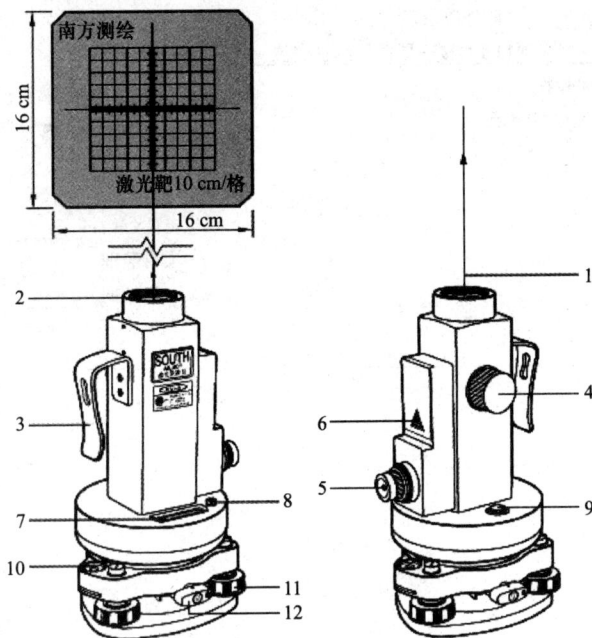

图 6-11　南方 ML401 激光垂准仪

1—望远镜端激光束；2—物镜；3—手柄；4—物镜调焦螺旋；5—目镜；6—电池盒盖；
7—水准管；8—水准管校正螺钉；9—电源开关按钮；10—圆水准器；11—脚螺旋；12—轴套锁钮

南方 ML401 激光垂准仪的操作步骤如下：

(1)在投测点位上安置仪器，按电源开关按钮打开电源，并完成对中、整平，对中、整平的操作步骤与经纬仪及全站仪完全一样；

(2)将仪器标配的网格激光靶放置在目标面上，转动物镜调焦螺旋，使激光光斑聚焦于目标面上一点；

(3)移动网格激光靶，使靶心精确对准激光光斑，将投测轴线点标定在目标面上得 S' 点；

(4)旋转照准部 180°，重复上述操作得 S'' 点，取 S' 与 S'' 点连线的中点得最终投测点 S。

南方 ML401 激光垂准仪激光的有效射程白天为 150 m，夜间为 500 m；距离仪器 40 m 处的激光光斑直径小于 2 mm；向上投测一测回的垂直偏差为 1/4.5 万，等价于激光铅垂精度为 ±5″，当投测高度为 150 m 时，投测偏差为 3.3 mm，完全满足高层建筑投测精度的要求。仪器使用两节 5 号碱性电池供电，发射的激光波长为 635 nm，激光等级为 Class Ⅱ，两节新碱性电池可供连续使用 2～3 h。

6.2.3　楼层平面定位测量报验资料编制

各层平面定位测量完成后，需要将测量放线情况，按测量报验资料的格式要求填写，并报监理单位现场复核验线无误后签字，形成测量报验资料。

主体各层平面定位资料包括测量放线报验单及放线记录，测量放线报验单及放线记录的填写详见表 6-3 和表 6-4。

表 6-3　施工测量放线报验单

工程名称：××××项目　　　　　　　　　　　　　　　　　　编号：

致：___×××××××××___（监理单位）

　　我单位已完成了___××××项目1♯楼一层框架测量定位___工作，现报上该工程报验申请表，请审查和验收。

　　附件：1. 一层框架平面放线记录

承包单位（章）：_____

项目经理：_____

日　期：_____

审查意见：

项目监理机构：_____

总/专业监理工程师：_____

日　期：_____

表 6-4　一层框架平面放线记录

工程名称	××××项目1♯楼	日期	××××年××月××日
放线部位	一层框架	放线内容	控制线及柱、墙及梁边线

放线依据：

1. 定位控制桩 KZD1、KZD2、N3。

2. 一层柱墙及梁板结构施工图纸。

3. 工程测量规范（GB 50026—2007）。

4. 项目测量方案。

放线简图：

见附图（此处略）

检查意见：

1. 一层控制线测设无误。

2. 一层柱、墙及梁平面位置无误。

3. 经检查，本层框架平面放线工作符合测量规范及设计图纸要求，同意进行下道工序施工。

签字栏	建设（监理）单位	施工（测量）单位	××××××××××		
		专业技术负责人	专业质检员		施测人

任务 6.3　主体结构竖向定位

6.3.1　首层竖向定位

1. 梁板支模控制标高抄测

如图 6-12 所示，现浇钢筋混凝土梁板模板支设采用钢管满堂架支撑体系。进行梁板模板竖向定位时，需要根据施工图获取底层地面结构标高及上一层楼面结构标高，即明确测设的标高数据。标高抄测采用水准仪高程测设方法完成。

在搭设梁板模板满堂支撑钢管架时，需要在搭设好的架子竖向钢管上抄测标高并标记，以此控制梁板底模竖向位置。如果直接测设每一梁板的标高，则测设工作量过大，且立塔尺

图 6-12　梁板满堂支撑体系

不方便。如图 6-13 所示，工程中的一般做法：不直接测设梁板的底标高来控制梁板底模竖向位置，而是测设地面(楼面)＋1.000 m 标高，支模板工人可根据楼层层高及梁高(板厚)计算出梁板底模至标记的＋1.000 m 标高间高差，从标高标记位置用钢尺沿钢管竖向拉取高差定出底模的位置。

2. 梁板混凝土浇筑控制标高抄测

如图 6-14 所示，梁板浇筑混凝土前，需要在柱墙纵筋上抄测标高并用红色油漆标记(油漆顶面位置为标高位置)，以此控制梁板混凝土浇筑厚度(确保混凝土浇筑完成后楼面结构标高与设计结构标高相符)。控制梁板混凝土浇筑厚度的标高一般为待浇筑混凝土楼面＋0.500 m 标高。浇筑混凝土时，混凝土浇筑工人可用小卷尺量取标高标记至混凝土浇筑完成面的高差控制混凝土浇筑厚度。

图 6-13　梁板模板控制标高抄测及标记

图 6-14　梁板混凝土浇筑控制标高

6.3.2　二层以上楼层竖向定位

二层以上楼层竖向定位内容及方法与首层竖向定位方法基本相同，但因二层以上楼层高度

高于地面，不能直接利用原地面上的高程控制点作为已知高程点进行施工层楼面标高抄测。解决二层以上楼层已知高程点的方法是：将首层已知高程点沿建筑物往上传递，即高程的竖向传递。下面介绍几种常用的高程竖向传递方法。

1. 用钢尺直接测量

当首层框架施工完成，且柱墙模板拆除后，利用水准仪在结构外墙或边角柱上测设+1.000 m标高并用油漆做好标记(一般选择两处从底层通至顶层的柱或墙)。施工层楼面标高抄测前，用钢尺从首层抄测的+1.000 m标高线向上竖直量取高差，即可得到施工层的已知标高(一般为施工楼层−0.500 m标高，并用油漆标记在墙柱外侧面上)，如图6-15所示。

图6-15 首层+1.000 m标高及施工层楼面−0.500 m标高

用这种方法传递高程时，应至少由两处底层标高线向上传递，以便于相互校核。由底层传递到上面同一施工层的几个标高点必须用水准仪进行校核，检查各标高点是否在同一水平面上，其误差应不超过±3 mm。检查合格后，以楼面−0.500 m标高作后视点进行本层标高抄测，如图6-16所示。若建筑高度超过一尺段(30 m或50 m)，可每隔一个尺段的高度精确测设新的起始标高线，作为继续向上传递高程的依据。

2. 悬吊钢尺法

在外墙或楼梯间悬吊一根钢尺，分别在地面和楼面上安置水准仪，将标高传递到楼面上。用于高层建筑传递高程的钢尺应经过检定，量取高差时尺身应铅直，用规定的拉力操作，并应进行温度改正。

如图6-17所示，当一层墙体砌筑到1.5 m标高后，用水准仪在内墙面上测设一条+50 mm的标高线，作为首层地面施工及室内装修的依据。以后每砌一层，就通过悬吊钢尺从下层的+50 mm标高线处向上量出设计层高，再测出上一层的+50 mm标高线。根据图6-17中的相互位置关系：第二层$(a_2-b_2)-(a_1-b_1)=l_1$，可解出b_2为

$$b_2=a_2-l_1-(a_1-b_1) \tag{6-1}$$

在进行第二层水准测量时，上下移动水准尺，使其读数为b_2，沿水准尺底部在墙面上划线，即可得到该层的+50 mm标高线。

同理，第三层的b_3为

$$b_3=a_3-(l_1+l_2)-(a_1-b_1) \tag{6-2}$$

3. 利用皮数杆传递高程

对应砖砌体结构，在皮数杆上自±0.000标高线起，门窗口、过梁、楼板等构件的标高都已注明。一层楼砌好后，则从一层皮数杆起逐层向上接。

图 6-16 楼面标高抄测后视点
(施工层－0.500 m)立尺

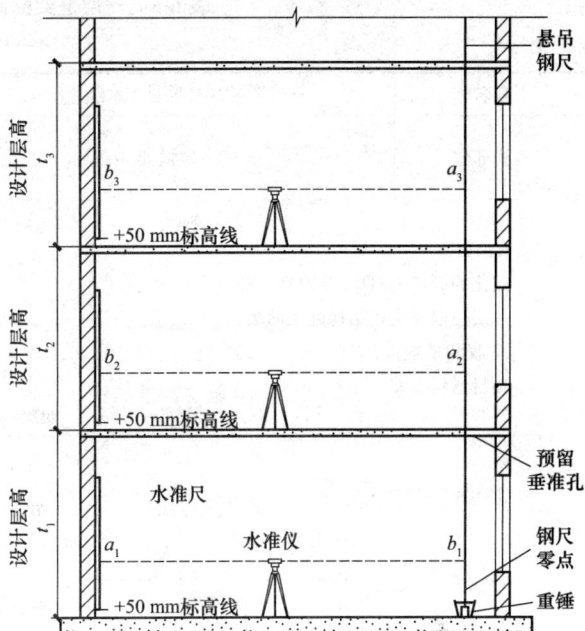

图 6-17 悬吊钢尺法传递高程

6.3.3 楼层标高抄测报验资料编制

各层标高抄测完成后，需要将标高抄测情况按测量报验资料的格式要求填写，并报监理单位现场复核验线无误后签字，形成测量报验资料。

主体各层标高抄测资料包括测量放线报验单及标高抄测记录。测量放线报验单及标高抄测记录的填写详见表6-5和表6-6。

表 6-5 施工测量放线报验单

工程名称：××××项目 编号：

致：＿＿×××××××××××＿＿(监理单位) 我单位已完成了＿×××项目1#楼一层框架标高抄测＿＿＿＿＿＿＿＿ 工作，现报上该工程报验申请表，请予审查和验收。 　　附件：1.一层框架标高抄测记录   　　　　　　　　　　　　承包单位(章)：＿＿＿＿＿＿＿ 　　　　　　　　　　　　　　项目经理：＿＿＿＿＿＿＿ 　　　　　　　　　　　　　　日　　期：＿＿＿＿＿＿＿
审查意见：   　　　　　　　　　　　　项目监理机构：＿＿＿＿＿＿＿ 　　　　　　　　　　　　总/专业监理工程师：＿＿＿＿＿＿＿ 　　　　　　　　　　　　　　日　　期：＿＿＿＿＿＿＿

表 6-6　一层框架标高抄测记录

编号：

工程名称	××××项目1#楼	日期	××××年××月××日
放线部位	一层框架	放线内容	一层地面+1.000 m 标高 二层楼面+0.500 m 标高

放线依据：

1. 定位控制桩 KZD1、KZD2、N3；

2. 一层柱墙及梁板结构施工图纸；

3.《工程测量规范》(GB 50026—2007)。

4. 项目测量方案。

放线简图：

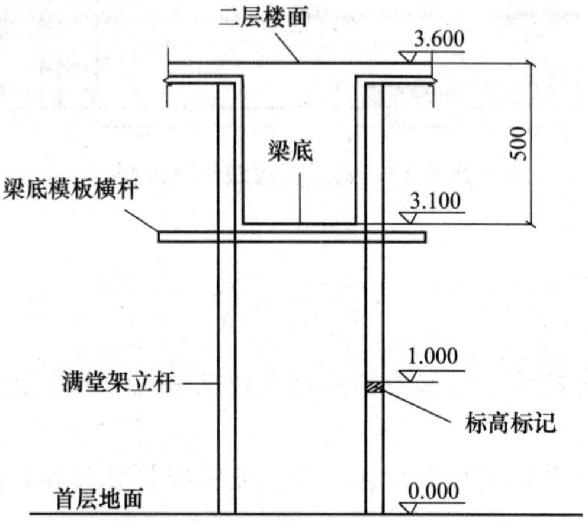

一层地面+1.000 m 标高抄测示意图　　　**二层楼面+0.500 m 标高抄测示意图**

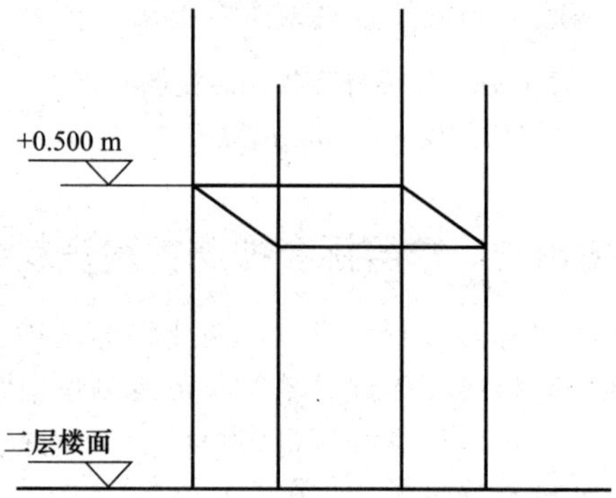

检查意见：

1. 一层地面+1.000 m 标高及二层楼面+0.500 m 误差均在±3 mm 以内，精度满足要求。

2. 经检查，本次标高抄测符合测量规范及设计图纸要求，同意进行下道工序施工。

签字栏	建设(监理)单位	施工(测量)单位	××××××××××	
		专业技术负责人	专业质检员	施测人

任务 6.4　视野拓展

6.4.1　数字化测图

数字化测图是利用全站仪或 RTK 进行外业数据采集(地物地貌点的三维坐标)，然后将野外采集的数据导入绘图软件(南方 CASS)，并完成地形图绘制的测图工作。

6.4.1.1 地形图认识

地面上有明显轮廓的、天然形成或人工建造的各种固定物体，如江河、湖泊、道路、桥梁、房屋和农田等称为地物。地球表面的高低起伏状态，如高山、丘陵、平原、洼地等称为地貌。地物和地貌总称为地形。

通过实地测量，将地面上各种地物和地貌沿垂直方向投影到水平面上，并按一定的比例尺，用地形图图式统一规定的符号和注记，将其缩绘在图纸上，这种表示地物的平面位置和地貌起伏情况的图称为地形图；在图上主要表示地物平面位置的地形图，称为平面图；将地球上的自然、社会、经济等若干现象，按一定的数学法则采用综合原则绘成的图，称为地图。测量主要是研究地形图，它是地球表面实际情况的客观反映，各项建设和国防工程建设都需要首先在地形图上进行规划、设计。

1. 地形图比例尺

地形图上任意一线段的长度与地面上相应线段实际水平长度之比，称为地形图比例尺。图上某一线段的长度与地面上相应线段的水平距离 D 之比，通常换算为用分子为 1 的分数形式表示的形式，这种形式称为测图比例尺，即 $1/M$，其中 M 称为比例尺分母。

为了满足经济建设和国防建设的需要，人们测绘和编制了各种不同比例尺的地形图。通常称 1∶100 万、1∶50 万、1∶20 万为小比例尺地形图；1∶10 万、1∶5 万和 1∶2.5 万为中比例尺地形图；1∶10 000、1∶5 000、1∶2 000、1∶1 000 和 1∶500 为大比例尺地形图。建筑类各专业通常使用大比例尺地形图。按照地形图图式规定，比例尺书写在图幅下方正中处。在同样的图幅上，比例尺越大，则地形图所表示的范围越小，所表示的内容越详细，精度越高；比例尺越小，则地图所表示的范围越大，反映的内容越简略，精确度越低。一般来讲，大比例尺地形图的内容详细、几何精度高，可用于图上测量。小比例尺地形图的内容概括性强，不宜进行图上测量。

2. 比例尺精度

通过对人眼的分辨能力的分析可知，一般情况下，人眼的最小鉴别角 $\theta=60''$。若以明视距离 250 mm 计算，则人眼能分辨出的两点间的最小距离约为 0.1 mm。例如，1∶100 万、1∶1 万、1∶500 的地形图比例尺精度依次为 100 m、1 m、0.05 m。因此，通常将地形图上 0.1 mm 所表示的实地水平长度，称为比例尺的精度。

比例尺精度＝0.1M(mm)，M 为比例尺分母。

根据比例尺精度可以知道地面上量距应准确到什么程度，比例尺越大，则表示地形变化的状况越详细，精度越高。根据甲方的要求确定比例尺大小和精度要求。比例尺越大，则采集的数据信息越详细，精度要求就越高，测图工作量和投资往往成倍增加。因此，使用何种比例尺测图，应从实际需要出发，不应盲目地追求更大比例尺的地形图。测图比例尺应根据用图的需要确定。

3. 图名、图号、图表以及图廓

(1)图名。图名也就是本幅图的名称，以所在图幅内最著名的地名、厂矿企业和村庄的名称来命名。

(2)图号。为了区别各幅地形图所在的位置关系，每幅地形图上都编有图号。图号是根据地形图分幅和编号方法编定的，标注在此图廓上方的中央。

(3)图表。说明本图幅与相邻图幅的关系，供索取相邻图幅时用。通常是中间一格画有斜线的代表本图幅，四邻分别注明相应的图号（或图名），并绘注在图廓的左上方。在各种比例尺表示的图上，除接图表外，还将相邻图幅的图号分别注在东、西、南、北图廓线中间，进一步表明与相邻四幅图的位置关系。

（4）图廓。图廓是地形图的边界，矩形图幅只有内、外图廓之分。内图廓就是坐标格网线，也是图幅的边界线。在内图廓外四角处注有坐标值，并在内廓线内侧每隔 10 cm 绘有 5 mm 的短线，表示坐标格网线的位置。在图幅内绘有每隔 10 cm 的坐标格网交叉点。外图廓是最外边的粗线。

在城市规划及给水排水线路等设计工作中，有时需要用 1∶1 万或 1∶2.5 万的地形图。这种图的图廓有内图廓、分图廓和外图廓之分。内图廓是经线和纬线，也是该图幅的边界线。内、外图廓之间为分图廓，它被绘制成为若干段黑白相间的线条，每段黑线或白线的长度表示实地经差或纬差 1′。分图廓与内图廓之间注记了以千米为单位的平面直角坐标值。

4. 地物符号

地形是地物和地貌的总称。地物是地面上天然或人工形成的物体，如湖泊、河流、房屋、道路等。地面上的地物和地貌应按国家测绘总局颁发的地形图图式中规定的符号表示于图上。其中地物符号有下列几种：

（1）比例符号。比例符号是指能够保持物体平面轮廓图形的符号，被称为轮廓符号或真形符号。依比例符号所表示的物体在实地占有相当大的面积，所以，即使按比例缩小却依然能清晰地显示出平面的轮廓形状并且位置准确，其符号具有相似性，即符号的形状和大小与地图比例尺之间有准确的对应关系。例如，在地图上表示森林、海洋、湖泊等符号都依比例符号表示。

（2）非比例符号。有些地物，如三角点、水准点、独立树和里程碑等，轮廓较小，无法将其形状和大小按比例绘制到图上，则不考虑其实际大小，而采用规定的符号表示，这种符号称为非比例符号。非比例符号不仅形状和大小不按比例绘制出，而且符号的中心位置与该地物实地的中心位置关系也随各种不同的地物而异，在测图和用图时应注意下列几点：

1）规则的几何图形符号（圆形、正方形、三角形等），以图形几何中心点为实地地物的中心位置。

2）底部为直角形的符号（独立树、路标等），以符号的直角顶点为实地地物的中心位置。

3）宽底符号（烟囱、岗亭等），以符号底部中心为实地地物的中心位置。

4）几种图形组合符号（路灯、消火栓等），以符号下方图形的几何中心为实地地物的中心位置。

5）下方无底线的符号（山洞、窑洞等），以符号下方两端点连线的中心为实地地物的中心位置。各种符号均按直立方向描绘，即与南图廓垂直。

（3）半比例符号（线形符号）。对于一些带状延伸地物（如道路、通信线、管道等），其长度可按比例尺缩绘，而宽度无法按比例尺表示的符号称为半比例符号。这种符号的中心线一般表示其实地地物的中心位置，但城墙等地物中心位置在其符号的底线上。

（4）地物注记。用文字、数字或特有符号对地物加以说明者，称为地物注记。诸如城镇、工厂、河流、道路的名称，桥梁的长、宽及载重量，江河的流向、流速及深度，道路的去向及森林、果树的类别等，都以文字或特定符号加以说明。但当等高距过小时，图上的等高线过于密集，将会影响图面的清晰醒目。因此，在测绘地形图时，等高距的大小是根据测图比例尺与测区地形情况来确定的。

5. 地貌符号——等高线

地貌是指地表面的高低起伏状态，包括山地、丘陵和平原等。在图上表示地貌的方法很多，而测量工作中通常用等高线表示，因为用等高线表示地貌不仅能表示地面的起伏形态，还能表示地面的坡度和地面点的高程。

（1）等高线的概念。等高线是地面上高程相同的点所连接而成的连续闭合曲线。设有一座位于平静湖水中的小山头，起初水面位置的高程为 50 m，与山坡有一条交线，而且是闭合曲线，曲线上各点的高程相等，这就是高程为 50 m 的等高线。随后水位上升 1 m，山坡与水面又有一条交线，这就是高程为 51 m 的等高线。依此类推，水位每上升 1 m，水面就与地表面相交留下一条等高线，从而得到一组高差为 1 m 的等高线。设想把这组实地上的等高线沿铅垂线方向投影到水平面 H 上，并按规定的比例尺缩绘到图纸上，就得到用等高线表示该山头地貌的等高线图，如图 6-18 所示。

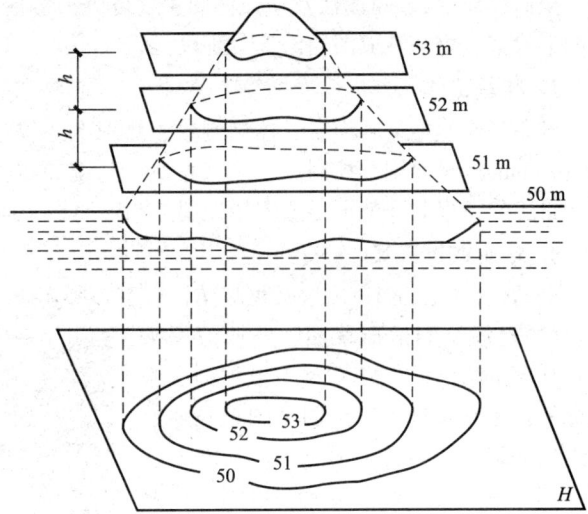

图 6-18　等高线

（2）等高距和等高线平距。相邻等高线之间的高差称为等高距，常以 h 表示。在同一幅地形图上，等高距相同。相邻等高线之间的水平距离称为等高线平距，常以 d 表示。因为同一张地形图上等高距相同，所以等高线平距 d 的大小直接与地面坡度有关。等高线平距越小，则地面坡度就越大；等高线平距越大，则地面坡度越小；地面坡度相同，则等高线平距相等。因此，可以根据地形图上等高线的疏、密来判定地面坡度的缓、陡。同时还可以看出，等高距越小，显示地貌就越详细；等高距越大，显示地貌就越简略。还有某些特殊地貌，如冲沟、滑坡等，其表示方法参见地形图图式[《国家基本比例尺地图图式　第 1 部分：1∶500　1∶1 000　1∶2 000 地形图图式》(GB/T 20257.1—2017)、《基础地理信息要素分类与代码》(GB/T 13923—2006)、《国家基本比例尺地图图式　第 2 部分 1∶5 000　1∶10 000 地形图图式》(GB/T 20257.2—2017)等]。

（3）等高线的分类。

1）首曲线。在同一幅图上，按规定的等高距描绘的等高线称为首曲线，也称为基本等高线。其是宽度为 0.15 mm 的细实线。

2）计曲线。为了读图方便，凡是高程能被 5 倍基本等高距整除的等高线加粗描绘，称为计曲线。

3）间曲线和助曲线。当首曲线不能显示地貌的特征时，按 1/2 基本等高距描绘的等高线称为间曲线，在图上用长虚线表示。有时为显示局部地貌的需要，可以按 1/4 基本等高距描绘的等高线，称为助曲线，一般用短虚线表示。

（4）等高线的特性。

1）同一条等高线上各点的高程都相等。

2）等高线是闭合曲线，如不在本图幅内闭合，则必在图外闭合。

3）除在悬崖或绝壁处外，等高线在图上不能相交或重合。

4）等高线平距小表示坡度大；等高线平距大则表示坡度小；等高线平距相等则坡度相等。

5）等高线与山脊线、山谷线成正交。

6.4.1.2 全站仪(或 RTK)草图法数字化测图实施

全站仪或 RTK 草图法数字化测图主要可分为准备工作，外业数据采集，数据传输，绘制地形图，检查、整饰与成图输出五个阶段。

1. 准备工作

准备工作包括资料准备、控制测量、测图准备等。准备工作的重点是控制测量，根据先控制后碎部的测量原则，控制测量是根据测区情况布置控制点，并按图根控制测量要求完成。控制测量工作结束后，就可根据图根控制点测定地物、地貌特征点的平面位置和高程。

2. 外业数据采集

全站仪(或 RTK)草图法数据采集按以下步骤实施：

(1)现场绘制地形草图。外业数据采集除利用全站仪(或 RTK)测量点位的三维坐标外，还要通过现场绘制草图记录地物点连接关系、地物类别信息等。如图 6-19 所示，开始测量前先粗略绘制出测区道路及建筑等依比例成图的地物草图；对于点状地物(如井盖、路灯、行道树等)，用文字列出地物名称，数据采集时，对应地物类别记录测量点号。

(2)全站仪野外碎部点采集。利用全站仪(或 RTK)数据采集程序进行测区各地物地貌关键点采集。在采集碎部点时，要及时绘制观测草图。在外业测量时，应注意以下事项：

1)全站仪不能在强光下长期工作，应架太阳伞保护全站仪。

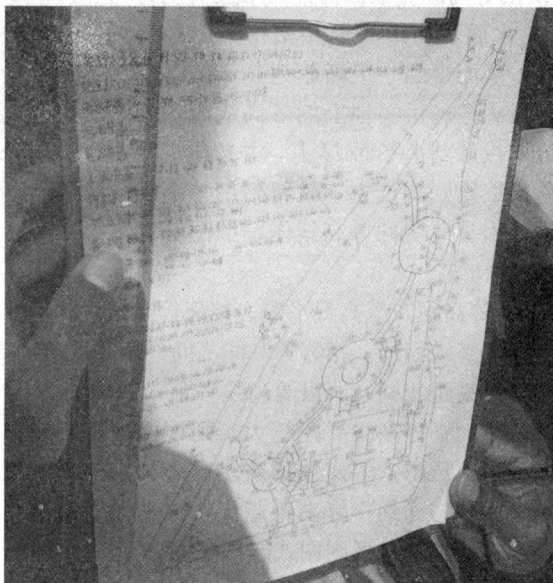

图 6-19　现场绘制测量草图

2)为了方便测量，如果用多个棱镜同时测碎部，其各棱镜高一定要一致。当某一测点需变棱镜高时，一定要重新输入该点的棱镜高。其方法是在测量菜单下用▼键将光标调到"镜高"，按输入键，输入镜高后按回车键即可，测完这点后一定要将镜高改回原值。

3)司仪人员要及时与草图记录人员沟通，校对仪器记录的点号是否与草图上记录的点号一致。

4)每建一个仪器站时一定要弄清楚该站的点号、后视的点号，一旦出错，所有在该站测的碎部点将全部报废。所以，测站建好后要先测一个已知点的坐标进行对比，如误差不大再继续进行测量。

5)外业数据采集时要注意按地物取舍要求进行取舍。

地物、地貌各要素的表示方法和取舍原则除应按现行国家标准《国家基本比例尺地图图式第 1 部分：1∶500　1∶1 000　1∶2 000 地形图图式》(GB/T 20257.1—2017)执行外，还应符合下列规定：

1)控制点的测绘：各级测量控制点是测绘地形图的主要依据，在图上按图式规定符号精确表示。

2)居民地和垣栅的测绘：居民地的各类建筑物、构筑物及主要附属设施应准确测绘实地外围轮廓和如实反映建筑结构特征。房屋以墙基外角为准，正确测绘出轮廓线，并注记建筑材料和性质分类，注记楼房层数。1：500、1：1 000 测图房屋应逐个表示，临时性建筑物可舍去。建筑物、构筑物轮廓凹凸在图上小于 0.4 mm 时，可用直线连接。可依比例尺表示垣栅，准确测出基部轮廓并配置相应的符号，对围墙、栏杆、栅栏等，可根据其永久性、规整性、重要性等综合考虑取舍。对不以比例尺表示的垣栅，测绘出定位点、线并配置相应的符号。

3)工矿建(构)筑物及其他设施的测绘：包括矿山工业、农业、文教、卫生、体育设施和公共设施等，地形图上应正确表示其位置、形状和性质特征。对以比例尺表示的，应准确测出轮廓，配置相应的符号并加注文字说明；对不以比例尺表示的，应准确测定定位点、定位线的位置，并加注文字说明。凡具有判定方位、确定位置、指示目标的设施，应测注高程点(烟囱、打谷场、水文站、岗亭、纪念碑、钟楼、寺庙、地下建筑物的出入口等)。

4)交通及附属设施的测绘：图上应准确反映陆地道路的类别和等级、附属设施的结构和关系；正确处理道路的相关关系及与其他要素的关系。公路与其他双线道路在图上均应按实宽以比例尺表示，公路应在图上每隔15～20 cm注出公路等级代码。车站及附属建筑物、隧道、桥涵、路堑、路堤、里程碑等均需表示。在道路稠密地区，次要的人行道可适当取舍。铁路轨顶(曲线要取内轨顶)、公路中心及交叉处、桥面等应测取高程注记点，隧道、涵洞应测注底面高程。公路、街道按其铺面材料可分为水泥、沥青、砾石、碎石和土路等，应分别以混凝土、沥、砾、碴、土等注记于图中路面上。路堤、路堑应按实地宽度绘出边界，并应在其坡顶、坡脚适当测记高程。道路通过居民地不宜中断，按真实位置绘出。城区道路以路沿线测出街道边沿线，无路沿线的按自然形成的边线表示。街道中的安全岛、绿化带及街心花园应绘出。道路、街道的中心处、交叉处、转折处及路面坡度变化处，图上每隔10～15 cm应测注高程点。

5)管线及附属设施的测绘：正确测绘管线的实地定位点和走向特征，正确表示管线类别。永久性电力线、通信线均应准确表示，电杆、电线架、铁塔位置均应实测。多种线路在同一杆线上时，只表示主要的。电力线应区分高压线(输电线)和低压线(配电线)。城市建筑区内电力线、通信线可不连线，但应在杆架处绘出连线方向。地面和架空的管线均应表示，分别用相应符号表示，并注记其类别。地下管线根据用途需要决定表示与否，检修井宜测绘表示。

6)水系及附属设施的测绘：江、河、湖、海、水库、运河、池塘、沟渠、泉、井及附属设施等均应测绘，有名称的加注名称。海岸线以平均大潮高潮所形成实际痕迹线为准，河流、湖泊、池塘、水库、塘等水涯线一般按测图时的水位为准，当水涯线在图上的投影距离小于 1 mm时，以陡崖线符号表示。河流在图上宽度小于 0.5 mm、沟渠宽度小于 1 mm的，用单线表示。固定水流方向及潮流向、水深和等深线按用图需要表示。水渠应测注渠顶边和渠底高程；池塘应测注塘顶边及塘底高程；时令河应测注河床高程；堤、坝应测注顶部及坡脚高程；河流交叉处、泉、井等要测注高程；瀑布、跌水测注比高。

7)境界的测绘：正确表示境界的类别、等级、准确位置以及与其他要素的关系。县级以上行政区划界应表示，乡、镇和乡级以上国营农林牧场及自然保护区界线按用图需要表示。两级以上境界重合时，只绘高级境界符号，但需要同时注出各级名称。

8)地貌和土质的测绘：自然形态的地貌宜用等高线表示，崩塌残蚀地貌、坡、坎和其他特殊地貌应用相应符号或用等高线配合符号表示。各种天然形成和人工修筑的坡、坎，其坡度在70°以上时，表示为陡坎；在70°以下时，表示为斜坡。斜坡在图上的投影宽度小于 2 mm 时，宜表示为陡坎并测注比高；当比高小于1/2 等高距时，可不表示。梯田坎坡顶及坡脚在图上投影大于 2 mm 以上时实测坡脚，小于 2 mm 时测注比高，当比高小于1/2 等高距时，可不表示。梯田坎较密，两坎间距在图上小于 10 mm 时，可适当取舍。断崖应沿其边沿以相应的符号测绘于图上。冲沟和雨裂视其宽度按图式在图上分别以单线、双线或陡壁冲沟符号绘出。居民地可不绘等高线，但高程注记点应能显示坡度变化特征。各种土质按图式规定的相应符号表示。应注意区分沼泽地、沙地、岩石地、露岩地、龟裂地、盐碱地。

9）植被的测绘：地形图上应正确反映出植被的类别特征和分布范围。对耕地、园地应实测范围，配置相应的符号。在同一地段内生长多种植物时，图上配置符号（包括土质）不超过三种。耕地需区分稻田、旱地、菜地及水生经济作物地。以树种和作物名称区分园地类别并配置相应的符号，有方位和纪念意义的独立树要表示。田埂宽度在图上大于 1 mm 的，用双线表示；小于 1 mm 的，用单线表示。田角、田埂、耕地、园地、林地、草地均需测注高程。

10）独立地物的测绘：独立地物是判定方位、指示目标、确定位置的重要依据，必须准确测定位置。凡地物轮廓图上大于符号尺寸的，均以比例符号表示，加绘符号；小于符号尺寸的，用非比例符号表示，并测注高程，有的独立地物应加注其性质。

11）注记：地形图上对各种名称、说明注记和数字注记准确注出。图上所有居民地、道路、城市、工矿企业、山岭、河流、湖泊交通等地理名名称均应进行调查核实，正确注记。注记使用的字体、字级、字向、字序形式按《国家基本比例尺地图图式　第 1 部分：1∶5 000　1∶1 000　1∶2 000 地形图图式》(GB/T 20257.1—2017)执行。

3. 数据传输

完成外业数据采集后，需把野外观测数据传输到计算机中。

对于全站仪外业数据采集，传输方法有两种：一种是用仪器专用传输软件，另一种是用 CASS 绘图软件传输。无论用何种方法都必须先在全站仪和软件上设置通信参数，两方的通信参数必须一致。

用全站仪传输出的数据是全站仪内存中记录的格式，还必须进行格式转换，转换成 CASS 坐标格式，文件的格式必须是 DAT。

4. 绘制地形图

运行 CASS 绘图软件，定显示区域，在右边菜单中选择定位方式为 CASS 点号定位，在对话框中选择文件路径并打开文件完成定位，然后进行展点，打开"绘图处理"菜单里的"展野外测点点号"，在对话框中选文件路径并打开文件展点完成。此时即可开始绘制地形图，地物、地貌绘制完成后再绘制等高线。绘制等高线需要专用的数据文件来建立 DTM，数据文件可用测量的数据文件改造，其方法是：复制一份测量的数据文件，将文件中不参加等高线绘制的测点数据去掉，重新命名。详细的绘制方法参见 CASS 绘图软件使用手册。

5. 检查、整饰与成图输出

在 CASS 绘图软件中绘制完成后，还需要对照外业草图整饰地形图，补测或重测存在漏测或测错的地方，然后加注高程、注记等，进行图幅整饰，最后成图输出。

6.4.1.3　数字化测图绘制工程竣工总平面图

竣工总平面图是设计总平面图在工程竣工后实际情况的全面反映，所以，设计总平面图不能完全代替竣工总平面图。绘制竣工总平面图的目的如下：

（1）在施工过程中可能由于设计时没有考虑到某些问题而使设计有所变更，这种临时变更设计的情况必须通过测量反映到竣工总平面图上；

（2）竣工总平面图将便于日后进行各种设施的维修工作，特别是地下管道等隐蔽工程的检查和维修工作；

（3）竣工总平面图为企业的扩建提供了原有各项建筑物、构筑物、地上和地下各种管线及交通线路的坐标、高程等资料。

某管线工程采用 RTK 数字化测图绘制的竣工总平面图如图 6-20 所示。

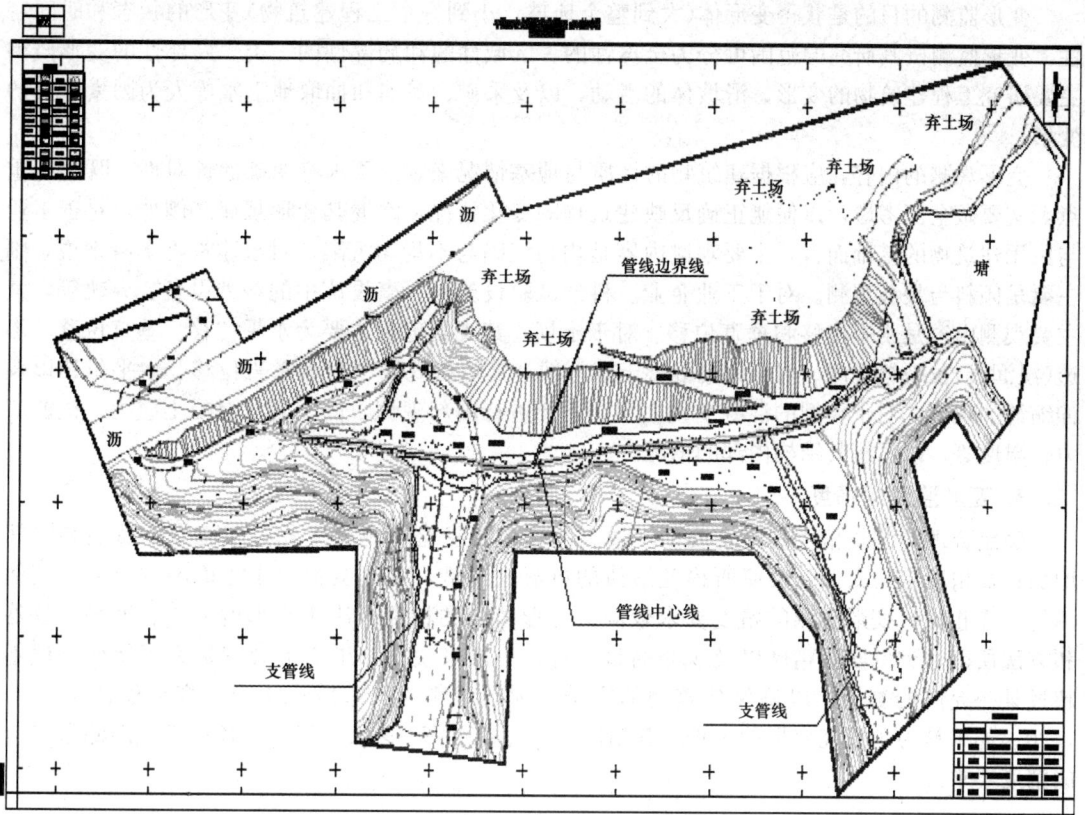

图 6-20　某管线工程竣工总平面图

6.4.2　建筑变形观测

6.4.2.1　变形观测认识

1. 变形测量的目的和意义

工程建筑物因为受外界荷载的作用或受力状态改变，将会产生一定的变形。较小的变形值对建筑物的安全及使用没有什么影响，而当变形值较大，甚至超过允许变形值时，会极大地影响工程建筑物的安全。所以，从施工开始到竣工及建成后整个运营期间都要不断地监测，以便掌握变形的情况，及时发现问题，保证工程建筑物的安全。人类开发自然资源的活动(例如抽取地下水、采油、采矿等)会破坏地壳上部的平衡，造成地面变形。这种变形需要长期监测，以便掌握其规律并在必要时采取措施控制其发展，保证人类正常的生产和生活。变形测量有实用上和科学上两个方面的意义。实用上的意义主要是监测各种工程建筑物和地质构造的稳定性，及时发现问题，以便采取措施。科学上的意义包括更好地理解变形的机理、验证有关工程设计的理论以及建立正确的预报变形的理论和方法。

通过变形观测可以监视工程建筑物的变化状态，在发现不正常现象时，应及时分析原因，采取措施，防止事故发生，并改善运营方式，以保证安全。另外，通过在施工和运营期间对工程建筑物进行变形观测，分析研究，可以验证工程结构的设计方法，对不同的地基与工程结构规定合理的允许沉陷与变形的数值，为工程建筑物的设计、施工、管理和科学研究工作提供资料。

2. 变形监测的内容

变形监测的目的是获得变形体（大到整个地球，小到一个工程建筑物）变形的状态和时间特性。变形监测按其研究的范围可分为全球性的、区域性的和局部性的三类。局部性的变形监测主要研究工程建筑物的变形，滑坡体的滑动，以及采矿、采油和抽取地下水等人为因素造成的变形。

变形观测的内容，应根据建筑物的性质与地基情况来定。要求有明确的针对性，既要有重点，又要做全面考虑，以便能正确反映建筑物的变化情况，掌握其变形规律。例如，对于工业与民用建筑物的基础而言，主要观测内容是均匀沉陷与不均匀沉陷，对于建筑物本身来说，则主要是倾斜与裂缝观测。对于工业企业、科学试验设施与军事设施中的各种设备、导轨等，其主要观测内容是水平位移和垂直位移。对于土坝，其观测项目主要为水平位移、垂直位移、渗透（浸润线）及裂缝观测。对于钢筋混凝土重力坝，其主要观测项目为垂直位移、水平位移以及伸缩缝的观测，对于大型的混凝土重力坝，还要进行内部观测，例如测量混凝土应力、钢筋应力、温度等，以了解其结构内部的情况。

3. 变形监测的精度

确定合理的测量精度是很重要的，过高的精度要求会使测量工作过于复杂，费用和时间增加；而精度定得太低又会使所得变形值的可靠性降低，甚至会得出不正确的结论。与其他测量工作相比，变形观测的精度要求较高。变形监测的精度取决于变形的大小、速率、仪器和方法所能达到的实际精度以及观测的目的等。一般来说，如果变形观测是为了使变形值不超过某一允许的数值，以确保建筑物的安全，则其观测的误差应小于允许变形值的 $1/10 \sim 1/20$；如果是为了研究变形的过程，其精度要求还要更高。表6-7列出了各等级变形测量对应的精度要求。

表 6-7　建筑物变形测量等级及精度　　　　　　　　　　　　　mm

变形测量等级	沉降观测	位移观测	适用范围
	观测点测站高差中误差	观测点坐标中误差	
特级	0.05	0.3	特高精度要求的特种精密工程、重要科研项目变形观测
一级	0.15	1.0	高精度要求的大型建筑物和科研项目变形观测
二级	0.50	3.0	中等精度要求的建筑物和科研项目变形观测；重要建筑物主体倾斜观测、场地滑坡观测
三级	1.50	10.0	低精度要求的建筑物变形观测；一般建筑物主体倾斜观测、场地滑坡观测

工业与民用建筑物变形观测的主要内容是基础沉陷和建筑物本身的倾斜，其观测精度应根据建筑物基础的允许沉陷值、允许倾斜度、允许相对弯矩等来决定，同时，也应考虑其沉陷速度。在生产实操中，求得必要的精度指标以后，如果根据本单位的仪器设备和技术力量，能够比较容易地达到，而且在不必花费很大的精力、不增加很多工作量的情况下，还能达到更高的精度时，则可将观测的精度指标提高。一般从实用的目的出发，对于连续生产的大型车间（钢结构、钢筋混凝土结构的建筑物）通常要求观测工作能反映 1 mm 的沉陷量；对于一般的厂房，没有很大的传动设备、连续性不大的车间，要求能反映 2 mm 的沉陷量。

4. 变形观测的周期

重复观测是变形观测的一个特点，通过重复观测，可以获得同一点不同时间的坐标值或高程值，而这些坐标值或高程值的变化量就是该点的水平位移或垂直位移。重复观测的周期取决于变形的大小、速度及观测的目的等因素。一般来说，在工程建筑物建成初期，变形的速度比较快，因此，观测频率也要高一些。经过一段时间后，工程建筑物趋于稳定，可以减少观测次数，但要坚持定期观测。及时地进行首期观测具有重要的意义，因为延误初始测量就可能失去已经发生的变形。以后各周期的测量成果都是与第一期相比较的，因此，还应特别重视第一次观测的质量。

下面以基础的沉陷观测过程为例，说明确定观测频率的方法。建筑物在施工过程中，在载荷不断增加的影响下，基础下土层的压缩是逐渐实现的，因此，基础的沉陷也是逐渐增加的。一般认为，建筑在砂类土层上的建筑物，其沉陷在施工期已大部分完成，而建筑在黏土类土层上的基础，其沉陷在施工时期只完成了一部分。图 6-21 所示为不同类土层的沉降过程线。由图中可以看出，砂类土层上基础的沉陷过程可以分为 4 个阶段：第一阶段是在施工期间，随着基础上压力的增加，沉陷速度很大，年沉陷量达 20~70 mm；到第二阶段，沉降速度就显著地减小，年沉陷量大约为 20 mm；第三阶段为平稳下沉阶段，其速度为每年 1~2 mm；第四阶段的沉陷曲线几乎是水平的，也就是说到了沉陷停止的阶段。根据这种情况，在观测精度要求相同时，沉陷观测的频率是变化的。在施工过程中，频率应高些，一般有 3 天、7 天、半月 3 种周期，竣工投产以后，频率可低一些，一般有 1 个月、2 个月、3 个月、半年及 1 年等不同的周期。

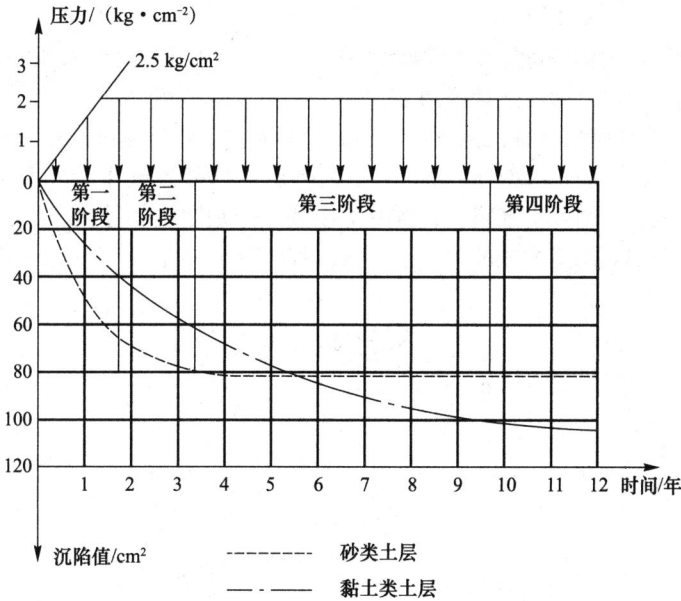

图 6-21　不同类土层的沉降过程线

在施工期间也可以按荷载增加的过程进行观测，即从埋设的观测点稳定后进行第一次观测，当荷载增加到 25% 时观测 1 次，以后每增加 15% 观测 1 次。竣工后，一般第一年观测 4 次，第二年 2 次，以后每年 1 次。在掌握了一定规律或变形稳定之后，可减少观测次数。这种根据日历计划（或荷载增加量）进行的变形观测称为正常情况下的系统观测。另外，通常，在出现特殊情况前后还要进行紧急观测（临时观测），如地震、强台风等情况。

近年来，某些工程在某些特殊情况下或针对特殊的要求，对变形观测的时效性要求越来越高。为了保证施工安全，变形监测常常要求随着施工同步进行连续观测，且对监测成果处理要快、要及时，发现异常要及时上报，只有这样才能把隐患消灭在萌芽状态。

5. 变形观测的常用方法

(1)地面测量方法，包括几何水准测量、三角高程测量、方向和角度测量、距离测量等；

(2)空间测量技术，如空间卫星定位、合成孔径雷达干涉；

(3)摄影测量和地面激光扫描；

(4)专门测量手段，主要是指各种准直测量、倾斜仪监测、应变计测量等。

各种测量方法都有其优点和局限性，设计监测方案时，应综合考虑各种方法的特点，取长补短，互相校核。

6.4.2.2 建筑沉降观测

下面结合工程案例介绍建筑沉降监测相关工作要求及做法。

1. 工程概况及沉降观测总体计划

某住宅小区共有 3 幢楼，建筑层数为 30 层。施工过程中要求对 3 幢大楼进行沉降观测。该工程沉降观测总体计划如下：

(1)观测周期计划。主体结构的沉降观测分以下 3 个阶段进行：

1)主体施工阶段(即从±0.000 到结构封顶)；

2)封顶至竣工阶段；

3)竣工后 1 年。

在主体施工阶段，大楼每施工 2 层观测 1 次，在大楼封顶至竣工阶段，每个月观测 1 次，竣工后每半年观测 1 次，每幢楼共计观测 25 次。

(2)观测方法。主体结构沉降监测采用水准测量的方法。其具体做法是：在大楼施工影响区域外建立 3 个基准点 BM0、BM1 和 BM2，在 3 座建筑物旁各建 1 个工作基点 BM3、BM4、BM5，这 6 个点构成一条闭合水准路线；再由工作基点分别围绕 3 号楼、4 号楼、5 号楼构成 3 条独立的闭合水准路线，测定大楼的 12 个沉降监测点(图 6-22)。

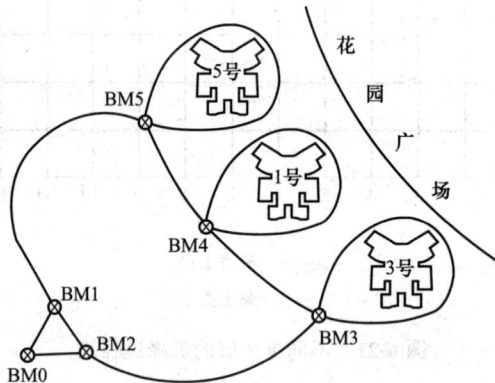

图 6-22　水准监测网的布设

2. 基准点和沉降监测点标志的构造和埋设

(1)基准点布设。基准点是固定不动且作为沉降观测高程基点的水准点。它是监测建筑物地基及深基坑变形的基准，一般设置 3 个基准点构成一组，同时，在每组 3 个基准点的中心位置设置固定测站，经常测定 3 点间的高差，以判断基准点的高程有无变动。

基准点一般要求埋设在基岩上或沉降影响范围之外不受施工影响的地方。该建筑楼群周边只有低矮民房和农田，难以埋设基岩基准点，因此，基准点选在大楼施工影响区域外约 200 m

处埋设混凝土标。在3个基准点的中心位置设置固定测站，每次监测前先检查基准点的稳定性。工作基点 BM3、BM4、BM5 尽可能靠近监测大楼。工作基点只要保证在每次观测期间稳定即可，因此，其标志可采用浅埋混凝土标志。

(2)沉降监测点布设。沉降监测点是设立在变形体上、能反映其变形特征的点。沉降监测点的位置和数量应根据建(构)筑物荷载大小、基础形式、结构特征与地质条件及支护结构形式、基坑周边环境等因素确定。一般可根据下列几个方面布设：

1)沉降监测点应布置在深基坑及建筑物沉降变化较显著的地方，并要考虑到在施工期间和竣工后能顺利进行监测的地方。

2)深基坑支护结构的沉降监测点应埋设在锁口梁上，一般间隔10～15 m埋设一点，在支护结构的阳角处和原有建筑物距离基坑很近处应加密设置沉降监测点。

3)在建筑物四周角点、中点及内部承重墙(柱)上均需埋设监测点，并应沿房屋周长每间隔10～12 m设置一个沉降监测点，但工业厂房的每根柱子均应埋设沉降监测点。

4)由于相邻建筑及深基坑与周边环境之间相互影响，在高层和低层建筑物、新老建筑物连接处及在相接处的两边都应布设沉降监测点。

5)在人工加固地基与天然地基交接和基础砌筑深度相差悬殊处及在相接处的两边都应布设沉降监测点。

6)当基础形式不同时，需在结构变化位置埋设沉降监测点。在地基土质不均匀、可压缩性土层的厚度变化不一或有暗沟等情况下，需适当埋设沉降监测点。

7)在振动中心基础上也要布设沉降监测点，在烟囱、水塔等刚性整体基础上，应埋设不少于3个沉降监测点。

8)对于宽度大于15 m的建筑物，其内墙体的沉降监测标志应设置在承重墙上，并且要尽可能布置在建筑物的纵、横轴线上，监测标志上方应有一定的空间，以保证测尺直立。

9)重型设备基础的四周及邻近堆置重物之处，即有大面积堆积荷载的地方，也应布设沉降监测点。

对于本工程案例，沉降监测点布设在大楼沉降特征点位置，每幢大楼布设12个(M01～M12)沉降监测点，如图6-23所示。

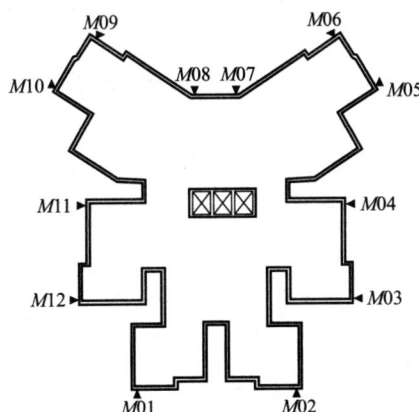

图6-23　沉降监测点位置布置示意

沉降监测点应埋设在稳固、不易被破坏、能长期保存的地方。其埋设点的标高位置一般在室外地坪+0.500 m较为适宜，但在布置时应根据建筑物层高、管道标高、室内走廊、平顶标高等情况综合考虑。埋设点的高度、朝向等要便于立尺和观测。同时，还应注意所埋设的沉降监测点要避开柱子间的横隔墙、外墙上的雨水管等，以免所埋设的沉降监测点无法监测而影响监测资料的完整性。对于墙体上或柱子上的沉降监测点，可将直径为 $20\sim22$ mm 的钢筋按图 6-24 所示的形式设置。

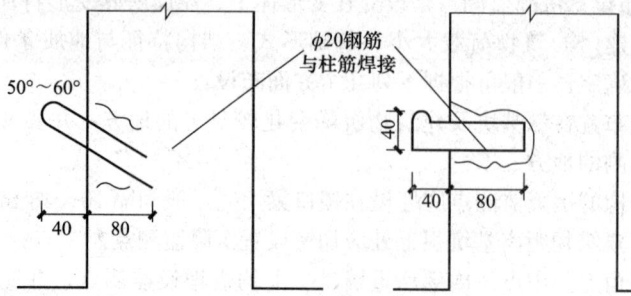

图 6-24　沉降监测点埋设

3. 观测与平差

沉降观测按《建筑变形测量规范》(JGJ 8—2016)中的一级变形观测的技术指标，即沉降观测点测站高差中误差 $\leqslant\pm0.15$ mm，往返较差及环线闭合差 $\leqslant\pm\sqrt{n}$ (n 为测站数)或 $\pm4\sqrt{L}$ (L 为千米数)，最弱点的高程中误差 $\leqslant\pm1.0$ mm。为尽可能地减少测量误差对沉降值的影响，观测时尽可能做到以下 4 点：

(1)固定观测人员；

(2)固定观测仪器和标尺；

(3)使用固定的基准点；

(4)按规定的日期、方法及既定的路线、测站进行观测。

本工程案例平差以 BM1 为起算点，经严密平差直接计算出 3 幢大楼各自的 $M01\sim M12$ 的高程。

4. 观测成果整理

完成沉降观测应提交的成果资料包括：沉降观测(水准测量)记录手簿，沉降观测成果表，观测点位置图，沉降量、地基荷载与延续时间三者的关系曲线图，沉降观测分析报告。

(1)整理原始记录。每次观测结束后，应检查记录中的数据和计算是否正确、精度是否合格，如果误差超限应重新观测，然后调整闭合差，推算各观测点的高程，列入沉降观测成果表(表 6-8)中。

(2)计算沉降量。根据各观测点本次所观测高程与上次所观测高程之差，计算各观测点本次沉降量和累计沉降量，并将观测日期和荷载情况记入沉降观测成果表中，参考样表见表 6-8(表中高程省略了小数点前位数)。

表 6-8　沉降观测成果表

观测点	第一次			第二次			第三次			第四次			第五次		
	2002 年 3 月 23 日			2002 年 5 月 23 日			2002 年 7 月 23 日			2002 年 12 月 23 日			2003 年 6 月 23 日		
	高程/m	沉降量/mm	累积沉降/mm	高程/m	沉降量/mm	累积沉降/mm	高程/m	沉降量/mm	累积沉降/mm	高程/m	沉降量/mm	累积沉降/mm	高程/m	沉降量/mm	累积沉降/mm
1	0.756			0.746	—10		0.739		—17	0.736	—3	—20	0.734	—2	—22
2	0.774			0.764	—11		0.757	—6	—17	0.754	—3	—20	0.753	—1	—21

| 观测点 | 第一次 | | | 第二次 | | | 第三次 | | | 第四次 | | | 第五次 | | |
| | 2002 年 3 月 23 日 | | | 2002 年 5 月 23 日 | | | 2002 年 7 月 23 日 | | | 2002 年 12 月 23 日 | | | 2003 年 6 月 23 日 | | |
	高程/m	沉降量/mm	累积沉降/mm	高程/m	沉降量/mm	累积沉降/mm	高程/m	沉降量/mm	累积沉降/mm	高程/m	沉降量/mm	累积沉降/mm	高程/m	沉降量/mm	累积沉降/mm
3	0.775			0.764	−11		0.757	−7	−18	0.754	−3	−21	0.753	−1	−22
4	0.777			0.766	−11		0.759	−7	−18	0.756	−3	−21	0.755	−1	−22
5	0.747			0.735	−12		0.732	−3	−15	0.731	−1	−16	0.731	0	−16
6	0.740			0.729	−11		0.725	−4	−15	0.723	−2	−17	0.722	−1	−18
7	0.763			0.753	−10		0.745	−8	−18	0.741	−4	−22	0.740	−1	−23
8	0.754			0.743	−11		0.737	−6	−17	0.735	−2	−19	0.734	−1	−20

(3)绘制沉降曲线。为了更清楚地表示沉降量、荷载、时间三者之间的关系，还要画出各观测点的时间与沉降量关系曲线及时间与荷载关系曲线，如图 6-25 所示。

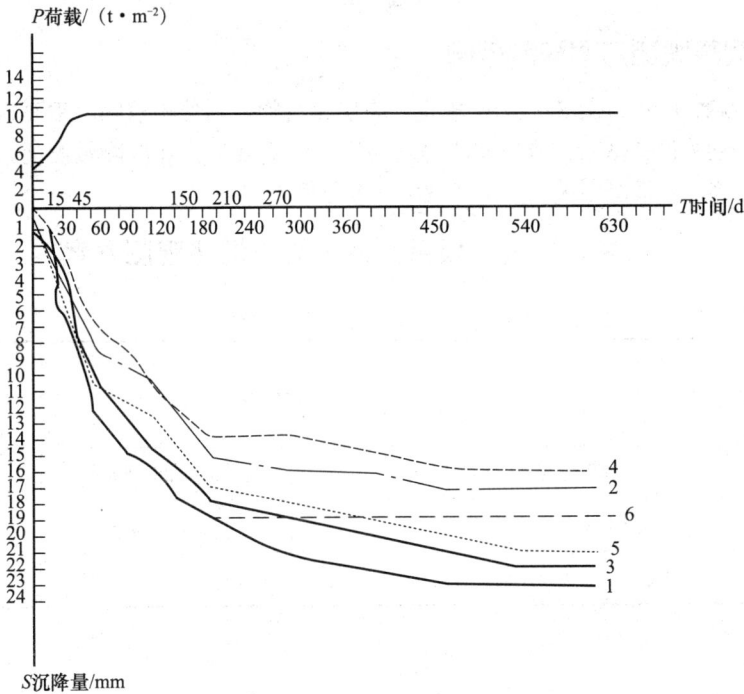

图 6-25　建筑沉降量、荷载、时间关系曲线

6.4.2.3　主体结构垂直度观测

垂直度是指建筑物外墙面的铅垂度。《建筑装饰装修工程质量验收标准》（GB 50210—2018）中规定，高层建筑外墙面垂直度限差为 $H/1\ 000$ 且$\leqslant$30 mm。在检测建筑物的垂直度时，由于整体墙面检测不便，通常是通过测定大楼建筑外墙面转折处棱角线的铅垂度来评定的。

建筑垂直度观测方法通过下面的工程案例进行介绍。

同沉降观测案例，本监测大楼平面棱角线较多，设计确定监测大楼 10 个棱角线（C01～C10，如图 6-26 所示）来评定大楼的整体垂直度状况。具体做法是在大楼基础层±0.000 平台浇筑完毕后，分别测定 C01～C10 处棱角顶点的平面坐标，该次测量称为首期观测；当大楼施工至 i 层 h 高度时，再观测 i 层的 C01～C10 处棱角顶点的平面坐标（实际上是在混凝土浇筑前测量立模的角点，这样若垂直度偏差大可进行修正）。

设某一棱角线在基础层测量的棱角点平面坐标为 (x_0, y_0)，施工到 i 层后，在 i 层测量的该棱角点平面坐标为 (x_i, y_i)，i 层高度为 h_i，则该点的倾斜度 K 和倾斜方向 α 为

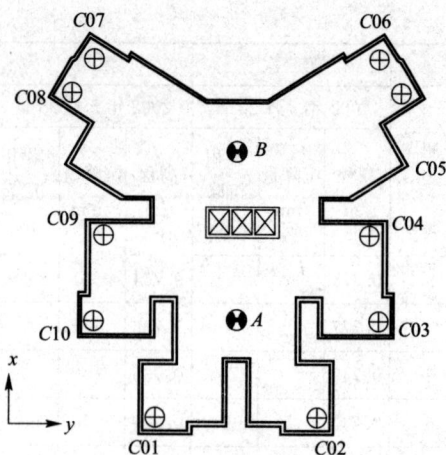

图 6-26　垂直度观测点位置布置

$$K = \frac{\sqrt{(x_i - x_0)^2 + (y_i - y_0)^2}}{h_i}, \quad \alpha = \arctan\frac{y_i - y_0}{x_i - x_0}$$

6.4.3　沉降观测方案编制范例

《建筑变形测量规范》（JGJ 8—2016）规定，高层建筑物、高耸构筑物、重要古建筑物及连续生产设施基础、动力设备基础、滑坡监测等均要进行沉降观测。在沉降观测前，测量人员需要编制沉降观测方案。下面介绍某项目沉降观测方案范例。

×××××××项目×××号楼沉降观测方案

1. 编制依据

序号	名称	编号	备注
1	×××××××项目×××号楼施工图纸		
2	《工程测量规范》	GB 50026—2007	
3	《建筑变形测量规范》	JGJ 8—2016	
4	《国家一、二等水准测量规范》	GB/T 12897—2006	

2. 工程概况

本工程为×××××××项目×××号楼，该工程为框架结构，基础基本为柱下独立基础，局部有人工挖孔桩，持力层均为中风化岩层。地上 6 层，局部有一层地下室，建筑物总高为 25 m。

3. 观测目的、原则及观测点布置

3.1　观测目的

建筑物从施工开始到竣工，以及建成投入使用后很长一段时间，沉降变形是不可避免的。如果变形在一定的限度之内属正常现象，但超过某一限度，就会危及建筑物的安全。因此，在建筑物的施工和使用期间，都必须对建筑物进行安全监测，以便及时掌握变形情况，发现问题，采取措施，保证建筑物从施工开始到使用期间的安全。

3.2 观测原则

(1)参照设计图纸；

(2)建筑物的四角及大转角处；

(3)高低层建筑物，纵、横墙的交接处两侧；

(4)建筑物沉降缝两侧、基础埋深相差悬殊处。

3.3 沉降观测点的布置

根据"3.2观测原则"的要求布置各栋建筑沉降观测点，具体点位布设情况详见附图：沉降观测点平面布置图(略)。

4. 观测方法

4.1 观测基准点的设置

基准点是沉降观测的基本控制点，根据工程场地特点，本工程沉降观测共设置3个基准点，并准确测定其高程。为保证准确无误，将分时间段对基准点进行校核。

4.2 沉降观测点的布设和观测

在建筑物施工过程中，由我方埋设好沉降观测标志点，标志的埋设位置应避开如雨水管、窗台线、暖气片、暖水管、电气开关等有碍设标与观测的障碍物，埋设于±0.000(如±0.000与室外地坪不一致，则按室外地坪)以上位置，一层施工完成后，采用植筋方法布设。

沉降观测点布置位置详见各栋楼沉降观测点平面布置图(略)。

沉降观测点与基准点构成沉降监测网，按二等水准测量的要求进行精确测量。沉降监测网的主要技术要求见下表。

沉降监测网的主要技术要求 mm

相邻基准点高差中误差	每站高差中误差	往返较差、附合或环线闭合差	检测已测高差较差	使用仪器、观测方法及要求
1.0	0.30	0.60	0.8	满足测量精度的水准仪，按二等水准测量的技术要求施测

二等水准测量的主要技术要求见下表。

二等水准测量的主要技术要求

等级	每千米高差全中误差/mm	路线长度/km	水准仪的型号	水准尺	观测次数		往返较差、附合或环线闭合差/mm	
					与已知点联测	附合或环线	平地	山地
二等	2	—	DS05	铟钢尺	往返各一次	往返各一次	4	—

每次沉降观测是整个工作的主体，建筑物施工到各个时期的沉降变形量就在这一环节中反映出来，为保证测量的准确性，观测之前对所使用仪器按规范要求进行检验校正，按照采用相同的观测路线、使用同一仪器和水准尺、固定观测人员、在基本相同的环境和条件下工作的要求进行观测，精度严格遵行规范要求，水准观测的主要技术要求见下表。

水准观测的主要技术要求

等级	水准仪的型号	视线长度/m	前、后视较差/m	前后视累积差/m	视线离地面最低高度/m	基本分划、辅助分划读数较差/mm	基本分划、辅助分划所测高差较差/mm
二等	DS05	50	1	3	0.5	0.5	0.7
注：二等水准视线长度小于20 m时，其视线高度不应低于0.3 m。							

5. 观测周期

5.1 施工阶段

在建筑物第一层施工完成，且柱墙拆模后进行沉降观测点布置，并进行首次观测。之后每增加两层荷载进行一次观测直至主体封顶。填充墙施工完成后观测一次，装修完成后观测一次。施工期间共进行 6 次观测。

5.2 使用阶段

建筑物竣工后半年每隔 2～3 个月观测一次，以后每隔 4～6 个月观测一次，直至建筑物沉降稳定，预计共观测 3 次。

当建筑物出现下沉、上浮时，不均匀沉降比较严重，或裂缝发展迅速，应每日或数日连续观测。

5.3 建筑物沉降稳定标准

地基变形沉降的稳定标准应由沉降量-时间关系曲线判定。《建筑变形测量规范》(JGJ 8—2016)中指出，一般工程若沉降速率小于 $0.01～0.04$ mm/d，可认为建筑物已经进入稳定阶段，具体取值宜根据各地区地基土的压缩性确定。本工程取值为 0.02 mm/d。

6. 观测仪器及人员计划

6.1 观测仪器

本次沉降观测使用满足沉降观测精度要求的北京博飞 DAL1032 型数字水准仪，水准尺为配套的条码标尺。

6.2 人员组成及职责

成立沉降观测组，成员包括技术负责人(×××)1 人、观测人员 2 人(×××、×××)。×××负责沉降观测的技术要求及技术交底；×××负责沉降观测及沉降各册资料的报审及整理，合格后交资料员归档。

7. 观测资料整理及观测成果提交

7.1 观测资料整理

观测结果应于当日整理完毕，并及时将成果报甲方、监理，若发现观测结果出现异常，及时通知甲方、监理。如出现建筑物差异沉降超过 $1/1\,000\,L$(L 为相邻两沉降点的间距)，必须立即上报项目技术负责人。

7.2 观测成果提交

观测工作结束后，应提交下列成果：

(1)建筑物竣工后一周内向业主提交竣工沉降监测报告，内容包括：沉降观测成果表、沉降观测点位分布图及各周期沉降展开图、$vt\text{-}s$(沉降速率、时间、沉降量)曲线图、沉降观测分析报告。

(2)沉降观测工作全部结束后一周内向业主提交沉降监测报告，内容包括：沉降观测成果表、沉降观测点位分布图及各周期沉降展开图、$vt\text{-}s$(沉降速率、时间、沉降量)曲线图、沉降观测分析报告。

主体施工测量项目技能训练引导文

一、情境描述

基础施工完成后，施工单位开始上部主体结构施工，在施工中需要根据项目施工图纸及现场测量条件，编制主体施工测量方案，并根据测量方案实施上部主体施工测量及校核工作。

二、培养目标

(1)知识目标。

1)清楚主体施工测量的内容的要求。

2)清楚各项主体施工测量工作的程序及方法。

(2)技能目标。

1)能从主体施工图纸中获取测量数据。

2)能根据主体结构施工图纸及施工条件制定测量方案,计算相关测量数据。

3)能熟练运用合适的测量方法进行实地放线。

4)能熟练运用办公软件及 CAD 软件编制测量方案,处理测量数据。

(3)素质目标。

1)养成踏实、严谨的工作作风。

2)养成爱护测量仪器、工具的良好习惯。

3)养成事后检查校正的工作习惯。

三、工作过程

本情境的学习与高程测量相同,依照工作六步法完成。

1. 主体施工测量资讯

(1)主体施工测量任务背景。如图 6-27 所示,基础施工完成后,需要在首层地面垫层上放一层柱、墙及梁边线,作为柱、墙及梁支模平面定位依据,并根据梁板结构施工图抄测梁板支模控制标高。主体施工测量需根据主体结构施工图、施工组织设计编制相应的主体施工测量方案,并根据主体施工测量方案完成主体施工的各项测量工作。

图 6-27 主体施工测量任务

(2)主体施工测量任务单(表 6-9)。

表 6-9 主体施工测量任务单

名称	主体施工测量
工作对象	控制点及主体相关施工图
工作内容	根据教师提供的主体施工图纸编制主体施工测量方案,在方案中明确控制线及控制点的布设,轴线竖向投测及高程竖向传递方法,现场测设控制线
工作要求	主体施工测量须根据现场条件及精度要求制定测量方案,相关要求详见表 6-1
任务要求	编制主体施工测量方案,完成主体控制线及控制点布设,明确轴线竖向投测及高程竖向传递方法,现场测设控制线,整理项目成果,提交测量成果报告
工作思路	清楚主体施工测量的内容及要求,熟悉主体结构施工图,根据资讯获取的信息制定主体施工测量方案,然后在测量实训场地完成控制线的施测,模拟轴线投测及高程传递,最后整理项目成果报告

(3)主体施工测量咨询单。

1)主体施工测量的作用： _____。

2)主体施工定位的依据： _____。

3)简述主体施工测量的内容及程序(在下面空白处画流程图)。

2. 主体施工测量计划(编制测量方案)

根据教师提供的主体施工图(电子版 dwg 格式)，利用 CAD 软件完成控制线及控制点布设，并参照前述主体施工测量方案编制格式，结合项目特点编制有针对性的主体施工测量方案。

3. 主体施工测量决策

(1)主体施工测量方案决策单(表 6-10)。

表 6-10　主体施工测量方案决策单

方案决策				
序号	方案内容	方案优点	方案缺点	备注
一	平面定位			
1	控制线及控制点布设			
2	柱、墙及梁支模平面定位			
3	轴线竖向投测			
二	竖向定位			
1	梁板支模竖向定位及梁板混凝土浇筑完成面控制			
2	高程竖向传递			
论证:				
组长签字:		教师签字:		日期:

(2)主体施工测量工具仪器单(表 6-11)。

表 6-11　主体施工测量工具仪器单

序号	仪器名称	型号	数量	备注
1				
2				
3				
4				

4. 主体施工测量实施

主体施工测量实施单见表 6-12。

表 6-12　主体施工测量实施单

序号	任务	主要步骤要点(按方案梳理填写)
1		
2	平面定位	
3		
4		
5		
6	竖向定位	
7		
组长签字:		教师签字:　　　　　　　日期:

5. 主体施工测量检查

主体施工测量检查单见表 6-13。

表 6-13　主体施工测量检查单

序号	检测项目	检测具体内容	检测结果	备注
一	平面定位			
1	距离校核	(1)控制线两端控制点实测距离与布设的理论距离偏差		
		(2)柱墙或梁实测间距与设计间距的偏差		
2	角度校核	相交控制线的实测水平夹角与布设理论夹角的偏差		
二	标高抄测			
1	相对校核	(1)抄测楼面+1.000 m标高与楼(地)面混凝土完成面实测高差与理论高差(+1.00 m)的偏差 (2)实测楼层净高与设计净高的偏差 (3)抄测楼面+0.500 m标高与梁板底模实测高差与理论高差(0.5+梁板厚)的偏差		
评价:				
组长签字:		教师签字:		日期:

6. 主体施工测量评价

(1)主体施工测量成果评价单(表 6-14)。

表 6-14　主体施工测量成果评价单

序号	检测项目	检测结果	评分标准	分值
1	测量现场整洁		测量仪器摆放规整,仪器打开后盖子关好,放回箱中前所有制动打开,现场不留垃圾(满分 10 分)	
2	测量仪器摆放规整,无损坏		按要求借、还仪器,并按要求归放至实训室指定位置,仪器完好无损(满分 20 分)	
3	小组测量成果		测量成果按时提交,内容完整,格式编排满足要求,测量精度满足要求(满分 50 分)	
4	小组互评		简介本组测量方案、测量成果、测量中遇到的问题、体会,表述清晰、生动(满分 20 分)	
5			总分	
总结(测量过程中存在的问题,提出改进措施):				
组长签字:		教师签字:		日期:

（2）主体施工测量学生自评表（表 6-15）。

表 6-15　主体施工测量学生自评表

任务名称	主体施工测量				
问题	评价				
	极不满意	不满意	一般	满意	非常满意
	5	10	15	18	20
1. 我清楚本项目的测量内容及思路					
2. 我能够积极主动地查阅资料					
3. 我能够对我的组员提出解决问题的答案做出贡献					
4. 我与组员共同完成任务					
5. 我能够将自己查阅的资料分享给他人					
项目总分					
对该教学内容及方法的意见和建议：					

注：1. 请根据自己在小组完成任务过程中的表现和贡献对自己进行评价，并在相应栏目内画"√"；
　　2. 若对任务的设置，教师引导任务完成的方式、方法有好的建议或意见，请填写在"对该教学内容及方法的意见和建议"栏中。

（3）主体施工测量教师评价表（表 6-16）。

表 6-16　主体施工测量教师评价表

项目名称	主体施工测量			
学生姓名	技能检测	积极参与小组任务	能按时完成任务	总分
	30	50	20	

注：根据学生在小组完成项目过程中的表现和贡献对其进行评价。

（4）主体施工测量任务评价总表（表 6-17）。

表 6-17　主体施工测量任务评价总表

姓名	学号	组别	成果评价(0.5)	学生自评(0.1)	教师评价(0.2)	考勤(0.2)	总分

注：考勤满分 100 分，请假 1 节扣 5 分，迟到或早退 1 次扣 5 分，旷课 1 节扣 10 分，旷课 4 学时本任务没有考勤分。

(5)主体施工测量上交成果表(表 6-18)。

表 6-18　主体施工测量上交成果表

任务名称		主体施工测量		
个人成果		完成时间	要求	编写、整理人
名称	编号			
主体施工测量认识	6.1	资讯	以项目施工图纸为对象,总结主体施工测量的内容	个人
主体施工测量方案	6.2	计划、决策	按主体施工测量方案的步骤和要求编写,要求有图表及简要的文字叙述	
主体施工测量项目总结	6.3	实施	字数不少于 500 字,内容包括:个人参与完成的工作,对主体施工测量项目的认识、理解及个人经验	
主体施工测量个人自评表、教师评价表、主体施工测量任务评价总表	6.4、6.5、6.6	评价	个人自评需按实打分,教师评价及任务总评价由教师完成,个人自己整理	
小组成果		完成时间	要求	编写、整理人
名称	编号			
主体施工测量任务书	6.1	资讯	任务书采用"主体施工任务单",另需附上本组任务图	任务组长
主体施工测量决策单	6.2	计划、决策	按主体施工测量决策单的标准进行评价,填写好决策单	小组常任组长
主体施工测量方案	6.3		按主体施工测量方案的要求完成	任务组长
主体施工测量实施单	6.4		按主体施工测量实施单的格式,依照测量方案简要写出完成任务的主要步骤	任务组长
主体施工测量成果报告	6.5	实施	包括主体施工测量方案(含主体施工测量数据处理)及现场放线实施图片	任务组长及技术负责人
主体施工测量测检查单	6.6		依照主体施工测量检查单对测量成果作检查、评价	任务组长
主体施工测量成果评价表	6.7	评价	按主体施工测量成果评价表填写	任务组长
主体施工测量汇报	6.8		汇报内容不少于 500 字,内容包括:小组方案简介、测量成果展示、任务完成后的心得体会	本任务组长及下一任务组长

注:个人成果在教材上完成,小组成果采用电子版提交。

主体施工测量工作过程核心知识梳理

教学情境	主体施工测量		
工作过程	资讯		
教学方法	引导文法、案例法、讨论法、讲授法	学时	8
相关核心知识	1. 主体施工测量的依据 (1)甲方提供的控制点(测量已知坐标点)。 (2)建筑总平面图(获取建筑角点坐标)。 (3)主体结构施工图,包括柱、墙及梁板结构施工图(布设控制线,获取施工测设数据)。 (4)相关工程测量规范。 (5)主体施工测量方案。 2. 主体施工测量内容 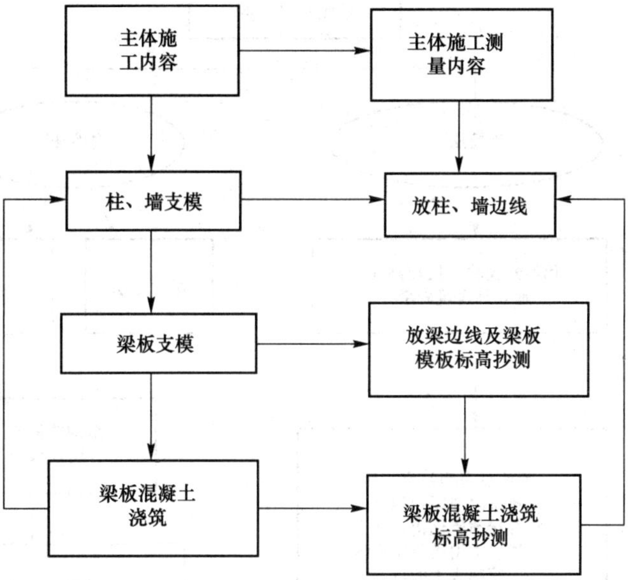 3. 主体施工测量前准备工作 (1)获取主体结构施工图(dwg 格式)并布设控制线及控制点(获取主体测量数据)。 (2)明确轴线竖向投测及标高竖向传递方法。		

主体施工内容 → 主体施工测量内容

柱、墙支模 → 放柱、墙边线

梁板支模 → 放梁边线及梁板模板标高抄测

梁板混凝土浇筑 → 梁板混凝土浇筑标高抄测

教学情境	主体施工测量		
工作过程	计划、决策		
教学方法	引导文法、案例法、讨论法、讲授法	学时	4

1. 主体施工测量程序

```
控制点投测及        柱、墙及梁        高程竖向传递        柱墙模板定位复核
控制线测设    →    边线测设    →    及梁板标高抄    →
                                                              ↓
混凝土浇筑    ←    监理报验    ←                          梁板标
标高抄测                                                    高复核
```

2. 轴线投测思路

```
                        轴线竖向投测

              外控法                        内控法

        用经纬仪将一层控制线          吊线坠法        垂准仪法
        延长到建筑外部

                                        结构楼板施工时
                                        留设放线孔

        延伸点为测站点，后
        视建筑内部原控制点，          用吊线坠（激光垂准仪）将首层
        竖直转动望远镜，在上          控制点竖直传递到施工层，完
        部楼层上用线坠确定该          成控制点投测
        控制线上的点

        用经纬仪在施工层测设控制线    用经纬仪在施工层测设控制线

                    用钢尺垂直于控制线测设距离
                    的方法测设构件边线
```

相关核心知识

教学情境	主体施工测量		
工作过程	计划、决策		
教学方法	引导文法、讨论法、案例法、讲授法	学时	4

相关核心知识	3. 高程竖向传递思路 4. 主体施工测量原则 先整体后局部、先控制后碎部。 5. 主体施工测量要求 保证精度，满足施工进度要求。

3. 高程竖向传递思路

```
┌──────────┐      ┌────────────────────┐      ┌──────────────┐
│ 高程竖    │ ───▶ │ 首层完工后，在柱、墙外侧  │ ───▶ │ 上部楼层施    │
│ 向传递    │      │ 测设首层+1.000 m标高     │      │ 工时，用钢    │
└──────────┘      └────────────────────┘      │ 尺沿柱、墙    │
                                              │ 面向上竖直    │
┌────────────────┐      ┌──────────────┐      │ 拉取高差      │
│ 抄测施工层+1.000 m │ ◀── │ 在施工层上引测  │ ◀── │              │
│ 标高定梁板模板竖    │      │ 得已知高程点   │      └──────────────┘
│ 向位置          │      └──────────────┘
└────────────────┘
```

4. 主体施工测量原则
先整体后局部、先控制后碎部。

5. 主体施工测量要求
保证精度，满足施工进度要求。

附录 测量实操指导书

附录 1 测量须知

1.1 测量实操的一般规定

(1)实操前，必须阅读课程的有关项目任务及指导书的相应项目。实操时，须携带教材，以便于查阅及参照。

(2)实操分小组进行，组长负责组织和协调实操工作，办理所用仪器、工具的借领和归还手续。凭组长或组员的身份证及学生证借用仪器。

(3)实操应在规定时间内进行，不得无故缺席或迟到、早退；应在指定的场地进行，不得擅自改变地点。

(4)必须遵守"测量仪器工具的借用规则"。应该听从教师的指导，严格按照实操要求，认真、按时、独立地完成任务。

(5)测量记录应该用正楷字书写文字和数字，不可潦草，并在规定表栏中填写。记录应该用2H 或 3H 铅笔。

(6)记录者听取观测者报出仪器读数后，应向观测者回报读数，以免记错。

(7)记录数字若发现有错误，不得涂改，也不得用橡皮擦拭，而应该用细横线划去错误数字，在原数字上方写出正确数字，并在备注栏内说明原因。

(8)若一测回或整站观测成果不合格(观测误差超限)，则用斜细线划去该栏记录数字，并在备注栏内说明原因。

(9)根据观测结果，应当场作必要的计算，并进行必要的成果检验，以决定观测成果是否合格，是否需要进行重测(返工)。应该当场写的实操报告也应写好。

(10)实操结束时，应将观测记录和实操报告交指导教师审阅。经教师认可后，方可收拾仪器和工具，做必要的清洁工作，向实操室归还仪器和工具，结束实操。

1.2 测量仪器的使用规则和注意事项

测量仪器大都为精密贵重仪器。对测量仪器的正确使用、精心爱护和科学保养，是从事测量工作的人员必须具备的素质和应该掌握的技能，也是保证测量成果的质量、提高测量工作效率、发挥仪器性能和延长其使用年限的必要条件。为此，特制定下列测量仪器使用规则和注意事项，在测量实操中应严格遵守和参照执行。

1. 仪器工具的借用

(1)以实操小组为单位借用测量仪器和工具，按小组编号在指定地点凭身份证及学生证向实训室管理员办理借用手续。

(2)借用时，按本次实操的仪器工具清单当场清点，检查实物与清单是否相符，器件是否完好，然后领出。

(3)搬运前，必须检查仪器箱是否锁好，搬运时，必须轻取轻放，避免剧烈振动和碰撞。

(4)实操结束后，应及时收装仪器、工具，清除接触土地的部件(三脚架、尺垫等)上的泥土，送还借用处检查验收。如有遗失或损坏，应写出书面报告说明情况，进行登记，并应按有关规定赔偿。

2. 仪器的架设与安装

(1)先将仪器的三脚架在地面安置稳妥，安置经纬仪的三脚架必须与地面点大致对中，架头大致水平，若为泥土地面，应将脚尖踩入土中，若为坚实地面，应防止脚尖有滑动的可能性，然后开箱取仪器。仪器从箱中取出之前，应看清楚仪器在箱中的正确安放位置，以避免装箱时发生困难。

(2)取出仪器时，应先松开制动螺旋，用双手握住支架或基座，轻轻安放到三脚架头上，一只手握住仪器，另一只手拧连接螺旋，最后拧紧连接螺旋，使仪器与三脚架连接牢固。

(3)安装好仪器以后，随即关闭仪器箱盖，防止灰尘等进入。严禁坐在仪器箱上。

3. 仪器的使用

(1)仪器安装在三脚架上之后，无论是否在观测，均必须有人守护，禁止无关人员拨弄，避免路过的行人和车辆碰撞。

(2)仪器镜头上的灰尘，应该用仪器箱中的软毛刷拂去或用镜头纸轻轻擦去，严禁用手指或手帕等擦拭，以免损坏镜头上的药膜，观测结束后，应及时套上物镜盖。

(3)在阳光下观测，应撑伞防晒，雨天应禁止观测；对于电子测量仪器，在任何情况下，均应撑伞防护。

(4)转动仪器时，应先松开制动螺旋，然后平稳转动；使用微动螺旋时，应先旋紧制动螺旋(但切不可旋得过紧)；微动螺旋不要旋到顶端，即应使用中间的一段螺纹。

(5)仪器在使用中发生故障时，应及时向指导教师报告，不得擅自处理。

4. 仪器的搬迁

(1)在行走不便的地段搬迁测站或远距离迁站时，必须将仪器装箱后再搬。

(2)近距离或在行走方便的地段迁站时，可以将仪器连同三脚架一起搬迁。先检查连接螺旋是否旋紧，松开各制动螺旋，如为经纬仪，则将望远镜物镜向着盘中心，均匀收拢各三脚架腿，左手托住仪器的支架或基座，右手抱住三脚架，稳步行走。严禁斜扛仪器于肩上进行搬迁。

(3)迁站时，应带走仪器所有附件和工具等，防止遗失。

5. 仪器的装箱

(1)实操结束后，仪器使用完毕，应清除仪器上的灰尘，套上物镜盖，松开各制动螺旋，将脚螺旋调至中段并使大致同高。一只手握住仪器支架或基座，另一只手旋松连接螺旋使其与三脚架脱离，双手从三脚架头上取下仪器。

(2)将仪器放入箱内，使其正确就位，试关箱盖，确认放妥(若箱盖合不上口，说明仪器位置未放置正确，应重放，切不可强压箱盖，以免损伤仪器)后，再旋紧仪器各制动螺旋，然后关箱，搭扣，上锁。

(3)清除箱外的灰尘和三脚架脚尖上的泥土。

(4)清点仪器附件和工具。

6. 测量工具的使用

(1)使用钢尺时，应使尺面平铺于地面，防止扭转、打圈，防止行人踩踏或车轮碾压，尽量避免尺身沾水。量好一尺段再向前量时，必须将尺身提起离地，携尺前进，不得沿地面拖尺，以免磨损尺面刻划甚至折断钢尺。钢尺用毕，应将其擦净并涂油防锈。

（2）皮尺的使用方法基本上与钢尺的使用方法相同，但量距时使用的拉力应小于使用钢尺时的拉力，皮尺沾水的危害更甚于钢尺，皮尺如果受潮，应晾干后再卷入盒内，卷皮尺时，切忌扭转卷入。

（3）使用水准尺和标杆时，应注意防止受横向压力，防止竖立时倒下，防止尺面分划受磨损。标杆更不能作棍棒使用。

（4）小件工具（如垂球、测钎、尺垫等）用完即收，防止遗失。

附录 2　水准仪的认识和使用

2.1　目的与要求

（1）认识水准仪的基本结构，了解其主要部件的名称及作用。
（2）练习水准仪的安置、瞄准与读数。
（3）练习用水准仪读水准尺的方法及计算两点间高差的方法。
（4）4～6 人一组，观测、记录计算、立尺轮换操作。

2.2　仪器、工具准备

DS3 级水准仪（或自动安排水准仪）1 台、塔尺 2 把、记录板 1 块、测伞 1 把。

2.3　实操步骤

1. 安置仪器

安置仪器于两点之间。先将三脚架张开，使其高度适当，架头大致水平，并将架脚踩实；再开箱取出仪器，将其和三脚架连接螺旋牢固连接。

2. 认识仪器各部件

准星和照门、目镜调焦螺旋、物镜调焦螺旋、制动螺旋、微动螺旋、脚螺旋、圆水准器、水准管等。

3. 粗略整平

先用双手同时向内（或向外）转同一对脚螺旋，使圆水准器气泡移动到中间，再转动另一只脚螺旋使气泡居中。若一次不能居中，可反复进行。旋转螺旋时应注意使气泡移动的方向与左手大拇指或右手食指运动方向一致。

4. 瞄准

转动目镜调焦螺旋，使十字丝分划清晰；松开制动螺旋，转动仪器，用准星和照门瞄准水准尺，拧紧制动螺旋；转动微动螺旋，使水准尺位于视场中央；转动物镜调焦螺旋，使水准尺清晰，注意消除视差。

5. 精平与读数

眼睛通过位于目镜左方的符合气泡观察窗观看圆水准器气泡，右手转动微动螺旋，使气泡两端的半影像吻合（成圆弧状），即符合气泡严格居中，用十字丝横丝在水准尺上读取四位数字，并一次报出四位数（m、dm、cm、mm）。

2.4 注意事项

(1)三脚架安置高度适当，架头大致水平。三脚架确实安置稳妥后，才能将仪器连接于架头。

(2)调节各种螺旋均应有轻重感。掌握正确的操作方法，操作应轮流进行，每人操作一次，严禁几人同时操作仪器。第二人开始练习时，改变仪器的高度。竖立水准尺于 A 点上，用望远镜瞄准 A 点上的水准尺，精平后读取后视读数，并记入手簿；再将水准尺立于 B 点上，瞄准 B 点上的水准尺，精平后读取前视读数，并记入手簿。计算 A、B 两点的高差 H_{AB} ＝后视读数－前视读数。改变仪高，由第二人做一遍，并检查与第一人所测结果是否相同。

(3)读数前水准管气泡必须居中，读数后一定要检查气泡是否居中，若不居中则必须重新读取读数。

(4)认真学习"测量实操须知"。

附录 3　测回法观测水平角

3.1　目的与要求

(1)掌握测回法观测水平角的观测与计算方法。

(2)进一步熟悉经纬仪的操作。

(3)每人对同一角度观测一个测回，两个半测回的较差不超过±40″。

(4)4～6 人一组，每人测一个测回。

3.2　仪器准备

DJ6 级经纬仪 1 台、记录板 1 块。

3.3　方法与步骤

(1)在一个指定的点上安置经纬仪，进行对中和整平。

(2)选择两个明显的固定点作为观测目标。

(3)盘左：先瞄左目标，读取平盘读数，顺时针旋转照准部，再瞄右目标，读取平盘读数，计算半测回角值。

(4)盘右：先瞄右目标，读取平盘读数，逆时针旋转照准部，再瞄左目标，读取平盘读数，计算半测回角值。

(5)成果校核：盘左、盘右两个半测回的较差不超过±40″时，取两个半测回的平均值作为一测回的角值。

(6)当进行 n 个测回的观测时，需要将盘左起始方向的读数按 $180°/n$ 进行度盘的配置。

3.4　注意事项

(1)如果度盘变换器为复测式，在配置度盘时，先转动照准部，使读数为配置度数，将复测扳手扳下，再瞄准起始目标，将扳手扳上；如果为拨盘式，则先瞄准起始目标，再拨动度盘变换器，使读数为配置度数。

(2)在观测过程中，若发现气泡移动一格，应重新整平重测该测回。

(3)每人独立观测一个测回，测回间应改变水平度盘位置。

附录 4　竖直角观测及竖盘指标差检验

4.1　目的与要求

(1)熟悉经纬仪竖盘部分的构造，并掌握确定竖直角计算公式的方法。

(2)掌握竖直角观测、记录、计算及指标差的检验方法。

(3)4～6 人一组，轮换操作。

4.2　仪器准备

DJ6 级经纬仪 1 台、记录板 1 块、测伞 1 把、拨针 1 根。

4.3　方法与步骤

(1)在某指定点上安置经纬仪。

(2)以盘左位置使望远镜实现大致水平。看竖盘指标所指的读数是 90°或 0°，以确定盘左时的竖盘起始读数，记为 $L_{始}$；同样，盘右位置看盘右时的竖盘起始读数，记为 $R_{始}$。一般情况下，$R_{始}=L_{始}\pm180°$

(3)以盘左位置将望远镜物镜端抬高，当视准轴逐渐向上倾斜时，观察竖盘注记形式是增加还是减少，借以确定竖直角和竖盘指标差的计算公式。

竖直角：
$$\alpha=\frac{\alpha_{左}+\alpha_{右}}{2}$$

竖盘指标差：
$$x=\frac{\alpha_{左}+\alpha_{右}-360°}{2}$$

无论是顺时针还是逆时针注记的度盘均可按 $x=\dfrac{\alpha_{左}+\alpha_{右}-360°}{2}$ 计算竖盘指标差。

注意：竖盘指标差 x 值有正有负。盘左位置观测时用 $\alpha=\alpha_{左}+x$ 来计算就能获得正确的竖直角 α；而盘右位置观测时用 $\alpha=\alpha_{右}-x$ 计算才能够获得正确的竖直角 α。

用上述公式算出的竖直角 α，如果符号为"＋"时，则 α 为仰角；如果符号为"－"时，则 α 为俯角。

(4)用测回法测定竖直角，其观测程序如下：

1)安置好经纬仪后，盘左位置照准目标，读取竖盘的读数 $L_{读}$。记录者将读数值 $L_{读}$ 记入竖直角测量记录表中。

2)根据以上所确定的竖直角计算公式，在记录表中计算出盘左时的竖直角 $\alpha_{左}$。

3)用盘右的位置照准目标，并读取其竖直度盘的读数 $R_{读}$。记录者将读数值 $R_{读}$ 记入竖直角测量记录表中。

4)根据所定竖直角计算公式，在记录表中计算出盘右时的竖直角 $\alpha_{右}$。

5)计算一测回竖直角值和竖盘指标差。

4.4　注意事项

(1)在观测过程中，对同一目标应用十字丝中横丝切准同一部位。每次读数前应使指标水准管气泡居中。

（2）计算竖直角和竖盘指标差时应注意正、负号。

附录5　全站仪测量

5.1　目的与要求

（1）了解全站仪的构造和原理。

（2）掌握全站仪的测角、测距离、测三维坐标的功能。

（3）掌握全站仪放样三维坐标点的功能。

5.2　仪器准备

全站仪1台、小钢尺1把、带三脚架棱镜2个、单棱镜1个、记录板1个。

5.3　实习任务

按角度测量项目、距离测量项目及点的平面位置测量项目任务要求实施。

5.4　操作要点及流程

（1）要点：熟悉全站仪各功能键的含义及作用，详见教材相关内容。

（2）流程：按仪器相关测量程序有序操作，详见教材相关内容。

附录6 工程测量相关表格

附表1 普通水准测量记录表

日期：_____年_____月_____日　　天气：_____　　仪器型号：_____　　组号：_____

观测者：_____　　记录者：_____　　立尺者：_____

测点	水准尺读数/m		高差 h/m		高程/m	备注
	后视 a/m	前视 b/m	+	−		
		—	—	—		起点高程设为 1 000 m
			—	—		
$\sum$						
计算校核	$\sum a - \sum b =$		$\sum h =$			

附表2 四等水准测量外业记录表

日期：_____年____月____日　　天气：_____　　仪器型号：_____　　组号：_____

观测者：_____　　记录者：_____　　司尺者：_____

测点编号	后尺 上丝/下丝	前尺 上丝/下丝	方向及尺号	标尺读数 黑面/m	标尺读数 红面/m	K＋黑一红/mm	高差中数/m	备注
	后距	前距						
	视距差	累积差						
	(1)	(4)	后尺1♯	(3)	(8)	(14)		
	(2)	(5)	前尺2♯	(6)	(7)	(13)	(18)	
	(9)	(10)	后一前	(15)	(16)	(17)		
	(11)	(12)						
								已知水准点的高程＝_____m。
								尺1♯的K＝
								尺2♯的K＝

附表3 水平角测回法记录表

日期：_____年____月____日　　天气：_____　　仪器型号：_____　　组号：_____

观测者：_____　　记录者：_____　　立测杆者：_____

测点	盘位	目标	水平度盘读数 /(° ′ ″)	水平角		示意图
				半测回值 /(° ′ ″)	一测回值 /(° ′ ″)	

日期：_____年_____月_____日　　　天气：_____　　　仪器型号：_____　　　　组号：_____

观测者：_____　　　记录者：_____　　　立测杆者：_____

测点	目标	竖盘位置	竖盘读数 /(°′″)	半测回竖直角 /(°′″)	指标差 /(″)	一测回竖直角 /(°′″)
		左				
		右				
		左				
		右				
		左				
		右				
		左				
		右				
		左				
		右				
		左				
		右				
		左				
		右				
		左				
		右				
		左				
		右				
		左				
		右				
		左				
		右				

参 考 文 献

[1] 潘松庆.现代测量技术[M].郑州：黄河水利出版社，2008.

[2] 魏静.建筑工程测量[M].2版.北京：机械工业出版社，2014.

[3] 韩永光，周秋平.实用建筑工程测量[M].上海：复旦大学出版社，2013.

[4] 唐春平，周跃寿.建筑工程测量[M].北京：北京理工大学出版社，2011.

[5] 中华人民共和国建设部，中华人民共和国国家质量监督检验检疫总局.GB 50026—2007 工程测量规范[S].北京：中国计划出版社，2008.

[6] 赵艳敏，杨楠，汪华莉.建筑工程测量及实训指导[M].2版.西安：西安交通大学出版社，2015.

[7] 李映红.建筑工程测量[M].武汉：武汉大学出版社，2011.

[8] 喻艳梅.建筑工程测量[M].长沙：中南大学出版社，2013.

[9] 梁振华，李达.建筑工程测量[M].北京：中国建材工业出版社，2012.

[10] 胡勇，李莲.建筑工程测量[M].哈尔滨：哈尔滨工业大学出版社，2012.

[11] 丁华，李如仁，徐启程.数字摄影测量及无人机数据处理技术[M].北京：中国建材工业出版社，2018.

[12] 郭学林.无人机测量技术[M].郑州：黄河水利出版社，2018.

[13] 覃辉，马超，朱茂栋.土木工程测量[M].5版.上海：同济大学出版社，2019.